"十四五"时期国家重点出版物出版专项规划项目

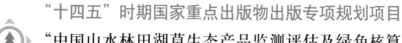"中国山水林田湖草生态产品监测评估及绿色核算"系列丛书

王　兵　■　总主编

赤峰市全空间生态产品绿色核算
与森林全口径碳中和评估

李显玉　牛　香　付守利　王　兵　李雨时
杨　磊　李向晨　许庭毓　李慧杰　王　南　等 ■ 著

中国林业出版社
China Forestry Publishing House

审图号：蒙 DS（2024）003

图书在版编目（ＣＩＰ）数据

赤峰市全空间生态产品绿色核算与森林全口径碳中和评
估／李显玉等著． -- 北京 ： 中国林业出版社，2024.11.
（"中国山水林田湖草生态产品监测评估及绿色核算"系
列丛书）． -- ISBN 978-7-5219-2807-5

Ⅰ．S718.263

中国国家版本馆 CIP 数据核字第 2024J4J107 号

策划编辑：于界芬　于晓文

责任编辑：于晓文

出版发行　中国林业出版社（100009，北京市西城区刘海胡同 7 号，电话 010-83143549）

电子邮箱　cfphzbs@163.com

网　　址　www.cfph.net

印　　刷　河北京平诚乾印刷有限公司

版　　次　2024 年 11 月第 1 版

印　　次　2024 年 11 月第 1 次印刷

开　　本　889mm×1194mm　1/16

印　　张　14

字　　数　320 千字

定　　价　98.00 元

《赤峰市全空间生态产品绿色核算与森林全口径碳中和评估》
著者名单

项目完成单位：

中国林业科学研究院森林生态环境与自然保护研究所
中国森林生态系统定位观测研究网络中心（CFERN）
赤峰市林业科学研究所

项目组成员（按姓氏笔画排序）：

于红梅	于英杰	马广慧	马成功	马晓军	王 兵	王 南
王一龙	王以惠	王立昇	王宇航	王克达	王园琳	王国彬
王艳刚	王晓伟	王满才	王雪松	韦红才	牛 香	田晓波
付守利	白国栋	白晓旭	冯 研	冯昭辉	刘金有	刘 威
刘 润	刘百龙	刘华婧	刘莹泽	刘瑞敏	许庭毓	那顺乌力吉
纪玉存	李文静	李向晨	李志勇	李显玉	李晓宇	李健楠
李慧杰	杨 磊	杨 璐	杨永昕	杨旭亮	宋庆丰	张今奇
张建忠	张洪海	张艳英	张靖媛	阿拉坦图雅	呼和木仁	赵永军
段 磊	段玲玲	侯丽英	宫冻冻	贺 伟	袁海丽	钱亚斯
徐卫华	徐国力	海 英	曹洪杰	崔 凯	董金虎	朝鲁蒙
惠建平	程瑞春	滕晓梅	穆喜云	魏玉艳		

编写组成员：

李显玉	牛 香	付守利	王 兵	李雨时	杨 磊	李向晨
许庭毓	李慧杰	王 南	段玲玲			

特别提示

1. 全空间生态产品价值核算是对包括生态空间、城市空间和农村空间在内的生态产品对应的经济价值量进行货币化核算。生态空间是指具有自然属性，以提供生态系统服务或生态产品为主体功能的国土空间，包括森林、草原、湿地、河流、湖泊、滩涂、岸线、荒地、荒漠、戈壁、冰川、高山冻原、无居民海岛等。本研究所指的生态空间包括森林、湿地和草地生态系统。城市空间是人们吃、穿、住、行以及日常交往的空间，不仅涉及城市居住用地，还涉及公共管理与公共服务用地和商业用地，本研究所指的城市空间是指城市绿地生态系统。农村空间主要是用于农业生产经营活动的场所，主要涉及农业生产空间和农村生活空间，本研究所指的农村空间是指以粮食供给功能为主的农田生态系统。

2. 基于全空间生态系统连续观测与清查体系，开展赤峰市全空间生态产品价值核算与绿色碳中和评估，包括：红山区、松山区、元宝山区、宁城县、喀喇沁旗、敖汉旗、翁牛特旗、巴林左旗、巴林右旗、阿鲁科尔沁旗、克什克腾旗、林西县 12 个旗县区。

3. 评估所采用的数据源包括：①赤峰市森林、湿地、草地资源调查更新数据。按照《自然资源调查监测体系构建总体方案》的框架，将赤峰市森林、湿地、草地资源调查更新数据与第三次全国国土调查数据对接融合得到的资源数据；②赤峰市农田生态系统和城市绿地生态系统资源数据。源自第三次全国国土调查数据；③生态连清数据集。赤峰市境内及周边陆地生态系统野外科学观测研究站和长期定位观测研究站的长期监测数据，以及野外样地实测所获得的调查数据；④社会公共数据集。国家权威部门、内蒙古自治区及赤峰市公布的社会公共数据。

4. 依据国家标准《森林生态系统服务功能评估规范》(GB/T 38582—2020)、林业行业标准《湿地生态系统服务评估规范》(LY/T 2899—2017) 及《草原生态价值评估技术规范》(LY/T 3321—2022)，按照支持服务、调节服务、供给服务和文化服务四大服务类别，选取保育土壤、植被养分固持、涵养水源、固碳释氧、净化大气环境与降解污染物、森林防护、栖息地与生物多样性保护、提供产品、湿地水源供给和生态康养 10 项生态系统服务功能，对赤峰市生态空间生态产品进行核算。农村空间选取农产品供给、可再生能源供给、原料供给和休闲旅游四项服务功能，对农村空间生态产品进行核算。城市空间选取休闲游憩、景观溢价、净化大气环境功能、噪声消减、固碳释氧、降水调蓄和生物多样性保护 7 项生态系统服务功能，对城市空间生态产品进行核算。

5. 当现有的野外观测值不能代表同一生态单元同一目标类型的结构或功能时，为更准确获得这些地区生态参数，引入生态功能修正系数，以反映同一类型在同一区域的真实差异。

凡是不符合上述条件的其他研究结果均不宜与本研究结果简单类比。

前　言

　　党的十八大以来，赤峰市高度重视生态保护修复工作，坚持以习近平生态文明思想为指导，牢固树立和践行"两山"理念，按照习近平总书记关于筑牢祖国北疆生态安全屏障、在祖国北疆构筑起万里绿色长城的殷切希望和要求，锚定2035年美丽中国建设目标，以全面推行"林长制"为抓手，统筹推进山水林田湖草沙系统治理，守牢生态安全底线，持续深入推进污染防治攻坚，加快发展方式绿色转型，高度重视重点区域绿化和乡村绿化美化等工作，不断提升城乡造林绿化水平，持续拓展绿色生态空间，生态系统多样性、稳定性、持续性得到了稳步提升，生态环境实现了根本好转。

　　赤峰市位于内蒙古自治区东南部，内蒙古、河北、辽宁三省（自治区）交会处，东南与辽宁省朝阳市接壤，西南与河北省承德市毗邻，东部与通辽市相连，西北与锡林郭勒盟交界。赤峰市作为我国北方重要的生态功能区及生态屏障的重要组成部分，其中赤峰市阿鲁科尔沁旗、巴林右旗和翁牛特旗所处的科尔沁草原生态功能区和北方防沙带承担着水源涵养、水土保持、防风固沙和生物多样性维护等重要生态功能，其生态状况不仅关系到全市各族群众的生存和发展，也与京津冀地区的生态安全紧密相连。2019年，习近平总书记在赤峰市喀喇沁旗马鞍山林场留下殷殷嘱托，筑牢祖国北方重要生态安全屏障，守好这方碧绿、这片蔚蓝、这份纯净。近年来，在一系列政策支持下，赤峰市通过环境保护和生态工程建设，区域环境得到明显好转。当前，赤峰市践行习近平生态文明思想，保持生态文明建设的战略定力，扛起建设生态安全屏障政治责任，夯实生态优先、绿色发展基础，加强国土空间生态修复，推进重点区域山水林田湖草沙综合整治，持续建设绿色赤峰。

　　2021年，习近平总书记在参加全国两会内蒙古代表团审议时，对内蒙古大兴安岭森林与湿地生态系统每年6159.74亿元的生态服务价值评估作出肯定："你提到的这个生态总价值，就是绿色 GDP 的概念，说明生态本身就是价值。这里面不仅有林木本身的价值，还有绿肺效应，更能带来旅游、林下经济等。'绿水青山就是金山银山'，这实际上是增值的。"

2022 年 3 月，习近平总书记在首都参加义务植树活动时强调，森林是水库、钱库、粮库，现在应该再加上一个"碳库"。森林和草原对国家生态安全具有基础性、战略性作用，林草兴则生态兴。现在，我国生态文明建设进入了实现生态环境改善由量变到质变的关键时期。我们要坚定不移贯彻新发展理念，坚定不移走生态优先、绿色发展之路，统筹推进山水林田湖草沙一体化保护和系统治理，科学开展国土绿化，提升林草资源总量和质量，巩固和增强生态系统碳汇能力，为推动全球环境和气候治理、建设人与自然和谐共生的现代化作出更大贡献。

2023 年 6 月，习近平总书记在内蒙古考察时强调，努力创造新时代中国防沙治沙新奇迹，把祖国北疆这道万里绿色屏障构筑得更加牢固。自 1978 年开始，赤峰市先后被列入三北防护林体系建设、生态建设与保护、退耕还林、京津风沙源治理等工程范围。一系列重点工程的实施，为赤峰市林业生态建设注入生机和活力，构建了生态安全屏障的基础框架。2023 年 8 月 12 日，赤峰市在翁牛特旗、克什克腾旗同步启动科尔沁、浑善达克两大沙地歼灭战，标志着内蒙古自治区两大沙地歼灭战打响"第一枪"。科尔沁、浑善达克两大沙地歼灭战，是习近平总书记亲自部署的三北工程攻坚战三大标志性战役之一。赤峰市各级政府坚持系统治理、源头治理、综合治理相协同，综合治沙、科学治沙、依法治沙相结合，为筑牢我国北方重要生态安全屏障贡献了赤峰力量。

目前，碳中和问题成为政府和社会大众关注的热点。在实现碳中和的过程中，除了提升工业碳减排能力外，增强生态系统碳汇功能也是主要的手段之一，森林作为陆地生态系统的主体必将担任重要的角色。但是，由于碳汇方法学上的缺陷，我国森林生态系统碳汇能力被低估。为此，王兵研究员提出了森林全口径碳汇，即森林全口径碳汇＝森林资源碳汇（乔木林＋竹林＋特灌林）＋疏林地碳汇＋未成林造林地碳汇＋非特灌林灌木林碳汇＋苗圃地碳汇＋荒山灌丛碳汇＋城区和乡村绿化散生林木碳汇＋土壤碳汇。第三期中国森林资源核算得出，我国森林全口径碳汇每年

达 4.34 亿吨碳当量，相当于中和了 2018 年工业碳排放量的 15.91%，且近 40 年来我国森林全口径碳汇量相当于中和了 1978—2018 年全国工业碳排放量的 21.55%。因此，可通过以生态系统保护与修复为手段的生态环境保护，提升全国森林全口径碳汇能力，提升林业在碳达峰、碳中和工作中的贡献，打造具有中国特色的碳中和之路。

在我国生态安全战略格局建设的大形势下，精准量化绿水青山生态建设成效，科学评估金山银山生态产品价值，是深入贯彻和践行"两山"理念的重要举措和当务之急。生态系统服务功能评估的精准化、生态效益补偿的科学化、生态产品供给的货币化是实现绿水青山向金山银山转化的必由之路。为更好地践行习近平总书记提出的"两山"理念和"3060"碳达峰碳中和战略目标，积极推动生态文明建设，2022 年 3 月，赤峰市林业和草原局、中国林业科学研究院森林生态环境与自然保护研究所在北京举行"赤峰市全空间生态产品价值核算与绿色碳中和研究"项目签约仪式。

在生态空间生态产品核算方面，本项目结合赤峰市森林、湿地、草地资源的实际情况，依托境内及周边陆地生态系统野外科学观测研究站和长期定位观测研究站的长期监测数据，基于赤峰市森林、湿地、草原调查更新数据以及第三次全国国土调查数据对接融合得到的资源数据，以国家标准《森林生态系统服务功能评估规范》(GB/T 38582—2020)、林业行业标准《湿地生态系统服务评估规范》(LY/T 2899—2017) 以及《草原生态价值评估技术规范》(LY/T 3321—2022) 为依据，采用分布式测算方法，按照支持服务、调节服务、供给服务和文化服务四大服务类别，保育土壤、植被养分固持、涵养水源、固碳释氧、净化大气环境与降解污染物、森林防护、栖息地与生物多样性保护、提供产品、湿地水源供给和生态康养 10 项生态系统服务功能，对赤峰市生态空间生态产品及绿色碳中和进行核算。评估结果显示：赤峰市生态空间总价值量为 2385.84 亿元/年，调节服务、供给服务、支持服务、文化服务分别占总价值的 46.34%、26.54%、25.55%、1.57%。此外，森林全口径碳汇量为 408.71 万吨/年，森林碳中和作用显著，相当于中和了全市工业碳排放量的 54.49%。

在农田生态系统生态产品核算方面，按照供给服务和文化服务两大服务类别，选取农产品供给、可再生能源供给、原料供给和休闲旅游四项服务功能，对赤峰市农田生态系统生态产品进行核算。评估结果显示，农田生态系统生态产品总价值量为 356.38 亿元/年，农产品供给功能作为农田生态系统的主导功能，其价值量为 300.26 亿元/年，文化服务为 23.16 亿元/年。

在城市绿地生态系统生态产品核算方面，按照支持服务、调节服务和文化服务三大服务，选取休闲游憩、景观溢价、净化大气环境功能、噪声消减、固碳释氧、降水调蓄和生物多样性保护 7 项服务功能，对赤峰市城市绿地生态系统生态产品进行核算。城市绿地生态系统生态产品总价值量为 4.12 亿元/年，文化服务、调节服务、支持服务分别占总价值的 78.57%、19.70%、1.73%。

本次核算出全空间生态产品总价值量为 2746.34 亿元/年，按照生态系统服务四大类别划分，调节服务、供给服务、支持服务、文化服务分别占总价值的 40.29%、35.19%、22.20%、2.32%。

2023 年 10 月，国务院印发的《关于推动内蒙古高质量发展奋力书写中国式现代化新篇章的意见》中指出，支持赤峰市作为试点区域探索生态产品价值实现机制。赤峰市生态空间生态产品价值核算对确定森林在生态环境建设中的主体地位和作用具有非常重要意义，进而推进全市森林、湿地、草地资源由直接产品生产为主转向生态、经济、社会三大效益统一的科学发展道路具有重要意义；城市绿地生态系统生态产品价值核算对更好地指导城市规划建设、实现低碳社会和城市的可持续发展具有重大的现实意义；农田生态系统生态产品价值核算有助于公众更好地认识农田生态系统在粮食生产、生态环境保护和可持续发展中的重要作用，推动农田生态系统朝着更加健康、可持续的方向发展，为全面推进乡村振兴、实现农业农村现代化打下坚实基础。

赤峰市全空间生态产品核算与绿色碳中和评估以直观的货币形式呈现了全市各生态系统为人们提供生态产品的服务价值，用详实的数据诠释了绿水青山就是金山银山理念，充分反映了全市生态建设成果，彰显了全市绿色碳中和能力，有助于推动全市生态效益科学量化补偿和生态 GDP 核算体系的构建，进而推进"生产、生活、

生态"协调发展，为建立生态文明制度、全面建成小康社会、实现中华民族伟大复兴的中国梦不断创造更好的生态条件。

著　者

2024年4月

目 录

第一章
赤峰市全空间生态连清技术体系

第一节 生态空间

森林、湿地和草地等生态系统为主体构成的生态空间为人类生存提供各种各样的生态产品，在生态文明建设中发挥着重要作用。在我国生态安全战略格局建设的大形势下，精准量化赤峰市生态空间生态产品价值，摸清赤峰市生态空间生态产品状况、功能、效益，是深入贯彻落实"两山"理念，以系统观念推进山水林田湖草沙综合治理、实现"3060"碳达峰碳中和战略目标、推动赤峰市生态文明建设及其高质量发展的重要任务。

> 生态空间：是指具有自然属性、以提供生态服务或生态产品为主体功能的国土空间，包括森林、草原、湿地、河流、湖泊、滩涂、岸线、荒地、荒漠、戈壁、冰川、高山冻原、无居民海岛等。本研究所指的生态空间包括森林、湿地、草地生态系统。

生态产品及其价值实现理念的提出是我国生态文明建设在思想上的重大变革。随着我国生态文明建设的逐步深入，逐渐演变成为贯穿习近平生态文明思想的核心主线，成为贯彻习近平生态文明思想的物质载体和实践抓手，显示出了强大的实践生命力和重要的学术理论价值。生态产品相关理论及政策的发展分为三个阶段：一是起步探索阶段（2010—2015年），这一阶段我国处在对生态产品概念的认知、界定、规范过程中；二是制度建立阶段（2016—2021年），这一阶段我国正处在对生态产品供给、交易等机制的探索、建立过程中；三是制度完善阶段（2022年至今），这一阶段我国不断探索和完善相关机制，推动机制协调，统筹地区协同，整体有序推动生态产品价值实现。充分了解生态产品概念提出发展的时间脉络（图1-1），对于理解生态产品的内涵及其价值实现方式具有重要意义。

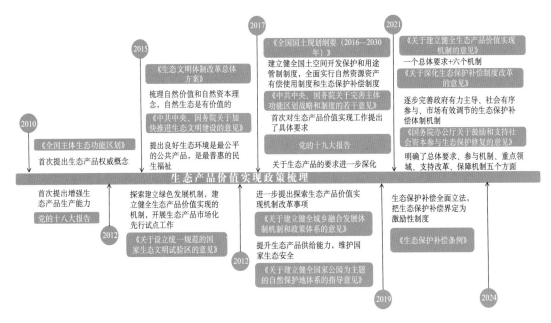

图 1-1　生态产品发展时间脉络（引自李小雨等，2024）

上述关于生态产品的定义均是基于《全国主体功能区规划》中生态产品定义发展而来。相关定义中，张林波等（2021）对生态产品的定义较为清晰，但是其定义的生态产品所涵盖的内容范围小于生态系统服务，只是生态系统服务中直接对人类社会有益、直接被人类社会消费的服务和产品，不包含生态系统服务中的支持服务、间接过程和资源存量。由此看来，该定义与本研究中生态产品所指范围不相符，其余研究者对生态产品的定义也大都未将生态系统四大服务都包含在内。鉴于此，参考以上生态产品定义和国家标准《森林生态系统服务功能评估规范》（GB/T 38582—2020）中"森林生态产品"定义，结合本研究内容，定义生态产品。

> **生态产品**：是指人类从生态空间中获得的各种惠益，本研究具体指由构成生态空间的森林、湿地、草地生态系统提供的供给服务、调节服务、文化服务和支持服务所形成的产品。

生态连清技术体系可以为赤峰市生态空间生态产品的精准核算提供科学依据。生态连清技术体系是采用长期定位观测技术和分布式测算方法，依托生态系统长期定位观测网络，连续对同一生态系统进行全指标体系观测与清查，获取长期定位观测数据，耦合生态空间森林、湿地、草地资源数据，形成生态空间生态产品价值核算体系，以确保实现科学、合理、精准的生态空间生态产品绿色核算。

赤峰市生态空间生态产品监测与评估基于生态空间连续观测与清查体系（简称"生态连清体系"）（图 1-2），是指以生态地理区划为单位，以陆地生态系统野外科学观测研究站和长期定位观测研究站为依托,与赤峰市森林、湿地、草地资源数据相耦合,对赤峰市生态空间生态产品进行全指标、全周期、全口径观测与评估。

　　赤峰市生态连清体系由野外观测技术体系和分布式测算评估体系两部分组成(图1-2)。野外观测技术体系包括观测体系布局、观测站点建设、观测标准体系和观测数据采集传输系统,是数据保证体系,其基本要求是统一测度、统一计量和统一描述。分布式测算评估体系包括分布式测算方法、测算评估指标体系、数据源耦合集成、生态功能修正系数和评估公式与模型包,是精度保证体系。因此,生态连清体系可以保证全指标、全周期、全口径生态产品的精准核算。

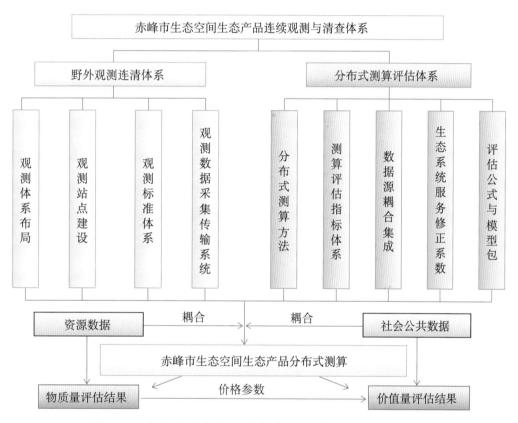

图 1-2　赤峰市生态空间生态产品连续观测与清查体系

一、野外观测技术体系

　　赤峰市作为我国北方重要生态功能区和生态屏障的重要组成部分,其生态状况不仅关系到全市各族群众的生存和发展,还影响着京津辽沈地区的生态安全。鉴于赤峰市特殊的地理区位,对其生态空间的监测和评价具有一定的特殊性。因此,构建赤峰市生态监测区划,能够为开展生态系统结构、功能、过程、格局以及演替等过程的研究奠定基础。本研究在充分考虑气候、植被、地形以及重大林业工程等因素的基础上,利用地理信息系统技术构建赤峰市生态空间监测区划,旨在更加科学、合理地布局监测样点,有序推进网络建设、提升观测与研究能力、积累科学经验、服务地方经济社会发展和生态文明建设。

(一)观测体系区划布局与建设

野外观测技术体系是构建生态空间生态连清体系的重要基础,为了做好这一基础工作,需要考虑如何构建观测体系区划布局。生态系统定位观测研究站与赤峰市及周边各类森林、湿地、草地监测点作为赤峰市生态空间生态产品监测的两大平台,在建设时应坚持"统一规划、统一布局、统一建设、统一规范、统一标准、资源整合、数据共享"的原则。

观测体系区划与布局是构建野外观测技术体系的前提。赤峰市生态空间生态功能区划的目标是服务于赤峰市生态空间生态产品的监测与评估。影响赤峰市生态功能的因素主要包括气候、植被类型、典型生态区等方面,首先依据《中国森林》(吴中伦,1997)、《中国生态地理区域系统研究》(郑度,2008)和《中国植被及其地理格局》(张新时,2006)三大区划体系,利用空间分析技术和合并标准指数法(郭慧,2014)获取赤峰市生态功能监测区划(表1-1)。

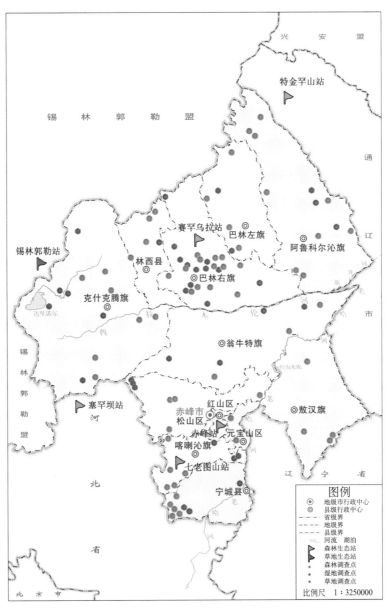

图1-3　赤峰市生态空间生态功能监测区划与布局

注:生态功能监测分区编码含义见表1-1。

表 1-1　赤峰市生态空间生态功能监测区划与布局

编号	编码	名称	气候区	地形地貌	年均降水量（毫米）	年均温度（℃）	土壤类型	植被类型特征	野外科学观测站	典型生态区
1	II(c)1	中温带半干旱山地森林草甸草原区	中温带半干旱	山地	400~500	3~5	暗棕壤、黑土、黑钙土、草甸黑土、草甸土以及沼泽土	该区域低山的森林以蒙古栎林最具代表性，中山带开始出现山杨林和以白桦（*Betula platyphylla* subsp. *mandshurica*）为优势种的桦木林。此外，在海拔1700米以上分布有兴安落叶松（*Larix gmelinii*）和云杉（*Picea asperata*）、油松（*Pinus tabuliformis*）可分布至黄岗梁；山地灌丛常以山杏（*Prunus sibirica*）、大果榆（*Ulmus macrocarpa*）、虎榛子（*Ostryopsis davidiana*）、三裂绣线菊（*Spiraea trilobata*）为优势树种，低山带的下部分布着大针茅草原，以及糙隐子草（*Cleistogenes squarrosa*）和冷蒿（*Artemisia frigida*）的次生草草原。低山带上部出现山杏与狼针草（*Stipa baicalensis*）、羊茅（*Festuca ovina*）组成的灌丛化草原，草群中伴生着东亚成分的野古草（*Arundinella hirta*）和大油芒（*Spodiopogon sibiricum*）。中山带的阳坡开始出现贝加尔针茅草原、线叶菊（*Filifolium sibiricum*）草原等蒙古草型的草原	内蒙古特金罕山森林生态站（简称特金罕山森林生态站）、内蒙古赛罕乌拉森林生态站（简称赛罕乌拉站）	科尔沁草原生态功能区，内蒙古防沙屏障带，北方农牧交错生态脆弱区，内蒙古高原生态保护和修复生态保护重点工程
2	II(c)2	中温带半干旱北部典型草原区	中温带半干旱	高原、平原	250~400	-2~8.4	栗钙土、暗栗钙土、草甸土、沼泽土	该区域植被主要包括西辽河平原大针茅、杂类草草原和内蒙古高原东部大针茅、克氏针茅（*Stipa krylovii*）草原	内蒙古锡林郭勒草原生态站（简称锡林郭勒站）	浑善达克沙漠化防治生态功能区、科尔沁草原生态功能区，内蒙古防沙屏障带，北方农牧交错生态脆弱区，锡林郭勒草原生物多样性保护优先区，内蒙古高原生态保护和修复生态保护重点工程

（续）

编号	编码	名称	气候区	地形地貌	年均降水量（毫米）	年均温度（℃）	土壤类型	植被类型特征	野外科学观测站	典型生态区
3	II(c)3	中温带半干旱南部森林草甸草原区	中温带半干旱	山地、高原	380~452.7	-10~1.5	黑土、草甸土、沼泽土和灰色森林土	优势植被为温性草甸草原和草原森林，主要为白杆（Picea meyeri）和华北落叶松（Larix gmelinii var. principis-rupprechtii）组成的针叶阔叶混交林以及山杨（Populus davidian），蒙椴（Tilia mongolica），榆树（Ulmus pumila）；灌木有山荆子（Malus baccata）、山杏，山刺玫和乌柳（Salix cheilophila）等，林下草本植物有贝加尔针茅、线叶菊、无芒雀麦（Bromus inermis）等	河北沽源草原生态站（简称沽源站）	浑善达克沙漠化防治生态功能区、内蒙古防沙屏障带、北方农牧交错生态脆弱区、内蒙古高原生态保护和修复重点工程
4	II(b)3	中温带半湿润南部森林草甸草原区	中温带半湿润	低山丘陵	400~450	8~9	褐土、栗钙土、棕壤	该区域蒙古栎分布最为普遍，黑桦（Betula dahurica）林为阴坡的特征类型，大果榆和黑弹树（Celtis bungeana）构成阴坡疏林，在阳坡和山顶广泛分布着西伯利亚杏灌丛，榛（Corylus heterophylla）灌丛，丁香（Syringa oblata）灌丛；还分布着以贝加尔针茅、线叶菊为代表的温带北部草甸草原	—	内蒙古防沙屏障带、北方农牧交错生态脆弱区、内蒙古高原生态保护和修复工程
5	II(b)4	中温带半湿润低山丘陵灌丛、油松、栎林区	中温带半湿润	山地	500	7.8~8.4	棕壤和淋溶褐土	森林类型主要为油松林，蒙古栎林等，灌丛和灌草丛主要是天然荆条（Vitex negundo var. heterophylla），白羊草，其中以荆条（Bothriochloa ischaemum）灌草丛和蒿类群落为主	—	内蒙古防沙屏障带、北方农牧交错生态脆弱区、内蒙古高原生态保护和修复重点工程
6	III(b)2	暖温带半湿润北部典型草原区	暖温带半湿润	丘陵	400-500	6.8~7.5	栗钙土、风沙土、草甸土	该区域最具有代表性的草原类型为暖温型长芒草草原，低山丘陵以虎榛子灌丛和白莲蒿（Artemisia gmelinii）群落占优势，并有蒙古栎林和小片油松林。此外，大针茅（Stipa grandis），克氏针茅、糙隐子草，贝加尔针茅、线叶菊也都见于此区域，表现出植物区系的过渡性特征和草原成分占优势的基本性质	内蒙古赤峰森林生态站（简称赤峰站）	内蒙古防沙屏障带、北方农牧交错生态脆弱区、内蒙古高原生态保护和修复工程

（续）

编号	编码	名称	气候区	地形地貌	年均降水量（毫米）	年均温度（℃）	土壤类型	植被类型特征	野外科学观测站	典型生态区
7	Ⅱ(b)3	暖温带半湿润南部森林草甸草原区	暖温带半湿润	山地	400~450	6.8~7.5	栗钙土、灰褐土、棕壤、山地草甸土	该区域植被在山麓平原带为长芒草草原，大针茅草原；低山灌丛带为多叶隐子草（Cleistogenes polyphylla），白羊草（Themeda triandra），白莲蒿草原与隐子草、黄背草虎榛子，酸枣（Ziziphus jujuba var. spinosa），荆条灌丛；针阔混交林带为蒙古栎林、油松林、山杨林、白桦林等；山地寒生禾草、杂类草草甸草原为羊草（Leymus chinensis），珠芽蓼（Bistorta vivipara），亚羊茅（Festuca sibirica），西伯利亚羊茅等	内蒙古七老图山森林生态站（简称七老图山站）	浑善达克沙漠化防治生态功能区，内蒙古防沙屏障带，北方农牧交错生态脆弱区，内蒙古高原生态保护和修复重点工程
8	Ⅱ(b)4	暖温带半湿润低山丘陵灌丛、油松、栎林区	暖温带半湿润	山地	490	7.9~8.4	棕壤、淋溶褐土	该区域植被主要为油松人工林，天然次生蒙古栎林、山杏矮林，荆条灌丛和虎榛子灌丛	—	内蒙古防沙屏障带，北方农牧交错生态脆弱区，内蒙古高原生态保护和修复重点工程
9	Ⅱ(b)5	暖温带半湿润山地、丘陵油松、辽东栎、槲栎林区	暖温带半湿润	山地丘陵	420~776	5~10	棕壤、淋溶褐土、潮土、褐土化潮土	油松和栎类是植物群落主要的建群种，地带性植被为落叶阔叶林及次生灌草丛，代表树种有辽东栎、白桦、山杨、槲栎（Quercus aliena）和蒙古栎林等，灌木主要有胡枝子（Lespedeza bicolor）等	河北塞罕坝森林生态站（简称塞罕坝站）	内蒙古防沙屏障带，北方农牧交错生态脆弱区

生态空间监测站网布局是以典型抽样为指导思想，以水热条件和立地条件为布局基础，选择具有典型性、代表性和层次性明显的区域完成森林、湿地、草地生态站网布局。赤峰市生态空间生态功能监测区划将赤峰市划分为不同的生态监测区，可以作为生态站网布局的基础。其次，赤峰市涉及浑善达克沙漠化防治重点生态功能区、科尔沁草原生态功能区、内蒙古防沙带国家生态屏障区、北方农牧交错生态脆弱区以及北方防沙带生态保护和修复重大工程中的内蒙古高原生态保护和修复重点工程等典型生态区，将以上区域作为生态站的重点布局区域。最后，将赤峰市生态空间生态功能区划与重点生态站布局区域相结合布局生态站和野外调查点。

赤峰市生态系统野外科学观测研究站和长期定位观测研究站（简称生态监测站）在生态产品监测评估与绿色核算中扮演着极其重要的角色。本次评估采用的数据主要来源于赤峰市境内及周边相同生态区分布的生态站的监测数据以及本项目野外调查点实测数据。此外，利用中国科学院、北京林业大学、东北林业大学、内蒙古农业大学建立的实验样地和临时调查点对数据进行补充和修正。赤峰市境内及其周边分布的森林生态站包括赤峰站、赛罕乌拉站、七老图山站、特金罕山站和塞罕坝站；草地生态站包括锡林郭勒站和沽源站（图 1-3）。

目前，赤峰市及周围的生态监测站和辅助监测点在空间布局上能够充分体现区位优势和地域特色，兼顾了生态监测站在国家和地方等层面的典型性和重要性，并且已形成了层次清晰、代表性强的生态空间监测站网，可以负责相关站点所属区域的生态连清野外监测工作。

借助上述生态监测站以及辅助监测点，可以满足赤峰市生态空间生态产品监测评估和科学研究的数据需求。随着政府对生态环境建设形势认识的不断发展，必将建立起赤峰市生态空间生态产品监测的完备体系，为科学全面地评估赤峰市生态建设成效奠定坚实的基础。同时，通过各生态监测站长期、稳定地发挥作用，必将为健全和完善国家生态监测网络，特别是构建完备的林业及其生态建设监测评估体系作出重大贡献。

（二）监测评估标准体系

监测评估标准体系是生态连清体系的基本法则。赤峰市森林生态产品的监测与评估严格依据中国森林生态系统监测评估系列国家标准，即：《森林生态系统长期定位观测研究站建设规范》（GB/T 40053—2021）、《森林生态系统定位观测指标体系》（GB/T 35377—2017）、《森林生态系统长期定位观测方法》（GB/T 33027—2016）和《森林生态系统服务功能评估规范》（GB/T 38582—2020）（图 1-4），4 项国家标准之间的逻辑关系从"如何建站"到"观测什么"再到"如何观测"以及"怎么评估"（图 1-5），严格规范了生态连清体系的标准化工作流程。湿地生态产品监测与评估依据《重要湿地监测指标体系》（GB/T 27648—2011）和林业行业标准《湿地生态系统服务评估规范》（LY/T 2899—2017）开展监测评估工作。草地生态产品监测与评估根据《草地气象监测评价方法》（GB/T 34814—2017）和《北方草地监测要素与方法》（QX/T 212—2013）开展。这一系列的标准保证了不同站点所提供赤峰市生态空间生态连清数据的准确性和可比性，为赤峰市生态空间生态产品绿色核算的顺利进行提供了保障。

图 1-4　生态空间生态产品监测评估标准体系（以森林为例）

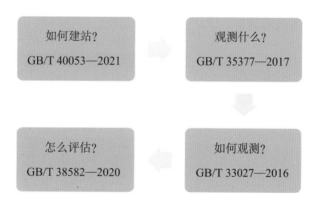

图 1-5　生态空间监测评估标准体系逻辑关系（以森林为例）

二、分布式测算评估体系

（一）分布式测算方法

分布式测算源于计算机科学，是研究如何把一项整体复杂的问题分割成相对独立运算的单元，并将这些单元分配给多个计算机进行处理，最后将计算结果统一合并得出结论的一种科学计算方法。分布式测算方法被用于使用世界各地成千上万位志愿者的计算机的闲置计算能力，来解决复杂的数学问题，如搜索梅森素数的分布式网络计算（GIMPS）和研究寻找最为安全的密码系统，如 RC4 等。这些项目都很庞大，需要惊人的计算量，而分布式测算研究如何把一个需要非常大计算能力才能解决的问题分成许多小的部分，并分配给许多计算机进行处理，最后把这些计算结果综合起来得到最终的结果。随着科学的发展，分布式测算是一种廉价、高效、维护方便的计算方法。

赤峰市生态空间生态产品的测算是一项非常庞大、复杂的系统工程，适合划分成多个均质化的生态测算单元开展评估（牛香等，2012；Niu et al., 2014）。因此，分布式测算方法是目前评估赤峰市生态空间生态产品所采用的较为科学有效的方法，并且通过诸多森林生态系统服务功能评估案例证实（王兵等，2011；李少宁，2007），分布式测算方法能够保证评估结果的准确性及可靠性。

基于全指标、全周期、全口径的评估构架，利用分布式测算方法评估赤峰市生态空间生态产品的具体思路（图1-6）：对赤峰市生态空间中的森林、湿地、草地生态系统按照支持服务、调节服务、供给服务和文化服务四大类别划分为4个一级分布式测算单元；每个一级分布式测算单元按照旗县划分为12个二级分布式测算单元；每个二级分布式测算单元按照生态系统类型划分森林、湿地和草地3个三级分布式测算单元；每个三级分布式测算单元划分为14个林分类型、3个草地类型和5个湿地类型的四级分布式测算单元；每个四级分布式测算单元按照保育土壤、植被养分固持、涵养水源、固碳释氧、净化大气环境与降解污染物、森林防护、栖息地与生物多样性保护、提供产品、湿地水源供给和生态康养10个功能类别划分五级分布式测算单元。基于以上分布式测算单元划分，汇总数据，最终得到赤峰市生态空间生态产品绿色核算结果。

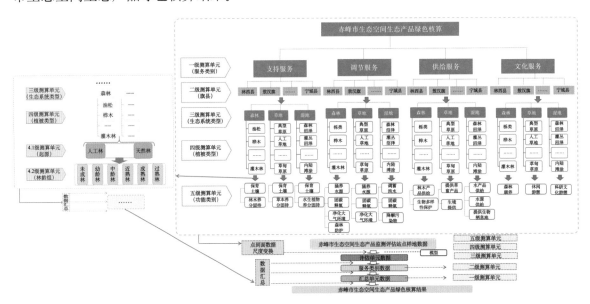

图1-6　赤峰市生态空间生态产品分布式测算方法

注：其中，森林的四级分布式测算单元按照林分起源划分为2个4.1级测算单元；将每个4.1级分布式测算单元划分为幼龄林、中龄林、近熟林、成熟林和过熟林5个4.2级分布式测算单元。

（二）监测评估指标体系

依据国家标准《森林生态系统服务功能评估规范》（GB/T 38582—2020）、行业标准《湿地生态系统服务评估规范》（LY/T 2899—2017）以及《草原生态价值评估技术规范》（LY/T 3321—2022），按照支持服务、调节服务、供给服务和文化服务四大服务类别对生态空间生态产品进行核算（图1-7）。

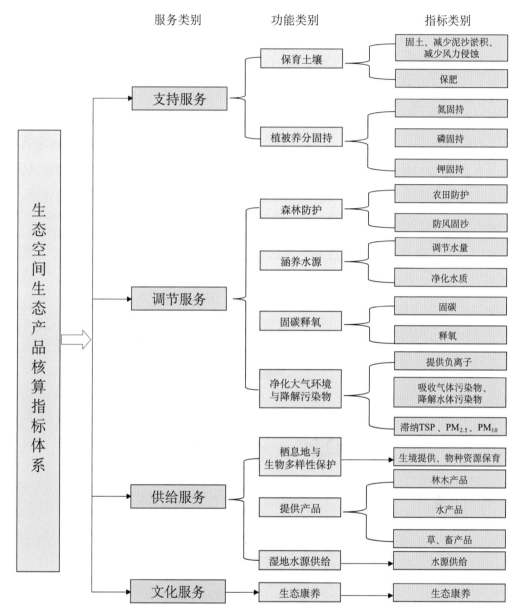

图 1-7　赤峰市生态空间生态产品核算指标体系

（三）数据来源与耦合集成

赤峰市生态空间生态产品核算分为物质量和价值量两部分。物质量评估所需数据包括赤峰市生态空间生态连清数据集和赤峰市森林、湿地、草地资源调查更新数据与第三次全国国土调查（国土"三调"）数据对接融合得到的资源数据；价值量评估所需数据除以上两类来源外，还包括社会公共数据集（图1-8）。

数据来源主要包括以下三部分：

1. 生态系统生态连清数据集

生态监测数据集主要来源于赤峰市境内及周边陆地生态系统野外科学观测研究站和定位观测研究站的野外长期定位连续观测数据集及样地实测数据。

2. 森林、湿地、草地资源调查更新数据

按照《自然资源调查监测体系构建总体方案》（自然资源部，2020）的框架，将赤峰市森林、湿地、草地资源调查更新数据与第三次全国国土调查数据对接融合得到资源数据。

3. 社会公共数据集

社会公共数据主要采用我国权威机构公布的社会公共数据，分别来源于《中华人民共和国水利部水利建筑工程预算定额》、中国农业信息网（http：//www.agri.cn/）、中华人民共和国国家卫生健康委员会（http：//www.nhc.gov.cn/）、《中华人民共和国环境保护税法》、内蒙古自治区发展和改革委员会网站(http://fgw.nmg.gov.cn/)、《中国林业和草原统计年鉴（2021）》和《赤峰市统计年鉴（2021）》等。

将上述三类数据源有机地耦合集成（图1-8），应用于一系列的评估公式中，即可获得赤峰市生态空间生态产品核算结果。

图1-8　赤峰市生态空间生态产品数据源耦合集成

（四）生态系统服务修正系数

在野外数据观测中，研究人员仅能够得到观测站点附近的实测生态数据，对于无法实地观测到的数据，则需要一种方法对已经获得的参数进行修正，如森林生态系统引入了森林生态系统服务修正系数（forest ecological service correction coefficient，简称 *FES-CC*）。*FES-CC* 是指评估林分生物量和实测林分生物量的比值，反映森林生态系统服务评估区域森林的生态质量状况，还可以通过森林生态功能的变化修正森林生态系统服务的变化。

森林生态系统服务价值的合理测算对绿色国民经济核算具有重要意义，社会进步程度、经济发展水平、森林资源质量等对森林生态系统服务均会产生一定影响，而森林自身结构和功能状况则是体现森林生态系统服务可持续发展的基本前提。"修正"作为一种状态，表明系统各要素之间具有相对"融洽"的关系。当用现有的野外实测值不能代表同一生态单元同一目标优势树种（组）的结构或功能时，就需要采用森林生态系统服务修正系数客观地从生态学精度的角度反映同一优势树种（组）在同一区域的真实差异。其理论计算公式如下：

$$FES\text{-}CC = \frac{B_e}{B_o} = \frac{BEF \times V}{B_o} \tag{1-1}$$

式中：$FES\text{-}CC$——森林生态系统服务修正系数（简称 F）；

　　　　B_e——评估林分的生物量（千克 / 立方米）；

　　　　B_o——实测林分的生物量（千克 / 立方米）；

　　　　BEF——蓄积量与生物量的转换因子；

　　　　V——评估林分的蓄积量（立方米）。

实测林分的生物量可以通过森林生态连清的实测手段来获取，而评估林分的生物量在赤峰市资源清查和造林工程调查中还没有完全统计。因此，通过评估林分蓄积量和生物量转换因子（BEF）来测算评估林分生物量（方精云等，1996；Fang et al.，1998；Fang et al.，2001）。

（五）核算公式与模型包

赤峰市生态空间生态产品绿色核算主要是从物质量和价值量的角度对该区域生态空间提供的各项生态系统服务功能进行定量评估；价值量评估是指从货币价值量的角度对该区域生态空间提供的生态系统服务功能价值进行定量评估，在价值量评估中，主要采用等效替代原则，并用替代品的价格进行等效替代核算某项评估指标的价值量。同时，在具体选取替代品的价格时应遵守权重当量平衡原则，考虑计算所得的各评估指标价值量在总价值量中所占的权重，使其保证相对平衡。

　　　等效替代法是当前生态环境效益经济评价中最普遍采用的一种方法，是生态系统功能物质量向价值量转化的过程中，在保证某评估指标生态功能相同的前提下，将实际的、复杂的生态问题和生态过程转化为等效的、简单的、易于研究的问题和过程来估算生态系统各项功能价值量的研究和处理方法。

　　　权重当量平衡原则是指在生态系统服务功能价值量评估过程中，当选取某个替代品的价格进行等效替代核算某项评估指标的价值量时，应考虑计算所得的各评估指标价值量在总价值量中所占的权重，使其保持相对平衡。

1. 森林生态系统

1) 保育土壤功能

森林树木凭借庞大的树冠、深厚的枯枝落叶层及强壮且成网状的根系截留大气降水，减少或免遭雨滴对土壤表层的直接冲击，有效地固持土体，降低了地表径流对土壤的冲蚀，使土壤流失量大大降低。而且森林植被的生长发育及其代谢产物不断对土壤产生物理及化学影响，参与土体内部的能量转换与物质循环，提高土壤肥力。森林凋落物是土壤养分的主要来源之一（图1-9）。因此，本研究选用固土和保肥两个指标来反映森林保育土壤功能。

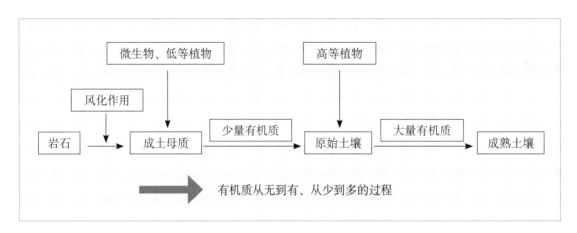

图 1-9　植被对土壤形成的作用

（1）固土指标。因为森林的固土功能是从地表土壤侵蚀程度表现出来的，所以可通过无林地土壤侵蚀程度和有林地土壤侵蚀程度之差来估算森林的保土量。该评估方法是目前国内外多数人使用并认可的。例如，日本在1972年、1978年和1991年评估森林防止土壤泥沙侵蚀效能时，都采用了有林地与无林地之间土壤侵蚀的对比方法来计算。

①年固土量。林分年固土量计算公式如下：

$$G_{固土}=A\times(X_2-X_1)\times F \qquad (1-2)$$

式中：$G_{固土}$——评估林分年固土量（吨/年）；

　　　X_1——实测林分有林地土壤侵蚀模数 [吨/（公顷·年）]；

　　　X_2——无林地土壤侵蚀模数 [吨/（公顷·年）]；

　　　A——林分面积（公顷）；

　　　F——森林生态系统服务修正系数。

②年固土价值。由于土壤侵蚀流失的泥沙淤积于水库中，减少了水库蓄积水的体积，因此本研究根据蓄水成本（替代工程法）计算林分年固土价值，计算公式如下：

$$U_{固土}=G_{固土}\times C_土/\rho \qquad (1-3)$$

式中：$U_{固土}$——评估林分年固土价值（元／年）；

$G_{固土}$——评估林分年固土量（吨／年）；

$C_土$——挖取和运输单位体积土方所需费用（元／立方米）；

ρ——土壤容重（克／立方厘米）。

（2）保肥指标。林木的根系可以改善土壤结构、孔隙度和通透性等物理性状，有助于土壤形成团粒结构。在养分循环过程中，枯枝落叶层不仅减小了降水的冲刷和径流，而且还是森林生态系统归还的主要途径，可以增加土壤有机质、营养物质（氮、磷、钾等）和土壤碳库的积累，提高土壤肥力，起到保肥的作用。土壤侵蚀带走大量的土壤营养物质，根据氮、磷、钾等养分含量和森林减少的土壤损失量，可以估算出森林每年减少的养分流失量。因土壤侵蚀造成了氮、磷、钾大量流失，使土壤肥力下降，通过计算年固土量中氮、磷、钾的数量，再换算为化肥价格即为森林年保肥价值。

①年保肥量。计算公式如下：

$$G_{氮}=A \times N \times (X_2-X_1) \times F \tag{1-4}$$

$$G_{磷}=A \times P \times (X_2-X_1) \times F \tag{1-5}$$

$$G_{钾}=A \times K \times (X_2-X_1) \times F \tag{1-6}$$

$$G_{有机质}=A \times M \times (X_2-X_1) \times F \tag{1-7}$$

式中：$G_{氮}$——评估林分固持土壤而减少的氮流失量（吨／年）；

$G_{磷}$——评估林分固持土壤而减少的磷流失量（吨／年）；

$G_{钾}$——评估林分固持土壤而减少的钾流失量（吨／年）；

$G_{有机质}$——评估林分固持土壤而减少的有机质流失量（吨／年）；

X_1——实测林分有林地土壤侵蚀模数 [吨／（公顷·年）]；

X_2——无林地土壤侵蚀模数 [吨／（公顷·年）]；

N——实测林分中土壤含氮量（%）；

P——实测林分中土壤含磷量（%）；

K——实测林分中土壤含钾量（%）；

M——实测林分中土壤有机质含量（%）；

A——林分面积（公顷）；

F——森林生态系统服务修正系数。

②年保肥价值。年固土量中氮、磷、钾的物质量换算成化肥价值即为林分年保肥价值。本研究的林分年保肥价值以固土量中的氮、磷、钾数量折合成磷酸二铵化肥和氯化钾化肥的价值来体现。计算公式如下：

$$U_{肥}= \frac{G_{氮}\times C_1}{R_1} + \frac{G_{磷}\times C_1}{R_2} + \frac{G_{钾}\times C_2}{R_3} + G_{有机质}\times C_3 \tag{1-8}$$

式中：$U_{肥}$——评估林分年保肥价值（元／年）；

　　　$G_{氮}$——评估林分固持土壤而减少的氮流失量（吨／年）；

　　　$G_{磷}$——评估林分固持土壤而减少的磷流失量（吨／年）；

　　　$G_{钾}$——评估林分固持土壤而减少的钾流失量（吨／年）；

　　　$G_{有机质}$——评估林分固持土壤而减少的有机质流失量（吨／年）；

　　　R_1——磷酸二铵化肥含氮量（%）；

　　　R_2——磷酸二铵化肥含磷量（%）；

　　　R_3——氯化钾化肥含钾量（%）；

　　　C_1——磷酸二铵化肥价格（元／吨）；

　　　C_2——氯化钾化肥价格（元／吨）；

　　　C_3——有机质价格（元／吨）。

2）林木养分固持功能

生态系统的生物体内贮存着各种营养元素，并通过元素循环，促使生物与非生物环境之间的元素变换，维持生态过程。有关学者指出，森林生态系统在其生长过程中不断从周围环境吸收营养元素，固定在植物体中。本研究综合了在以上两个定义的基础上，认为林木养分固持是指森林植物通过生化反应，在土壤、大气、降水中吸收氮、磷、钾等营养物质并贮存在体内各营养器官的功能。

这里要测算的林木固持氮、磷、钾含量与森林生态系统保育土壤功能中保肥的氮、磷、钾有所不同，前者是被森林植被吸收进入植物体内的营养物质，后者是森林生态系统中林下土壤里所含的营养物质。因此，在测算过程中要将二者区分开来分别计量。

森林植被在生长过程中每年要从土壤或空气中吸收大量营养物质，如氮、磷、钾等，并贮存在植物体中。考虑到指标操作的可行性，本研究主要考虑主要营养元素氮、磷、钾的含量。在计算林木养分固持量时，以氮、磷、钾在植物体中百分含量为依据，再结合森林资源数据及森林净生产力数据计算出森林生态系统年固持氮、磷、钾的总量。国内很多研究均采用了这种方法。

（1）林木养分固持量。计算公式如下：

$$G_{氮}=A \times N_{营养} \times B_{年} \times F \tag{1-9}$$

$$G_{磷}=A \times P_{营养} \times B_{年} \times F \tag{1-10}$$

$$G_{钾}=A \times K_{营养} \times B_{年} \times F \tag{1-11}$$

式中：$G_{氮}$——评估林分年氮固持量（吨／年）；

$G_{磷}$——评估林分年磷固持量（吨／年）；

$G_{钾}$——评估林分年钾固持量（吨／年）；

$N_{营养}$——实测林木氮元素含量（%）；

$P_{营养}$——实测林木磷元素含量（%）；

$K_{营养}$——实测林木钾元素含量（%）；

$B_{年}$——实测林分年净生产力 [吨／（公顷·年）]；

A——林分面积（公顷）；

F——森林生态系统服务修正系数。

（2）林木年养分固持价值。采取把营养物质折合成磷酸二铵化肥和氯化钾化肥方法计算林木养分固持价值，计算公式如下：

$$U_{氮}=G_{氮} \times C_1 \qquad (1\text{-}12)$$

$$U_{磷}=G_{磷} \times C_1 \qquad (1\text{-}13)$$

$$U_{钾}=G_{钾} \times C_2 \qquad (1\text{-}14)$$

式中：$U_{氮}$——评估林分氮固持价值（元／年）；

　　　$U_{磷}$——评估林分磷固持价值（元／年）；

　　　$U_{钾}$——评估林分钾固持价值（元／年）；

　　　$G_{氮}$——评估林分年氮固持量（吨／年）；

　　　$G_{磷}$——评估林分年磷固持量（吨／年）；

　　　$G_{钾}$——评估林分年钾固持量（吨／年）；

　　　C_1——磷酸二铵化肥价格（元／吨）；

　　　C_2——氯化钾化肥价格（元／吨）。

3）涵养水源功能

森林涵养水源功能主要是指森林对降水的截留、吸收和贮存，将地表水转为地表径流或地下水的作用（图1-10）。主要功能表现在增加可利用水资源、净化水质和调节径流三个方面。本研究选定 2 个指标，即调节水量指标和净化水质指标，以反映森林的涵养水源功能。

（1）调节水量指标。

①年调节水量。森林生态系统年调节水量计算公式如下：

$$G_{调}=10A \times（P_{水}-E-C）\times F \qquad (1\text{-}15)$$

式中：$G_{调}$——评估林分年调节水量（立方米／年）；

　　　$P_{水}$——实测林外降水量（毫米／年）；

　　　E——实测林分蒸散量（毫米／年）；

　　C——实测林分地表快速径流量（毫米／年）；

　　A——林分面积（公顷）；

　　F——森林生态系统服务修正系数。

　　②年调节水量价值。由于森林对水量主要起调节作用，与水库的功能相似。因此，本研究森林生态系统年调节水量价值根据水库工程的蓄水成本（替代工程法）来确定，计算公式如下：

$$U_{调}=G_{调}\times C_{库} \tag{1-16}$$

式中：$U_{调}$——评估林分年调节水量价值（元／年）；

　　　　$G_{调}$——评估林分年调节水量（立方米／年）；

　　　　$C_{库}$——水资源市场交易价格（元／立方米）。

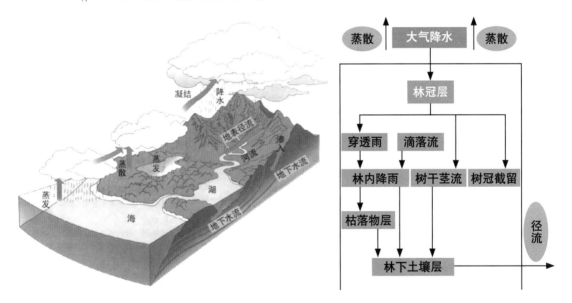

图 1-10　全球水循环及森林对降水的再分配示意

（2）净化水质指标。净化水质包括净化水量和净化水质价值两个方面。

①年净化水量。计算公式如下：

$$G_{净}=10A\times(P_{水}-E-C)\times F \tag{1-17}$$

式中：$G_{净}$——评估林分年净化水量（立方米／年）；

　　　　$P_{水}$——实测林外降水量（毫米／年）；

　　　　E——实测林分蒸散量（毫米／年）；

　　　　C——实测林分地表快速径流量（毫米／年）；

　　　　A——林分面积（公顷）；

　　　　F——森林生态系统服务修正系数。

②年净化水质价值。森林生态系统年净化水质价值根据内蒙古自治区水污染物应纳税额，计算公式如下：

$$U_净 = G_净 \times K_水 \tag{1-18}$$

式中：$U_净$——评估林分净化水质价值（元／年）；

　　　$G_净$——评估林分年净化水量（立方米／年）；

　　　$K_水$——水的净化费用（元／年）。

4）固碳释氧功能

森林植被与大气的物质交换主要是二氧化碳与氧气的交换，即森林固定并减少大气中的二氧化碳和提高并增加大气中的氧气浓度（图 1-11），这对维持大气中的二氧化碳和氧气动态平衡、减少温室效应以及为人类提供生存的基础都有巨大的、不可替代的作用（Wang et al.，2013）。

图 1-11　森林生态系统固碳释氧作用

《中华人民共和国国民经济和社会发展第十四个五年规划和 2035 年远景目标纲要》提出，力争 2030 年前碳达峰、2060 年前实现碳中和的重大战略决策，事关中华民族永续发展和构建人类命运共同体。为实现碳达峰、碳中和的战略目标，既要实施碳强度和碳排放总量双控制，同时要提升生态系统碳汇能力。森林作为陆地生态系统的主体，具有显著的固碳作用，在碳达峰、碳中和战略目标的实现过程中发挥着重要作用。目前，我国森林生态系统碳汇能力由于碳汇方法学存在缺陷而被低估，即：推算森林碳汇量采用的材积源生物量法是通过森林蓄积量增量进行计算的，而一些森林碳汇资源并未统计其中，主要指特灌林和竹林、疏林地、未成林造林地、非特灌林灌木林、苗圃地、荒山灌丛、城区和乡村绿化散生林木等。为准确核算我国森林资源碳汇能力，王兵等（2021）提出森林碳汇资源和森林全口径碳汇新理念。

森林碳汇资源：是指能够提供碳汇功能的森林资源，包括乔木林、竹林、特灌林、疏林、未成林造林、非特灌林灌木林、苗圃地、荒山灌丛、城区和乡村绿化散生林木等。

森林植被全口径碳汇＝森林资源碳汇（乔木林碳汇＋竹林碳汇＋特灌林碳汇）＋疏林地碳汇＋未成林造林地碳汇＋非特灌林灌木林碳汇＋苗圃地碳汇＋荒山灌丛碳汇＋城区和乡村绿化散生林木碳汇区＋土壤碳汇。

因此，本研究选用固碳、释氧两个指标反映赤峰市森林全口径碳汇和森林释氧功能。根据光合作用化学反应式，森林植被每积累 1.00 克干物质，可以吸收固定 1.63 克二氧化碳，释放 1.19 克氧气。

（1）固碳指标。

①植被和土壤年固碳量。计算公式如下：

$$G_{碳} = G_{植被固碳} + G_{土壤固碳} \tag{1-19}$$

$$G_{植被固碳} = 1.63 R_{碳} \times A \times B_{年} \times F \tag{1-20}$$

$$G_{土壤固碳} = A \times S_{土壤碳} \times F \tag{1-21}$$

式中：$G_{碳}$——评估林分生态系统年固碳量（吨／年）；

$G_{植被固碳}$——评估林分年固碳量（吨／年）；

$G_{土壤固碳}$——评估林分对应的土壤年固碳量（吨／年）；

$R_{碳}$——二氧化碳中碳的含量，为 27.27%；

$B_{年}$——实测林分净生产力 [吨／（公顷·年）]；

$S_{土壤碳}$——单位面积实测林分土壤的固碳量 [吨／（公顷·年）]；

A——林分面积（公顷）；

F——森林生态系统服务修正系数。

公式计算得出森林的潜在年固碳量，再从其中减去由于林木消耗造成的碳量损失，即为森林的实际年固碳量。

②年固碳价值。鉴于我国实施温室气体排放税收制度，并对二氧化碳的排放征税。因此，采用最新中国碳交易市场交易价格加权平均值进行评估。林分植被和土壤年固碳价值的计算公式如下：

$$U_{碳} = G_{碳} \times C_{碳} \tag{1-22}$$

式中：$U_{碳}$——评估林分年固碳价值（元／年）；

$G_{碳}$——评估林分生态系统潜在年固碳量（吨／年）；

$C_碳$——固碳价格（元／吨）。

公式得出森林的潜在年固碳价值，再从其中减去由于林木消耗造成的碳量损失，即为森林的实际年固碳价值。

（2）释氧指标。

①年释氧量。计算公式如下：

$$G_氧气 = 1.19A \times B_年 \times F \tag{1-23}$$

式中：$G_氧气$——评估林分年释氧量（吨／年）；

　　　$B_年$——实测林分净生产力［吨／（公顷·年）］；

　　　A——林分面积（公顷）；

　　　F——森林生态系统服务修正系数。

②年释氧价值。因为价值量的评估属经济的范畴，是市场化、货币化的体现，因此本研究采用国家权威部门公布的氧气商品价格计算森林的年释氧价值。计算公式如下：

$$U_氧 = G_氧 \times C_氧 \tag{1-24}$$

式中：$U_氧$——评估林分年释放氧气价值（元／年）；

　　　$G_氧$——评估林分年释氧量（吨／年）；

　　　$C_氧$——氧气的价格（元／吨）。

5）净化大气环境功能

雾霾天气的出现，使空气质量状况成为民众和政府部门关注的焦点，大气颗粒物（如 TSP、PM_{10}、$PM_{2.5}$）被认为是造成雾霾天气的主要原因。特别 $PM_{2.5}$ 更是由于其对人体健康的严重威胁，成为人们关注的热点。如何控制大气污染、改善空气质量成为众多科学家研究的热点（张维康，2016；Zhang et al.，2015）。

森林能有效吸收有害气体、滞纳粉尘、提供负离子、降低噪声、降温增湿，从而起到净化大气环境的作用（图 1-12）。为此，本研究选取提供负离子、吸收污染物（二氧化硫、氟化物和氮氧化物）、滞纳 TSP、PM_{10}、$PM_{2.5}$ 等指标反映森林的净化大气环境能力。

（1）提供负离子指标。

①年提供负离子量。计算公式如下：

$$G_负离子 = 5.256 \times 10^{15} \times Q_负离子 \times A \times H \times F / L \tag{1-25}$$

式中：$G_负离子$——评估林分年提供负离子个数（个／年）；

　　　$Q_负离子$——实测林分负离子浓度（个／立方厘米）；

　　　H——实测林分高度（米）；

L——负离子寿命（分钟）；

A——林分面积（公顷）；

F——森林生态系统服务修正系数。

②年提供负离子价值。国内外研究证明，当空气中负离子达到 600 个 / 立方厘米以上时，才能有益于人体健康，所以林分年提供负离子价值计算公式如下：

$$U_{负离子}=5.256\times10^{15}A\times H\times F\times K_{负离子}\times（Q_{负离子}-600）/L \tag{1-26}$$

式中：$U_{负离子}$——评估林分年提供负离子价值（元 / 年）；

$K_{负离子}$——负离子生产费用（元 $/10^{18}$ 个）；

$Q_{负离子}$——实测林分负离子浓度（个 / 立方厘米）；

L——负离子寿命（分钟）；

H——实测林分高度（米）；

A——林分面积（公顷）；

F——森林生态系统服务修正系数。

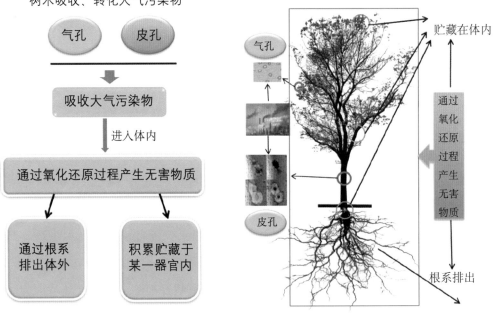

图 1-12　树木吸收空气污染物示意

（2）吸收气体污染物指标。二氧化硫、氟化物和氮氧化物是大气的主要污染物（图 1-13），因此本研究选取森林植被吸收二氧化硫、氟化物和氮氧化物 3 个指标评估森林吸收气体污染物的能力。森林对二氧化硫、氟化物和氮氧化物的吸收，采用面积—吸收能力法、阈值法、叶干质量估算法等。本研究采用面积—吸收能力法评估森林吸收气体污染物的总量，采用环境保护税法评估价值量。

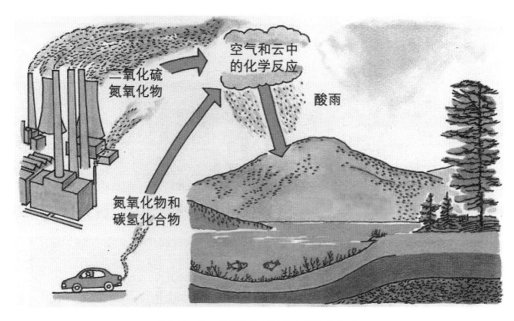

图 1-13　污染气体的来源及危害

①吸收二氧化硫。主要计算林分年吸收二氧化硫的物质量和价值量。

林分年吸收二氧化硫量计算公式如下：

$$G_{二氧化硫}=Q_{二氧化硫}\times A\times F/1000 \tag{1-27}$$

式中：$G_{二氧化硫}$——评估林分年吸收二氧化硫量（吨 / 年）；

$\quad\quad Q_{二氧化硫}$——单位面积实测林分吸收二氧化硫量 [千克 /（公顷 · 年）]；

$\quad\quad A$——林分面积（公顷）；

$\quad\quad F$——森林生态系统服务修正系数。

林分年吸收二氧化硫价值计算公式如下：

$$U_{二氧化硫}=G_{二氧化硫}\times K_{二氧化硫} \tag{1-28}$$

式中：$U_{二氧化硫}$——评估林分年吸收二氧化硫价值（元 / 年）；

$\quad\quad G_{二氧化硫}$——评估林分年吸收二氧化硫量（吨 / 年）；

$\quad\quad K_{二氧化硫}$——二氧化硫的治理费用（元 / 吨）。

②吸收氟化物。

林分氟化物年吸收量计算公式如下：

$$G_{氟化物}=Q_{氟化物}\times A\times F/1000 \tag{1-29}$$

式中：$G_{氟化物}$——评估林分年吸收氟化物量（吨 / 年）；

$\quad\quad Q_{氟化物}$——单位面积实测林分年吸收氟化物量 [千克 /（公顷 · 年）]；

A——林分面积（公顷）；

F——森林生态系统服务修正系数。

林分年吸收氟化物价值计算公式如下：

$$U_{氟化物}=G_{氟化物} \times K_{氟化物} \qquad (1\text{-}30)$$

式中：$U_{氟化物}$——评估林分年吸收氟化物价值（元／年）；

$G_{氟化物}$——评估林分年吸收氟化物量（吨／年）；

$K_{氟化物}$——氟化物治理费用（元／吨）。

③吸收氮氧化物。

林分氮氧化物年吸收量计算公式如下：

$$G_{氮氧化物}=Q_{氮氧化物} \times A \times F/1000 \qquad (1\text{-}31)$$

式中：$G_{氮氧化物}$——评估林分年吸收氮氧化物量（吨／年）；

$Q_{氮氧化物}$——单位面积实测林分年吸收氮氧化物量［千克／（公顷·年）］；

A——林分面积（公顷）；

F——森林生态系统服务修正系数。

林木氮氧化物年吸收量价值计算公式如下：

$$U_{氮氧化物}=G_{氮氧化物} \times K_{氮氧化物} \qquad (1\text{-}32)$$

式中：$U_{氮氧化物}$——评估林分年吸收氮氧化物价值（元／年）；

$G_{氮氧化物}$——评估林分年吸收氮氧化物量（吨／年）；

$K_{氮氧化物}$——氮氧化物治理费用（元／吨）。

（3）滞尘指标。森林有阻挡、过滤和吸附粉尘的作用，可提高空气质量。因此，滞尘功能是森林生态系统重要的服务功能之一。鉴于近年来人们对 PM_{10} 和 $PM_{2.5}$（图 1-14）的关注，本研究在评估滞尘量及其价值的基础上，将 PM_{10} 和 $PM_{2.5}$ 从总滞尘量中分离出来进行了单独的物质量和价值量评估。

①年总滞尘量。计算公式如下：

$$G_{TSP}=Q_{TSP} \times A \times F/1000 \qquad (1\text{-}33)$$

式中：G_{TSP}——评估林分年潜在滞纳 TSP（总悬浮颗粒物）量（吨／年）；

Q_{TSP}——实测林分单位面积年滞纳 TSP 量［千克／（公顷·年）］；

A——林分面积（公顷）

F——森林生态系统服务修正系数。

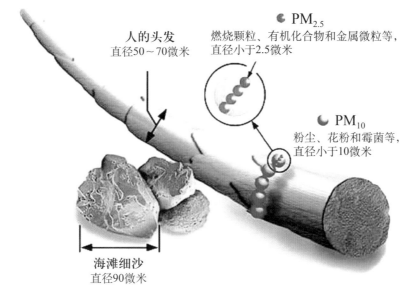

图 1-14　PM$_{2.5}$ 颗粒直径示意

②年滞尘总价值。本研究使用环境保护税法计算林木滞纳 PM$_{10}$ 和 PM$_{2.5}$ 的价值。其中，PM$_{10}$ 和 PM$_{2.5}$ 采用炭黑尘（粒径 0.4 ～ 1 微米）污染当量值，结合应税额度进行核算。林分滞纳其余颗粒物的价值采用一般性粉尘（粒径＜ 75 微米）污染当量值，结合应税额度进行核算。年滞尘价值计算公式如下：

$$U_{滞尘}=\left(G_{TSP}-G_{PM_{10}}-G_{PM_{2.5}}\right)\times K_{TSP}+U_{PM_{10}}+U_{PM_{2.5}} \tag{1-34}$$

式中：$U_{滞尘}$——评估林分年潜在滞尘价值（元 / 年）；

　　　G_{TSP}——评估林分年潜在滞纳 TSP 量（千克 / 年）；

　　　$G_{PM_{2.5}}$——评估林分年潜在滞纳 PM$_{2.5}$ 的量（千克 / 年）；

　　　$G_{PM_{10}}$——评估林分年潜在滞纳 PM$_{10}$ 的量（千克 / 年）；

　　　$U_{PM_{10}}$——评估林分年滞纳 PM$_{10}$ 的价值（元 / 年）；

　　　$U_{PM_{2.5}}$——评估林分年滞纳 PM$_{2.5}$ 的价值（元 / 年）；

　　　K_{TSP}——降尘清理费用（元 / 千克）。

（4）滞纳 PM$_{2.5}$。

①年滞纳 PM$_{2.5}$ 量。计算公式如下：

$$G_{PM_{2.5}}=10Q_{PM_{2.5}}\times A\times n\times F\times LAI \tag{1-35}$$

式中：$G_{PM_{2.5}}$——评估林分年潜在滞纳 PM$_{2.5}$（直径≤ 2.5 微米的可入肺颗粒物）量（千克 / 年）；

　　　$Q_{PM_{2.5}}$——实测林分单位叶面积滞纳 PM$_{2.5}$ 量（克 / 平方米）；

　　　A——林分面积（公顷）；

n——年洗脱次数；

LAI——叶面积指数

F——森林生态系统服务修正系数。

②年滞纳 $PM_{2.5}$ 价值。计算公式如下：

$$U_{PM_{2.5}}=G_{PM_{2.5}} \times C_{PM_{2.5}} \qquad (1\text{-}36)$$

式中：$U_{PM_{2.5}}$——评估林分年滞纳 $PM_{2.5}$ 价值（元/年）；

$G_{PM_{2.5}}$——评估林分年潜在滞纳 $PM_{2.5}$ 的量（千克/年）；

$C_{PM_{2.5}}$——$PM_{2.5}$ 清理费用（元/千克）。

（5）滞纳 PM_{10}。

①年滞纳 PM_{10} 量。计算公式如下：

$$G_{PM_{10}}=10Q_{PM_{10}} \times A \times n \times F \times LAI \qquad (1\text{-}37)$$

式中：$G_{PM_{10}}$——评估林分年潜在滞纳 PM_{10}（直径≤10微米的可吸入颗粒物）量（千克/年）；

$Q_{PM_{10}}$——实测林分单位叶面积滞纳 PM_{10} 量（克/平方米）；

A——林分面积（公顷）；

F——森林生态系统服务修正系数；

n——年洗脱次数；

LAI——叶面积指数。

②年滞纳 PM_{10} 价值。计算公式如下：

$$U_{PM_{10}}=G_{PM_{10}} \times C_{PM_{10}} \qquad (1\text{-}38)$$

式中：$U_{PM_{10}}$——评估林分年滞纳 PM_{10} 价值（元/年）；

$G_{PM_{10}}$——评估林分年潜在滞纳 PM_{10} 量（千克/年）；

$C_{PM_{10}}$——PM_{10} 清理费用（元/千克）。

6）森林防护功能

植被根系能够固定土壤，改善土壤结构，降低土壤的裸露程度；植被地上部分能够增加地表粗糙程度，降低风速，阻截风沙。地上地下的共同作用能够减弱风的强度和携沙能力，减少因风蚀导致的土壤流失和风沙危害。

（1）防风固沙量。计算公式如下：

$$G_{防风固沙}=A_{防风固沙} \times (Y_2-Y_1) \times F \qquad (1\text{-}39)$$

式中：$G_{防风固沙}$——评估林分防风固沙量（吨/年）；

Y_1——有林地风蚀模数 [吨 /（公顷 · 年）]；

Y_2——无林地风蚀模数 [吨 /（公顷 · 年）]；

$A_{防风固沙}$——防风固沙林面积（公顷）；

F——森林生态系统服务修正系数。

（2）防风固沙价值。计算公式如下：

$$U_{防风固沙}=K_{防风固沙} \times G_{防风固沙} \tag{1-40}$$

式中：$U_{防风固沙}$——评估林分防风固沙价值量（元 / 年）；

$G_{防风固沙}$——评估林分防风固沙量（吨 / 年）；

$K_{防风固沙}$——固沙成本（元 / 吨）。

（3）农田防护价值。计算公式如下：

$$U_{农田防护}=K_a \times V_a \times m_a \times A_{农} \tag{1-41}$$

式中：$U_{农田防护}$——评估林分农田防护功能的价值量（元 / 年）；

K_a——平均 1 公顷农田防护林能够实现农田防护面积 19 公顷；

V_a——农作物、牧草的价格（元 / 千克）；

m_a——农作物、牧草平均增产量 [千克 /（公顷 · 年）]；

$A_{农}$——农田防护林面积（公顷）。

7）生物多样性保护功能

生物多样性维护了自然界的生态平衡，并为人类的生存提供了良好的环境条件。生物多样性是生态系统不可缺少的组成部分，对生态系统服务的发挥具有十分重要的作用。Shannon-Wiener 指数是反映森林中物种的丰富度和分布均匀程度的经典指标。传统 Shannon-Wiener 指数对生物多样性保护等级的界定不够全面。本研究采用濒危指数、特有种指数及古树年龄指数进行生物多样性保护功能评估（表 1-3 至表 1-5），有利于生物资源的合理利用和相关部门保护工作的合理分配。

生物多样性保护功能评估计算公式如下：

$$U_{生} = \left(1+0.1\sum_{m=1}^{x} E_m+0.1\sum_{n=1}^{y} B_n+0.1\sum_{r=1}^{z} O_r\right) \times S_{生} \times A \tag{1-42}$$

式中：$U_{生}$——评估林分年生物多样性保护价值（元 / 年）；

E_m——评估林分或区域内物种 m 的濒危指数（表 1-3）；

B_n——评估林分或区域内物种 n 的特有种指数（表 1-4）；

O_r——评估林分或区域内物种 r 的古树年龄指数（表 1-5）；

x——计算珍稀濒危指数物种数量；

y——计算特有种物种数量；

z——计算古树物种数量；

$S_{生}$——单位面积物种资源保育价值 [元 /（公顷·年）]；

A——林分面积（公顷）。

本研究根据 Shannon-Wiener 指数计算生物多样性价值，共划分 7 个等级：

当指数 <1 时，$S_{生}$为 3000[元 /（公顷·年）]；

当 1 ≤指数＜ 2 时，$S_{生}$为 5000[元 /（公顷·年）]；

当 2 ≤指数＜ 3 时，$S_{生}$为 10000[元 /（公顷·年）]；

当 3 ≤指数＜ 4 时，$S_{生}$为 20000[元 /（公顷·年）]；

当 4 ≤指数＜ 5 时，$S_{生}$为 30000[元 /（公顷·年）]；

当 5 ≤指数＜ 6 时，$S_{生}$为 40000[元 /（公顷·年）]；

当指数≥ 6 时，$S_{生}$为 50000[元 /（公顷·年）]。

表 1-2 濒危指数体系

濒危指数	濒危等级	物种种类
4	极危	参见《中国物种红色名录》第一卷：红色名录
3	濒危	
2	易危	
1	近危	

表 1-3 特有种指数体系

特有种指数	分布范围
4	仅限于范围不大的山峰或特殊的自然地理环境下分布
3	仅限于某些较大的自然地理环境下分布的类群，如仅分布于较大的海岛（岛屿）、高原、若干个山脉等
2	仅限于某个大陆分布的分类群
1	至少在2个大陆都有分布的分类群
0	世界广布的分类群

注：参见《植物特有现象的量化》（苏志尧，1999）。

表 1-4 古树年龄指数体系

古树年龄	指数等级	来源及依据
100～299年	1	参见2011年，全国绿化委员会、国家林业局《关于开展古树名木普查建档工作的通知》
300～499年	2	
≥500年	3	

8）林木产品供给功能

（1）木材产品价值。计算公式如下：

$$U_{木材产品}=\sum_{i}^{n}\left(A_i \times S_i \times U_i\right)\ (i=1,\ 2,\ \cdots,\ n) \tag{1-43}$$

式中：$U_{木材产品}$——年木材产品价值（元／年）；

　　　A_i——第 i 种木材产品面积（公顷）；

　　　S_i——第 i 种木材产品单位面积蓄积量［立方米／（公顷·年）］；

　　　U_i——第 i 种木材产品市场价格（元／立方米）。

（2）非木材产品价值。计算公式如下：

$$U_{非木材产品}=\sum_{j}^{n}\left(A_j \times V_j \times P_j\right)\ (j=1,\ 2,\ \cdots,\ n) \tag{1-44}$$

式中：$U_{非木材产品}$——年非木材产品价值（元／年）；

　　　A_j——第 j 种非木材产品种植面积（公顷）；

　　　V_j——第 j 种非木材产品单位面积产量［千克／（公顷·年）］；

　　　P_j——第 j 种非木材产品市场价格（元／千克）。

9）森林康养功能

森林康养是指森林生态系统为人类提供休闲和娱乐场所所产生的价值，包括直接产值和带动的其他产业产值，直接产值采用林业旅游与休闲产值替代法进行核算。计算公式如下：

$$U_{康养}=\left(U_{直接}+U_{间接}\right)\times 0.8 \tag{1-45}$$

式中：$U_{康养}$——森林康养价值量（元／年）；

　　　$U_{直接}$——林业旅游与休闲产值，按照直接产值对待（元／年）；

　　　$U_{间接}$——林业旅游与休闲带动的其他产业产值（元／年）；

　　　0.8——森林公园接待游客量和创造的旅游产值与森林旅游总规模的比值。

10）森林生态系统服务功能总价值评估

森林生态系统服务功能总价值为上述分项之和，计算公式如下：

$$U_I=\sum_{i=1}^{25}U_i \tag{1-46}$$

式中：U_I——森林生态系统服务总价值（元／年）；

　　　U_i——森林生态系统服务各分项年价值（元／年）。

2. 湿地生态系统

1）保育土壤功能

湿地生态系统能够有效减少泥沙淤积，发挥着显著的保育土壤功能，这是由于河流冲

击作用造成的。一般而言，由于水文地理特征的特殊性及其时空变化的不均匀性，不同地区湿地泥沙淤积存在差异。为此，本研究选用减少泥沙淤积指标和保肥指标，以反映湿地保育土壤功能。

（1）减少泥沙淤积。因为湿地的减少泥沙淤积功能是通过泥沙淤积程度表现出来的，所以可以通过湿地入水口的泥沙淤积量和出水口的泥沙淤积量之差来估算湿地的减少泥沙淤积量。

①年减少泥沙淤积量。湿地年减少泥沙淤积量计算公式如下：

$$G_{\pm} = (X_2 - X_1) \times A \tag{1-47}$$

式中：$G_{\pm}$——湿地年减少泥沙淤积量（吨/年）；

　　　A——湿地面积（公顷）；

　　　X_1——湿地入水口的泥沙淤积量[吨/（公顷·年）]；

　　　X_2——湿地出水口的泥沙淤积量[吨/（公顷·年）]。

②年减少泥沙淤积价值。由于土壤侵蚀流失的泥沙淤积于水库中，会减少水库蓄积水的体积，因此本研究根据蓄水成本（替代工程法）计算湿地年泥沙淤积价值，计算公式如下：

$$U_{\pm} = G_{\pm} \times V_{\pm} \tag{1-48}$$

式中：$U_{\pm}$——湿地年减少泥沙淤积价值（元/年）；

　　　$G_{\pm}$——湿地年减少泥沙淤积量（吨/年）；

　　　$V_{\pm}$——挖取和运输单位体积土方所需费用（元/立方米）。

（2）保肥。湿地保肥功能是指减少泥沙淤积中养分流失，本研究采用的是湿地淤积泥沙中所含有的氮、磷、钾等养分的量，再折算成化肥价格的方法来计算。

①年保肥量。计算公式如下：

$$G_{保肥} = (X_2 - X_1) \times A \times (N + P + K + C) \tag{1-49}$$

式中：$G_{保肥}$——湿地年减少养分流失量（吨/年）；

　　　X_1——湿地入水口的泥沙淤积量[吨/（公顷·年）]；

　　　X_2——湿地出水口的泥沙淤积量[吨/（公顷·年）]；

　　　A——湿地面积（公顷）；

　　　C——泥沙淤积中平均有机质含量（%）；

　　　N——泥沙淤积中平均氮含量（%）；

　　　P——泥沙淤积中平均磷含量（%）；

　　　K——泥沙淤积中平均钾含量（%）。

②年保肥量价值。年减少淤积泥沙中氮、磷、钾等养分的含量换算成化肥即为湿地年保肥价值。本研究的湿地年保肥价值以淤积泥沙中的氮、磷、钾和有机质含量折合成磷酸二铵化肥和氯化钾化肥的价值来体现。计算公式如下：

$$U_{保肥}=(X_2-X_1)\times A\times\left(\frac{N}{D_{氮}}\times V_{氮}+\frac{P}{D_{磷}}\times V_{磷}+\frac{K}{D_{钾}}\times V_{钾}+C\times V_{有机质}\right) \qquad (1\text{-}50)$$

式中：$U_{保肥}$——年保肥价值（元／年）；

$\qquad X_1$——湿地入水口的泥沙淤积量［吨／（公顷·年）］；

$\qquad X_2$——湿地出水口的泥沙淤积量［吨／（公顷·年）］；

$\qquad A$——湿地面积（公顷）；

$\qquad C$——泥沙淤积中平均有机质含量（%）；

$\qquad N$——泥沙淤积中平均氮含量（%）；

$\qquad P$——泥沙淤积中平均磷含量（%）；

$\qquad K$——泥沙淤积中平均钾含量（%）；

$\qquad D_{氮}$——磷酸二铵化肥含氮量（%）；

$\qquad D_{磷}$——磷酸二铵化肥含磷量（%）；

$\qquad D_{钾}$——氯化铵化肥含钾量（%）；

$\qquad V_{氮}$和$V_{磷}$——磷酸二铵化肥价格（元／吨）；

$\qquad V_{钾}$——氯化钾化肥价格（元／吨）；

$\qquad V_{有机质}$——有机质化肥价格（元／吨）。

2）水生植物养分固持功能

湿地生态系统中，养分主要储存在土壤中，可以说土壤是其最大的养分库。地质大循环中，生态系统中的养分不断向下淋溶损失，而生物小循环则从地质循环中保存累积一系列的生物所必需的营养元素，随着生物的生长以及生物量的不断积累，土壤母质中大量营养元素被释放出来，成为有效成分，供生物生长需要。因此，生物是形成土壤和土壤肥力的主导因素。当植物的一个生命周期完成时，大量的养分在植物体变黄、凋落之前被转移到植物体的其他部位，还有一些则通过枯枝落叶等凋落物而返回土壤中。本研究参考崔丽娟（2004）的关于湿地营养循环研究，湿地水生植物氮、磷、钾年固定量分别为128.78千克／公顷、0.88千克／公顷、86.33千克／公顷。

（1）水生植物养分固持量。计算公式如下：

$$G_{氮}=A\times N \qquad (1\text{-}51)$$

$$G_{磷}=A\times P \qquad (1\text{-}52)$$

$$G_{钾}=A\times K \qquad (1\text{-}53)$$

式中：$G_{氮}$——湿地生态系统氮固持量（千克／年）；

$G_{磷}$——湿地生态系统磷固持量（千克／年）；

$G_{钾}$——湿地生态系统钾固持量（千克／年）；

N——单位面积湿地水生植物固氮量 [千克／（公顷·年）]；

P——单位面积湿地水生植物固磷量 [千克／（公顷·年）]；

K——单位面积湿地水生植物固钾量 [千克／（公顷·年）]；

A——湿地面积（公顷）。

（2）水生植物养分固持价值。采取把营养物质折合成磷酸二铵化肥和氯化钾化肥方法计算水生植物养分固持价值，计算公式如下：

$$U_{营养} = \left(G_{氮} \times V_{氮} + G_{磷} \times V_{磷} + G_{钾} \times V_{钾} \right) / 1000 \tag{1-54}$$

式中：$U_{营养}$——湿地生态系统养分固持价值（元／年）；

$G_{氮}$——湿地生态系统氮固持量（千克／年）；

$G_{磷}$——湿地生态系统磷固持量（千克／年）；

$G_{钾}$——湿地生态系统钾固持量（千克／年）；

$V_{氮}$——氮肥的价格（元／吨）；

$V_{磷}$——磷肥的价格（元／吨）；

$V_{钾}$——钾肥的价格（元／吨）。

3）调蓄洪水功能

湿地生态系统具有强大的调洪补枯功能（崔丽娟，2004），即在洪水期可以蓄积大量的洪水，以缓解洪峰造成的损失，同时储备大量的水资源在干旱季节提供生产、生活用水。

（1）调蓄洪水量。湿地生态系统年调蓄洪水量计算公式如下：

$$G_{调蓄} = \sum_{i=1}^{n} \left(H_i \times A \right) \times 10000 \tag{1-55}$$

式中：$G_{调蓄}$——湿地调节水量（立方米／年）；

A——湿地面积（公顷）；

H_i——湿地洪水期平均淹没深度（米／年）。

（2）年调蓄洪水价值。由于湿地对洪水主要起调蓄作用，与水库的功能相似。因此，本研究中湿地生态系统调蓄洪水价值依据水库工程的蓄水成本（替代工程法）来确定，计算公式如下：

$$U_{调蓄} = G_{调蓄} \times P_r \tag{1-56}$$

式中：$U_{调蓄}$——湿地调蓄洪水价值（元／年）；

$G_{调蓄}$——湿地调蓄洪水量（立方米/年）；

P_r——水资源市场交易价格（元/立方米）。

4）固碳释氧功能

湿地对大气环境既有正面也有负面影响。湿地对于大气调节的正效应主要是指通过大面积挺水植物芦苇以及其他水生植物的光合作用固定大气中的二氧化碳，向大气释放氧气；负效应指湿地向大气中排放温室气体（主要指二氧化碳和甲烷）。湿地内主要植被类型为水生或湿生植物，且分布广泛，主要以芦苇为主。芦苇作为适合河湖湿地和滩涂湿地生长的湿生植物，具有极高的生物量和土壤碳库储存。

（1）固碳。

①年固碳量。计算公式如下：

$$G_{固碳} = \left(R_{碳_i} \times M_{CO_2} + R_{碳_j} \times M_{CH_4} \right) \times A \tag{1-57}$$

式中：$G_{固碳}$——湿地生态系统固碳量（吨/年）；

$R_{碳_i}$——二氧化碳中碳的含量（0.27）；

M_{CO_2}——实测湿地净二氧化碳交换量，即 NEE[吨/（公顷·年）]；

$R_{碳_j}$——甲烷中碳的含量（0.75）；

M_{CH_4}——实测湿地甲烷含量[吨/（公顷·年）]；

A——湿地面积（公顷）。

②年固碳价值。计算公式如下：

$$U_{固碳} = G_{固碳} \times C_{碳} \tag{1-58}$$

式中：$U_{固碳}$——湿地生态系统固碳价值（元/年）；

$G_{固碳}$——湿地生态系统固碳量（吨/年）；

$C_{碳}$——固碳价格（元/吨）。

（2）释氧。

①年释氧量。计算公式如下：

$$G_{释氧} = 1.2 \times \sum m \times A \tag{1-59}$$

式中：$G_{释氧}$——湿地生态系统释氧量（吨/年）；

m——湿地单位面积生物量[吨/（公顷·年）]；

A——湿地面积（公顷）。

②年释氧价值。计算公式如下：

$$U_{释氧} = G_{释氧} \times C_{释氧} \tag{1-60}$$

式中：$U_{释氧}$——湿地生态系统释氧价值（元/年）；

　　　$G_{释氧}$——湿地生态系统释氧量（吨/年）；

　　　$C_{释氧}$——氧气价格（元/吨）。

5）降解污染功能

湿地被誉为"地球之肾"，具有降解和去除环境污染的作用，尤其是对氮、磷等营养元素以及重金属元素的吸收、转化和滞留具有较高的效率，能有效降低其在水体中的浓度；湿地还可通过减缓水流、促进颗粒物沉降，从而将其上附着的有害物质从水体中去除。如果进入湿地的污染物没有使水体整体功能退化，即可以认为湿地起到净化的功能。

（1）降解污染物量。计算公式如下：

$$G_{降}=Q_i\times\left(C_{入_i}-C_{出_i}\right) \tag{1-61}$$

式中：$G_{降}$——湿地生态系统降解污染物量（千克/年）；

　　　Q_i——湿地中第 i 种污染物（COD、氨氮、全磷）的年排放总量（千克/年）；

　　　$C_{入_i}$——湿地入水口第 i 种污染物的浓度（%）；

　　　$C_{出_i}$——湿地出水口第 i 种污染物的浓度（%）。

（2）降解污染物价值。计算公式如下：

$$U_{降}=G_{降}\times C_{降} \tag{1-62}$$

式中：$U_{降}$——湿地生态系统降解污染物价值（元/年）；

　　　$G_{降}$——湿地生态系统降解污染物量（千克/年）；

　　　$C_{降}$——湿地中第 i 种污染物清理费用（元/千克）。

6）水产品供给功能。

（1）水生植物供给。

①水生植物供给量。计算公式如下：

$$G_{水生植物}=\sum_{i=1}^{n}Q_i\times A \tag{1-63}$$

式中：$G_{水生植物}$——水生食用植物的产量（千克/年）；

　　　Q_i——各类可食用水生植物的单位面积产量[千克/（公顷·年）]；

　　　A——湿地面积（公顷）。

②水生植物供给价值。计算公式如下：

$$U_{水生植物}=G_{水生植物}\times P_{植物} \tag{1-64}$$

式中：$U_{水生植物}$——水生食用植物的价值（元 / 年）；

　　　$G_{水生植物}$——水生食用植物的产量（千克 / 年）；

　　　$P_{植物}$——各类食用植物的单价（元 / 千克）。

（2）水生动物供给。

①水生动物供给量。计算公式如下：

$$G_{水生动物}=\sum_{j=1}^{n} Q_j \times A \qquad (1-65)$$

式中：$G_{水生动物}$——水生食用动物的产量（千克 / 年）；

　　　Q_j——各类可食用动物的单位面积产量 [千克 /（公顷·年）]；

　　　A——湿地面积（公顷）。

②水生动物供给价值。计算公式如下：

$$U_{水生动物}=G_{水生动物} \times P_{动物} \qquad (1-66)$$

式中：$U_{水生动物}$——水生食用动物的价值（元 / 年）；

　　　$G_{水生动物}$——水生食用动物的产量（千克 / 年）；

　　　$P_{动物}$——各类食用动物的单价（元 / 千克）。

7）水源供给功能。

（1）水源供给量。计算公式如下：

$$G_{水源供给}=Q_{淡水} \times A \qquad (1-67)$$

式中：$G_{水源供给}$——湿地水源供给量（立方米 / 年）；

　　　$Q_{淡水}$——单位面积湿地平均淡水供应量 [立方米 /（公顷·年）]；

　　　A——湿地面积（公顷）。

（2）水源供给价值。计算公式如下：

$$U_{水源供给}=G_{水源供给} \times P_{淡水} \qquad (1-68)$$

式中：$U_{水源供给}$——湿地水源供给价值（元 / 年）；

　　　$G_{水源供给}$——湿地水源供给量（立方米 / 年）；

　　　$P_{淡水}$——水资源市场交易价格（元 / 立方米）。

8）提供生物栖息地功能

湿地是复合生态系统，大面积的芦苇沼泽、滩涂和河流、湖泊为野生动植物的生存提供了良好的栖息地。湿地景观的高度异质性为众多野生动植物栖息、繁衍提供了基地，因而在保护生物多样性方面具有极其重要的价值。湿地生物栖息地功能评估计算公式如下：

$$U_{生}=S_{生}\times A \tag{1-69}$$

式中：$U_{生}$——湿地生态系统生物栖息地价值（元/年）；

　　　　$S_{生}$——单位面积湿地的避难所价值[元/（公顷·年）]；

　　　　A——湿地面积（公顷）。

9）科研文化游憩功能

湿地为生态学、生物学、地理学、水文学、气候学以及湿地研究和鸟类研究的自然本底和基地，为诸多基础科研提供了理想的科学实验场所。同时，湿地自然景色优美，而且是大量鸟类和水生动植物的栖息繁殖地；因此，还会吸引大量的游客前去观光旅游。湿地科研文化游憩功能价值计算公式如下：

$$U_{游憩}=P_{游}\times A \tag{1-70}$$

式中：$U_{游憩}$——湿地生态系统科研文化游憩价值（元/年）；

　　　　$P_{游}$——单位面积湿地科研文化游憩价值[元/（公顷·年）]；

　　　　A——湿地面积（公顷）。

10）湿地生态系统服务功能总价值评估

湿地生态系统服务功能总价值为上述分项之和，计算公式如下：

$$U_I=\sum_{i=1}^{17}U_i \tag{1-71}$$

式中：U_I——湿地生态系统服务总价值（元/年）；

　　　　U_i——湿地生态系统服务各分项年价值（元/年）。

3. 草地生态系统

1）保育土壤功能。草地生态系统具有土壤保持的作用，主要表现为减少土壤风力侵蚀和保持土壤肥力两方面。

（1）减少土壤风力侵蚀。

①物质量计算公式如下：

$$G_{土壤侵蚀}=A\times(M_0-M_1) \tag{1-72}$$

式中：$G_{土壤侵蚀}$——减少草地土壤风力侵蚀量（吨/年）；

　　　　A——草地面积（公顷）；

　　　　M_0——实测无草覆盖下的风力侵蚀量[吨/（公顷·年）]；

　　　　M_1——实测有草覆盖下的风力侵蚀量[吨/（公顷·年）]。

②价值量计算公式如下：

$$U_{土壤侵蚀}=G_{土壤侵蚀}\times C_{土} \tag{1-73}$$

式中：$U_{土壤侵蚀}$——减少草地土壤风力侵蚀价值（元／年）；

　　　$G_{土壤侵蚀}$——减少草地土壤风力侵蚀量（吨／年）；

　　　$C_{土}$——挖取和运输单位体积土方所需费用（元／吨）。

（2）保持土壤肥力。

①年保肥量。计算公式如下：

$$G_{氮}=A\times N\times(X_2-X_1) \tag{1-74}$$
$$G_{磷}=A\times P\times(X_2-X_1) \tag{1-75}$$
$$G_{钾}=A\times K\times(X_2-X_1) \tag{1-76}$$
$$G_{有机质}=A\times M\times(X_2-X_1) \tag{1-77}$$

式中：$G_{氮}$——草地减少的氮流失量（吨／年）；

　　　$G_{磷}$——草地减少的磷流失量（吨／年）；

　　　$G_{钾}$——草地减少的钾流失量（吨／年）；

　　　$G_{有机质}$——草地减少的有机质流失量（吨／年）；

　　　X_1——有草覆盖下的风力侵蚀量［吨／（公顷·年）］；

　　　X_2——无草覆盖下的风力侵蚀量［吨／（公顷·年）］；

　　　N——草地土壤平均含氮量（%）；

　　　P——草地土壤平均含磷量（%）；

　　　K——草地土壤平均含钾量（%）；

　　　M——草地土壤平均有机质含量（%）；

　　　A——草地面积（公顷）。

②年保肥价值。年固土量中氮、磷、钾的物质量换算成化肥价值即为林分年保肥价值。本研究的草地年保肥价值以减少土壤风力侵蚀量中的氮、磷、钾数量折合成磷酸二铵化肥和氯化钾化肥的价值来体现。计算公式如下：

$$U_{肥}=\frac{G_{氮}\times C_1}{R_1}+\frac{G_{磷}\times C_1}{R_2}+\frac{G_{钾}\times C_2}{R_3}+G_{有机质}\times C_3 \tag{1-78}$$

式中：$U_{肥}$——草地年保肥价值（元／年）；

　　　$G_{氮}$——草地减少的氮流失量（吨／年）；

　　　$G_{磷}$——草地减少的磷流失量（吨／年）；

　　　$G_{钾}$——草地减少的钾流失量（吨／年）；

$G_{有机质}$——草地减少的有机质流失量（吨／年）；

R_1——磷酸二铵化肥含氮量（%）；

R_2——磷酸二铵化肥含磷量（%）；

R_3——氯化钾化肥含钾量（%）；

C_1——磷酸二铵化肥价格（元／吨）；

C_2——氯化钾化肥价格（元／吨）；

C_3——有机质价格（元／吨）。

2）草本养分固持功能

草地生态系统通过生态过程促使生物与非生物环境之间进行物质交换。绿色植物从无机环境中获得必需的营养物质，构造生物体，小型异养生物分解已死的原生质或复杂的化合物，吸收其中某些分解的产物，释放能为绿色植物所利用的无机营养物质。参与草地生态系统维持养分循环的物质种类很多，其中的大量元素有全氮、有效磷、有效钾和有机质等。

（1）氮固持。

①物质量计算公式如下：

$$G_{氮}=Q_{干草} \times A \times R_{氮} \tag{1-79}$$

式中：$G_{氮}$——草地氮固持量（吨／年）；

$Q_{干草}$——不同草地类型年干草产量［吨／（公顷·年）］；

A——草地面积（公顷）；

$R_{氮}$——单位重量牧草的氮元素含量（%）。

②价值量计算公式如下：

$$U_{氮}=G_{氮} \times P_{氮} \tag{1-80}$$

式中：$U_{氮}$——草地氮固持价值（元／年）；

$G_{氮}$——草地氮固持量（吨／年）；

$P_{氮}$——氮肥价格（元／吨）。

（2）磷固持。

①物质量计算公式如下：

$$G_{磷}=Q_{干草} \times A \times R_{磷} \tag{1-81}$$

式中：$G_{磷}$——草地磷固持量（吨／年）；

$Q_{干草}$——不同草地类型年干草产量［吨／（公顷·年）］；

A——草地面积（公顷）；

$R_{磷}$——单位重量牧草的磷元素含量（%）。

②价值量计算公式如下：

$$U_{磷} = G_{磷} \times P_{磷} \qquad (1-82)$$

式中：$U_{磷}$——草地磷固持价值（元／年）；

　　　$G_{磷}$——草地磷固持量（吨／年）；

　　　$P_{磷}$——磷肥价格（元／吨）。

（3）钾固持。

①物质量计算公式如下：

$$G_{钾} = Q_{干草} \times A \times R_{钾} \qquad (1-83)$$

式中：$G_{钾}$——草地钾固持量（吨／年）；

　　　$Q_{干草}$——不同草地类型年干草产量 [吨／（公顷·年）]；

　　　A——草地面积（公顷）；

　　　$R_{钾}$——单位重量牧草的钾元素含量（%）。

②价值量计算公式如下：

$$U_{钾} = G_{钾} \times P_{钾} \qquad (1-84)$$

式中：$U_{钾}$——草地钾固持价值（元／年）；

　　　$G_{钾}$——草地钾固持量（吨／年）；

　　　$P_{钾}$——钾肥价格（元／吨）。

3）涵养水源功能

完好的天然草地不仅具有截留降水的功能，而且比空旷裸地有较高的渗透性和保水能力，对涵养土地中的水分有着重要的意义。天然草原的牧草因其根系细小，且多分布于表土层，因而比裸露地和森林有较高的渗透率。

（1）涵养水源物质量计算公式如下：

$$G_{水} = 10R \times A \times J \times K \qquad (1-85)$$

式中：$G_{水}$——草地涵养水源量（立方米／年）；

　　　R——草地降水量（毫米／年）；

　　　A——草地面积（公顷）；

　　　J——产流降水量占降水总量的比例（%）；

　　　K——与裸地比较，草地生态系统截留降水、减少径流的效益系数。

（2）价值量计算公式如下：

$$U_{水}=G_{水} \times P \tag{1-86}$$

式中：$U_{水}$——草地涵养水源价值（元 / 年）；

　　　$G_{水}$——草地涵养水源量（立方米 / 年）；

　　　P——水资源市场交易价格（元 / 立方米）。

4）固碳释氧功能

草地植物通过光合作用进行物质循环的过程中，可吸收空气中的二氧化碳并释放出氧气，是陆地上一个重要的碳库。

（1）固碳。

①物质量计算公式如下：

$$G_{植物固碳}+G_{土壤固碳}=Y \times A \times X \times 12/44+A \times C_i \tag{1-87}$$

式中：$G_{植物固碳}$——草地植物固碳量（吨 / 年）；

　　　$G_{土壤固碳}$——草地土壤固碳量（吨 / 年）；

　　　Y——草地单位面积产草量 [吨 /（公顷·年）] ；

　　　A——草地面积（公顷）；

　　　X——草地植物的固碳系数，为 1.63；

　　　C_i——草地土壤固碳速率 [吨 /（公顷·年）]。

②价值量计算公式如下：

$$U_{碳}=\left(G_{植物固碳}+G_{土壤固碳}\right) \times P_{碳} \tag{1-88}$$

式中：$U_{碳}$——草地固碳总价值（元 / 年）；

　　　$G_{植物固碳}$——草地植物固碳量（吨 / 年）；

　　　$G_{土壤固碳}$——草地土壤固碳量（吨 / 年）；

　　　$P_{碳}$——固碳价格（元 / 千克）

（2）释氧。

①物质量计算公式如下：

$$G_{氧}=Y \times A \times X' \tag{1-89}$$

式中：$G_{氧}$——草地释放氧气的量（吨 / 年）；

　　　Y——草地单位面积产草量 [吨 /（公顷·年）] ；

　　　A——草地面积（公顷）；

X'——草地释氧系数，为1.19。

②价值量计算公式如下：

$$U_{氧}=G_{氧}\times P_{氧} \tag{1-90}$$

式中：$U_{氧}$——草地释放氧气价值（元 / 年）；

　　　$G_{氧}$——草地释放氧气量（吨 / 年）；

　　　$P_{氧}$——氧气价格（元 / 吨）。

固碳释氧价值计算公式如下：

$$U_{固碳释氧}=U_{碳}+U_{氧} \tag{1-91}$$

5）净化大气环境功能

草地中有很多植物对空气中的一些有害气体具有吸收转化能力，同时还具有吸附尘埃净化空气的作用。

（1）吸收二氧化硫。

①物质量计算公式如下：

$$G_{二氧化硫}=Q_{二氧化硫}\times A=M\times K_{二氧化硫}\times d\times A \tag{1-92}$$

式中：$G_{二氧化硫}$——草地吸收二氧化硫量（千克 / 年）；

　　　$Q_{二氧化硫}$——草地单位面积吸收二氧化硫量 [千克 /（公顷·年）]；

　　　A——草地面积（公顷）；

　　　M——某类型草地单位面积产草量 [千克 /（公顷·年）]；

　　　$K_{二氧化硫}$——每千克干草叶每天吸收二氧化硫量 [千克 /（天·每千克干草）]；

　　　d——牧草生长期（天）。

②价值量计算公式如下：

$$U_{二氧化硫}=G_{二氧化硫}\times K/N_{二氧化硫} \tag{1-93}$$

式中：$U_{二氧化硫}$——草地吸收二氧化硫价值（元 / 年）；

　　　$G_{二氧化硫}$——草地吸收二氧化硫量（千克 / 年）；

　　　K——税额（元）；

　　　$N_{二氧化硫}$——二氧化硫的污染当量值（千克）。

（2）吸收氟化物。

①物质量计算公式如下：

$$G_{氟化物}=Q_{氟化物}\times A=M\times K_{氟化物}\times d\times A \tag{1-94}$$

式中：$G_{氟化物}$——草地吸收氟化物量（千克／年）；

　　　$Q_{氟化物}$——草地单位面积吸收氟化物量 [千克／（公顷·年）]；

　　　A——草地面积（公顷）；

　　　M——某类型草地单位面积产草量 [千克／（公顷·年）]；

　　　$K_{氟化物}$——每千克干草叶每天吸收氟化物量 [千克／（天·每千克干草）]；

　　　d——牧草生长期（天）。

②价值量计算公式如下：

$$U_{氟化物} = G_{氟化物} \times K/N_{氟化物} \tag{1-95}$$

式中：$U_{氟化物}$——草地吸收氟化物价值（元／年）；

　　　$G_{氟化物}$——草地吸收氟化物量（千克／年）；

　　　K——税额（元）；

　　　$N_{氟化物}$——氟化物的污染当量值（千克）。

（3）吸收氮氧化物。

①物质量计算公式如下：

$$G_{氮氧化物} = Q_{氮氧化物} \times A = M \times K_{氮氧化物} \times d \times A \tag{1-96}$$

式中：$G_{氮氧化物}$——草地吸收氮氧化物量（千克／年）；

　　　$Q_{氮氧化物}$——草地单位面积吸收氮氧化物量 [千克／（公顷·年）]；

　　　A——草地面积（公顷）；

　　　M——某类型草地单位面积产草量 [千克／（公顷·年）]；

　　　$K_{氮氧化物}$——每千克干草叶每天吸收氮氧化物量 [千克／（天·每千克干草）]；

　　　d——牧草生长期（天）。

②价值量计算公式如下：

$$U_{氮氧化物} = G_{氮氧化物} \times K/N_{氮氧化物} \tag{1-97}$$

式中：$U_{氮氧化物}$——草地吸收氮氧化物价值（千克／年）；

　　　$G_{氮氧化物}$——草地吸收氮氧化物量（千克／公顷）；

　　　K——税额（元）；

　　　$N_{氮氧化物}$——氮氧化物的污染当量值（千克）。

（4）滞纳 TSP。

①物质量计算公式如下：

$$G_{TSP} = Q_{TSP} \times A \tag{1-98}$$

式中：G_{TSP}——草地滞尘量（千克/年）；

$\quad\quad Q_{TSP}$——草地单位面积滞纳 TSP 量 [千克 /（公顷·年）]；

$\quad\quad A$——草地面积（公顷）。

②价值量计算公式如下：

$$U_{TSP}=\left(G_{TSP}-G_{PM_{10}}-G_{PM_{2.5}}\right)\times A\times K/N_{一般性粉尘}+U_{PM_{10}}+U_{PM_{2.5}} \tag{1-99}$$

式中：U_{TSP}——草地滞尘价值（元/年）；

$\quad\quad G_{TSP}$、$G_{PM_{10}}$、$G_{PM_{2.5}}$——实测草地滞纳 TSP、PM_{10}、$PM_{2.5}$ 的量（千克/公顷）；

$\quad\quad A$——草地面积（公顷）；

$\quad\quad K$——税额（元）；

$\quad\quad N_{一般性粉尘}$——一般性粉尘污染当量值（千克）；

$\quad\quad U_{PM_{10}}$——草地年潜在滞纳 PM_{10} 的价值（元/年）；

$\quad\quad U_{PM_{2.5}}$——草地年潜在滞纳 $PM_{2.5}$ 的价值（元/年）。

（5）滞纳 PM_{10}。

①物质量计算公式如下：

$$G_{PM_{10}}=10Q_{PM_{10}}\times A\times n\times LAI \tag{1-100}$$

式中：$G_{PM_{10}}$——草地滞纳 PM_{10} 量（千克/年）；

$\quad\quad Q_{PM_{10}}$——草地单位面积滞纳 PM_{10} 量（克/平方米）；

$\quad\quad A$——草地面积（公顷）；

$\quad\quad n$——年洗脱次数；

$\quad\quad LAI$——叶面积指数。

②价值量计算公式如下：

$$U_{PM_{10}}=G_{PM_{10}}\times K/N_{炭黑尘} \tag{1-101}$$

式中：$U_{PM_{10}}$——草地滞纳 PM_{10} 价值（元/年）；

$\quad\quad G_{PM_{10}}$——草地滞纳 PM_{10} 量（千克/年）；

$\quad\quad K$——税额（元）；

$\quad\quad N_{炭黑尘}$——炭黑尘污染当量值（千克）。

（6）滞纳 $PM_{2.5}$。

①物质量计算公式如下：

$$G_{PM_{2.5}}=10Q_{PM_{2.5}}\times A\times n\times LAI \tag{1-102}$$

式中：$G_{PM_{2.5}}$——草地滞纳 $PM_{2.5}$ 量（千克/年）；

　　　$Q_{PM_{2.5}}$——草地单位面积滞纳 $PM_{2.5}$ 量（克/平方米）；

　　　A——草地面积（公顷）；

　　　n——年洗脱次数；

　　　LAI——叶面积指数。

②价值量计算公式如下：

$$U_{PM_{2.5}}=G_{PM_{2.5}} \times K/N_{炭黑尘} \qquad (1-103)$$

式中：$U_{PM_{2.5}}$——草地滞纳 $PM_{2.5}$ 价值（元/年）；

　　　$G_{PM_{2.5}}$——草地滞纳 $PM_{2.5}$ 量（千克/年）；

　　　K——税额（元）；

　　　$N_{炭黑尘}$——炭黑尘污染当量值（千克）。

6）提供产品功能

生态系统产品是指生态系统所产生的，通过提供直接产品或服务维持人的生活生产活动、为人类带来直接利益的产品。草地生态系统提供的产品可以归纳为畜牧业产品和植物资源产品两大类。畜牧业产品是指通过人类的放牧或刈割饲养牲畜，草地生态系统产出的人类生活必需的肉、奶、毛、皮等畜牧业产品。植物资源则主要包括食用、药用、工业用、环境用植物资源以及基因资源、保护种质资源。

（1）草产品。

①物质量计算公式如下：

$$G_{草}=A \times Y \qquad (1-104)$$

式中：$G_{草}$——草产品产量（千克/年）；

　　　A——草地面积（公顷）；

　　　Y——草地单位面积产量[千克/（公顷·年）]。

②价值量计算公式如下：

$$U_{草}=G_{草} \times P_{草} \qquad (1-105)$$

式中：$U_{草}$——草产品价值（元/年）；

　　　$G_{草}$——草产品产量（千克/年）；

　　　$P_{草}$——牧草的单价（元/千克）。

（2）畜牧产品。

①物质量计算公式如下：

$$G_{牲畜}=Q=\frac{A \times Y \times R}{E \times D} \tag{1-106}$$

式中：$G_{牲畜}$——畜牧产品产量（只）；

　　　　Q——草地载畜量（只）；

　　　　A——可利用草地面积（公顷）；

　　　　Y——牧草单产（千克/公顷）；

　　　　R——牧草利用率；

　　　　E——牲畜日食量（千克/天）；

　　　　D——放牧天数（天）。

②价值量计算公式如下：

$$U_{牲畜}=Q \times P \tag{1-107}$$

式中：$U_{牲畜}$——畜牧产品价值（元/年）；

　　　　Q——草地载畜量（只）；

　　　　P——牲畜单价（元/只）。

7）生物多样性保护功能

草地生态系统是生物多样性的重要载体之一，为生物提供丰富的基因资源和繁衍生息的场所，发挥着物种资源保育功能。生物多样性保护功能评估计算公式如下：

$$U_{生}=S_{生} \times A \tag{1-108}$$

式中：$U_{生}$——评估草地生物多样性保护价值（元/年）；

　　　　$S_{生}$——单位面积物种资源保育价值 [元/（公顷·年）]；

　　　　A——草地面积（公顷）。

本研究根据 Shannon-Wiener 指数计算生物多样性价值，共划分 7 个等级：

当指数 <1 时，$S_{生}$ 为 3000[元/（公顷·年）]；

当 1≤指数< 2 时，$S_{生}$ 为 5000[元/（公顷·年）]；

当 2≤指数< 3 时，$S_{生}$ 为 10000[元/（公顷·年）]；

当 3≤指数< 4 时，$S_{生}$ 为 20000[元/（公顷·年）]；

当 4≤指数< 5 时，$S_{生}$ 为 30000[元/（公顷·年）]；

当 5≤指数< 6 时，$S_{生}$ 为 40000[元/（公顷·年）]；

当指数≥6 时，$S_{生}$ 为 50000[元/（公顷·年）]。

8）休闲游憩功能

草地生态系统独特的自然景观、气候特色和草原地区长期形成的民族特色、人文特色和地缘优势构成了得天独厚的生态旅游资源。在赤峰市，草原旅游已成为区域旅游产业的重要组成部分。计算公式如下：

$$U_{游憩}=G \times R'　　　　　　　　　(1\text{-}109)$$

式中：$U_{游憩}$——草地游憩功能价值（元）；

　　　　G——研究区域旅游年总收入（元）；

　　　　R'——以草地为主题的旅游收入占旅游总收入的比例（%）。

9）草地生态系统服务功能总价值评估

草地生态系统服务功能总价值为上述分项之和，计算公式如下：

$$U_I=\sum_{i=1}^{21} U_i　　　　　　　　　(1\text{-}110)$$

式中：U_I——草地生态系统服务总价值（元／年）；

　　　　U_i——草地生态系统服务各分项年价值（元／年）。

第二节　农田生态系统

农田生态系统是依靠土地、光照、温度、水分等自然要素以及人为投入，利用农田生物与非生物环境之间以及农田生物种群之间的关系来进行食物、纤维和其他农产品生产的半自然生态系统（谢高地等，2013）。农田生态系统作为农业空间的主要体现，其概念在农业生态学相关研究领域使用较多。根据研究的角度不同，研究学者对农田生态系统的理解不同。王凤仙（1995）将农田生态系统定义为"以种植业为主，人工控制下的农业生态系统，是自然生态系统和人工生态系统的复合系统"。乔家君等（2011）阐述了农田生态系统的定义为"人类为了满足生存需要，积极干预自然系统，依靠土地资源，利用农作物的生长繁殖来获得产品物质而形成的半自然人工系统，是由农作物及其周围环境构成的物质转化和能量流动系统"。李鹏山（2017）基于农田生态系统的经济属性，将农田生态系统定义为以种植农作物的土地为主体并包括支持其进行农业生产的其他土地构成的自然—经济—社会综合体，它不仅受自然条件的制约，还受人为过程的影响；它既受自然规律的支配，又受社会经济规律的调节。综上所述，农田生态系统作为在自然资源基础上经过人工管理而构成的生态系统，是地球上重要的生态系统之一。评估农田生态系统服务功能与价值，掌握其时空演变规律，对促进农业可持续发展具有重大意义。

在农田生态系统服务价值评估文献中，缺乏符合农田生态系统自身特征的统一的核算指标体系。本研究在研究国内外农田生态系统服务价值核算理论的基础上，构建赤峰市农田生态系统生态产品核算指标体系，为赤峰市农田生态系统服务功能核算和相关政策的制定提供依据。

一、核算指标体系

根据 Daily（1997）与 Costanza 等（1997）对生态系统服务的概念界定，农田生态系统服务是指农田生态系统或农田生态过程所形成的维持人类赖以生存的自然环境条件与效用，即人类直接或间接从农田生态系统中获得的有形与无形的效益（张永民，2007）。本研究在构建农田生态系统核算指标体系时，依据 Costanza 等（1997）、MA（2005）将生态系统服务划分为供给服务和文化服务。供给服务包括农产品供给、可再生能源供给、原料供给，文化服务包括休闲旅游。基于此，本研究提出赤峰市农田生态系统生态产品核算指标体系（图 1-15）。

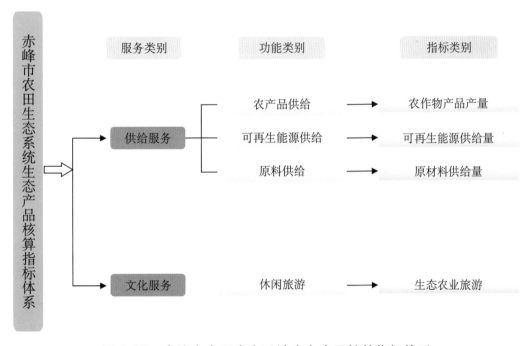

图 1-15　赤峰市农田生态系统生态产品核算指标体系

二、核算公式与模型包

对照本研究构建的农田生态系统服务价值核算指标体系，通过文献、政策等研究，结合农田生态系统自身特点，归纳出农田生态系统服务价值核算方法。

（一）农产品供给功能

农田作为社会生产的基础，农产品生产是农田生态系统的主导功能。由于生态系统物质产品能够在市场上进行交易，存在相应的市场价格，农业产品供给功能价值的评价方法多采用直接市场法或市场价值法。

（1）农作物供给量。粮食供给量计算公式如下：

$$G_{农作物供给}=\sum_{i=1}^{n}E_i \tag{1-111}$$

式中：$G_{农作物供给}$——农作物生产总量（吨／年）；

　　　E_i——第 i 种农作物的产量（吨／年）；

　　　i——核算区域农作物种类（i=1，2，3，…，n）。

（2）农作物供给价值。粮食供给价值计算公式如下：

$$U_{农作物供给}=G_{农作物供给}\times P_i \tag{1-112}$$

式中：$U_{农作物供给}$——农作物价值（元／年）；

　　　$G_{农作物供给}$——农作物生产总量（吨／年）；

　　　P_i——第 i 类农作物的市场价格（元／吨）。

（二）原料供给功能

除了农业产品供给，农业原材料供给也是供给服务的一部分。孙新章等（2007）的研究指出，作物秸秆为主的农副产品支撑起了独具特色的中国农村家庭副业生产。李鹏山(2017)的研究认为，原料生产服务为可用于青贮饲料产量、秸秆供给量、动物毛皮、工艺品原料等的总量，并通过单位面积原料的年均产量与市场价格的乘积确定其价值量。因此，可通过单位面积原料的年均产量与市场价格的乘积确定其价值量。

（1）原料供给量。原料供给量计算公式如下：

$$G_{农作物原料}=\sum_{k=1}^{n}E_k \tag{1-113}$$

式中：$G_{农作物原料}$——农作物原料的产量（吨／年）；

　　　E_k——第 k 种农作物原料的产量（吨／年）；

　　　k——核算区域农作物原料种类（k=1，2，3，…，n）。

（2）原料供给价值。原料供给价值计算公式如下：

$$U_{农作物原料}=G_{农作物原料}\times P_k \tag{1-114}$$

式中：$U_{农作物原料}$——农作物原料供给价值（元／年）；

　　　$G_{农作物原料}$——农作物原料的产量（吨／年）；

　　　P_k——第 k 类农作物原料的市场价格（元／吨）。

（三）提供可再生能源功能

农田生态系统也可为居民提供可再生能源。《陆地生态系统生产总值核算技术指南》中，对农田可再生能源的描述为生物物质及其所含的能量，如沼气、秸秆、薪柴、水能等，通常采用统计调查对其进行核算（生态环境部环境规划院，2020）。利用可收集系数法计算出陕西省农作物秸秆的可收集资源量，利用可利用系数法计算出陕西省农作物秸秆的可能源化利用秸秆资源量，最终将可利用的秸秆资源量转化为可替代的化石能源量（李逸辰，2014）。因此，采用草谷比与农作物经济产量相乘得到农作物的秸秆资源量，秸秆资源量再乘以作物秸秆可收集系数、可利用系数和秸秆能源转化系数，得到农田生态系统可再生能源的产量或使用量，最后与市场价格的乘积计算其价值量。

（1）可再生能源供给量。可再生能源供给量计算公式如下：

$$G_{可再生能源}=\sum_{i=1}^{n}G_i \times SGR_i \times \sigma \times \omega \times \rho \qquad (1-115)$$

式中：$G_{可再生能源}$——可再生能源的产量或使用量（吨／年）；

　　　G_i——第 i 种农作物的产量（吨／年）；

　　　SGR_i——作物 i 的草谷比；

　　　σ——农作物秸秆可收集系数；

　　　ω——农作物秸秆可利用系数；

　　　ρ——秸秆能源转化系数；

　　　i——核算区农产品种类（i =1，2，3，…，n）。

（2）可再生能源价值。可再生能源价值计算公式如下：

$$U_{可再生能源}=G_{可再生能源} \times P_j \qquad (1-116)$$

式中：$U_{可再生能源}$——农田生态系统可再生能源价值（元／年）；

　　　$G_{可再生能源}$——第 j 种可再生能源的产量或使用量（吨／年）；

　　　P_j——第 j 种可再生能源的市场价格（元／吨）。

（四）休闲游憩功能

农田生态系统除具有粮食生产功能以外，还具有景观休闲旅游等生态服务功能。近年来在我国兴起的乡村旅游也充分体现其景观美学和精神文明价值。农田景观休闲旅游功能属于生态系统功能的非使用价值，其评估方式有很多，主要包括旅行费用法、居住环境评价法、条件价值法等（张冰，2013），本研究采用旅行费用法来核算。乡村旅游收入包括吃、住、行、游、购、娱六个方面，其中，农田生态系统所提供的旅游收入主要包括通过种植特色农作物吸引游客前来观赏，以及农业采摘、亲子农场等体验项目也能带来的农业观光收入。通过经营户经营状况调查，计算出调查用户利润中农业观光收入占乡村旅游收入的占比系数为85.99%（金川萍，2011）。因此，农田生态系统休闲游憩价值即为乡村旅游收入中由农田生态系统提供的农业观光收入。

休闲游憩功能价值计算公式如下：

$$U_{休闲游憩}=\sum_{l=1}^{n}V_l\times n \tag{1-117}$$

式中：$U_{休闲游憩}$——区域内年农田生态系统休闲游憩价值（元／年）；

　　　V_l——各行政区乡村旅游收入价值，包括旅游收入、直接带动的其他产业的产值（元／年）；

　　　l——行政区个数；

　　　n——农田生态系统休闲游憩价值占乡村旅游收入的比例系数。

（五）农田生态系统服务功能总价值评估

农田生态系统服务功能总价值为上述分项之和，计算公式如下：

$$U_l=\sum_{i=1}^{4}U_i \tag{1-118}$$

式中：U_l——农田生态系统服务总价值（元／年）；

　　　U_i——农田生态系统服务各分项年价值（元／年）。

第三节　城市绿地生态系统

城市空间是以提供人类居住、消费、休闲和娱乐等为主导功能的场所，不仅涉及城市居住用地，还涉及公共管理与公共服务用地和商业用地。本研究所指的城市空间为城市生态系统的重要组成部分——城市绿地生态系统。城市绿地在调节气候、保持土壤、涵养水源、净化环境、维持生态系统稳定等方面具有重要作用（赵煜等，2009）。然而，长期受传统经济理念的影响，城市绿地尚未形成市场需求，其生态价值更难以真正体现。因此，合理评价城市绿地的生态服务价值不仅是充分发挥其生态功能的基础，也是城市主体开展绿地建设与规划管理的重要依据。从定性研究到定量估算，城市绿地生态服务价值评价已逐渐成为国内外研究的热点（韩明臣等，2011）。

确认合适的生态产品核算指标是生态系统服务评价的基础。对于城市绿地生态产品核算指标体系的构建，国内学者目前应用较多的是以谢高地等（2008）为代表的分类系统，由专家访谈得出的适合中国国情的分类法，国外学者应用较多的是 MA（2005）的分类系统。以上方法被广泛运用在自然生态系统生态产品核算上，但对于市域中小型尺度的绿地空间的适用度有待商讨。并且已有研究对于城市绿地生态系统服务功能评估的范围和类型尚未达成一致，因其评价目的及评价内容的不同、可获取数据的差异，以及研究尺度的不同，不同区域城市绿地生态系统服务评价与研究的指标选择往往存在较大差异，缺乏可比性。

一、核算指标体系

城市绿地生态系统服务功能价值评估的指标和方法一般借鉴其他生态系统（特别是森林生态系统）服务功能的价值评估指标和方法。因此本研究通过文献、政策等研究，参照《森林生态系统服务功能评估规范》（GB/T 38582—2020），按照可描述、可测度和可计量的原则，结合赤峰市城市绿地生态系统自身特点，归纳出城市绿地生态产品核算指标体系（图1-16）。该体系包括文化服务、调节服务和支持服务3项服务类别，其中文化服务包括休闲游憩和景观溢价2项功能类别；调节服务包括净化大气环境功能、噪声消减、固碳释氧和降水调蓄4项功能类别；支持服务包括生物多样性保护1项功能类别。

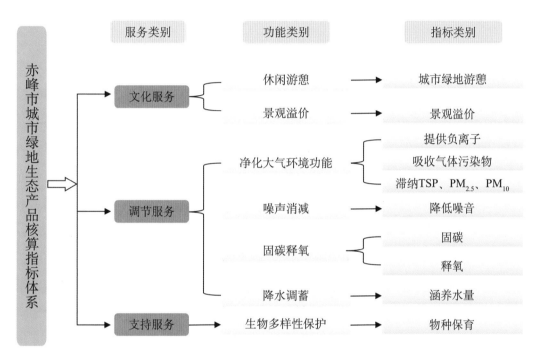

图1-16　赤峰市城市绿地生态产品核算指标体系

二、核算公式与模型包

本研究对城市绿地生态产品的核算以国土"三调"数据为依据，核算的用地类型为赤峰市公园与绿地。

（一）休闲游憩功能

休闲游憩功能价值核算的方法选用等效替代法，根据已有研究得出的公园绿地的休闲游憩价值进行测算（李想等，2019）。休闲游憩功能价值计算公式如下：

$$U_{休闲游憩}=V_{休闲游憩} \times A \tag{1-119}$$

式中：$U_{休闲游憩}$——城市绿地休闲游憩价值（元／年）；

$\quad\quad V_{休闲游憩}$——城市绿地休闲游憩价值 [元／（平方米·年）]；

A——城市绿地面积（平方米）。

（二）景观溢价功能

景观溢价功能价值核算依据《陆地生态系统生产总值核算技术指南》采用直接能从景观中获得价值的土地与居住小区作为景观价值的物质量，用享乐价值法核算景观价值量，即受益面积乘以由景观价值带来的单位面积溢价（宋雅迪，2022；陈礼，2022）。受益面积的确定取决于城市绿地的服务半径，服务半径是衡量公园绿地的均匀性和可达性的一项基本指标。具体核算方法：首先选取具有景观溢价功能的公园与绿地。以国土"三调"数据中公园与绿地用地为基础，结合《公园设计规范》（GB 51192—2016）中对不同类型公园绿地规模的界定（综合公园≥10公顷、5公顷≤社区公园<10公顷、专类公园≥2公顷），提取面积大于2公顷的公园绿地，剔除社区附属绿地和街旁绿地等；其次设定公园与绿地景观溢价辐射范围。对城市公园绿地景观溢价的已有研究发现影响距离多为1000米左右，在500米范围内溢价效应较强（夏宾等，2012；石忆邵和张蕊，2010；张彪等，2013）。同时，结合赤峰市各旗县区城市等级和规模，将主城区（红山区和松山区）10公顷以上的综合公园的影响范围设定为1000米，主城区小于10公顷的公园绿地和其他旗县区的公园绿地的景观溢价影响范围设定为500米；然后计算溢价影响范围内城镇住宅总建筑面积，即溢价影响范围内的城镇住宅用地面积乘以住宅用地容积率。根据《城市居住区规划设计标准》（GB/T 50180—2018），将住宅容积率根据建筑层数设置为4个类别（低层1～3层为1.2、多层4～9层为1.6、小高层10～18层为2.0、高层19层以上为2.8）。各住宅地块容积率的获取方法：首先采用典型抽样法，获得调查样地地块的容积率；其次通过遥感影像对溢价影响范围内的城镇住宅地块容积率进行人工解译；最后计算城市公园绿地景观增益价值，即溢价影响范围内城镇住宅总建筑面积乘以本地房产均价再乘以公园绿地对房产的增值系数。按70年产权计算，城市公园绿地景观增益价值再除以70年，得出年均增益价值。公园绿地对房产的增值系数采用等效替代法，选取与本地经济发展相似的地区进行研究得出公园绿地对周边房产的增值系数。

1. 受益面积

受益面积计算公式如下：

$$G_{景观溢价}=A_{景观溢价} \times P_{容}   \tag{1-120}$$

式中：$G_{景观溢价}$——从城市公园绿地景观获得升值的住宅房产总面积（平方米）；

$A_{景观溢价}$——从城市绿地景观获得升值的住宅用地面积（平方米）；

$P_{容}$——从城市绿地景观获得升值的住宅用地容积率。

2. 景观溢价价值

景观溢价价值计算公式如下：

$$U_{景观溢价}=G_{景观溢价} \times P_{均} \times V_{增} \tag{1-121}$$

式中：$U_{景观溢价}$——景观价值（元／年）；

　　　$G_{景观溢价}$——从城市公园绿地获得升值的居住小区房产总面积（平方米）；

　　　$P_{均}$——城市房产均价（元／平方米）；

　　　$V_{增}$——公园绿地对周边房产的增值系数。

（三）净化大气环境功能

净化大气环境功能价值核算参照《森林生态系统服务功能评估规范》（GB/T 38582—2020）进行。净化大气环境功能价值核算，首先选取吸收气体污染物（二氧化硫、氟化物和氮氧化物）、滞纳 TSP、PM_{10}、$PM_{2.5}$ 等指标反映城市绿地净化大气环境能力，再通过《中华人民共和国环境保护税法》中的大气污染物当量税额核算净化大气环境功能的价值量。

1. 吸收气体污染物指标

（1）吸收二氧化硫。主要计算城市绿地年吸收二氧化硫的物质量和价值量。

①城市绿地年吸收二氧化硫量计算公式如下：

$$G_{二氧化硫}=Q_{二氧化硫} \times A \times 1000 \tag{1-122}$$

式中：$G_{二氧化硫}$——评估城市绿地年吸收二氧化硫量（吨／年）；

　　　$Q_{二氧化硫}$——单位面积实测城市绿地吸收二氧化硫量［千克／（公顷·年）］；

　　　A——城市绿地面积（公顷）。

②城市绿地年吸收二氧化硫价值计算公式如下：

$$U_{二氧化硫}=G_{二氧化硫} \times K_{二氧化硫} \tag{1-123}$$

式中：$U_{二氧化硫}$——评估城市绿地年吸收二氧化硫价值（元／年）；

　　　$G_{二氧化硫}$——评估城市绿地年吸收二氧化硫量（吨／年）；

　　　$K_{二氧化硫}$——二氧化硫治理费用（元／吨）。

（2）吸收氟化物。

①城市绿地氟化物年吸收量计算公式如下：

$$G_{氟化物}=Q_{氟化物} \times A \times 1000 \tag{1-124}$$

式中：$G_{氟化物}$——评估城市绿地年吸收氟化物量（吨／年）；

　　　$Q_{氟化物}$——单位面积实测城市绿地吸收氟化物量［千克／（公顷·年）］；

　　　A——城市绿地面积（公顷）。

②城市绿地年吸收氟化物价值计算公式如下：

$$U_{氟化物}=G_{氟化物} \times K_{氟化物} \tag{1-125}$$

式中：$U_{氟化物}$——评估城市绿地年吸收氟化物价值（元／年）；

　　　$G_{氟化物}$——评估城市绿地年吸收氟化物量（吨／年）；

　　　$K_{氟化物}$——氟化物治理费用（元／吨）。

（3）吸收氮氧化物。

①城市绿地氮氧化物年吸收量计算公式如下：

$$G_{氮氧化物}=Q_{氮氧化物} \times A \times 1000 \tag{1-126}$$

式中：$G_{氮氧化物}$——评估城市绿地年吸收氮氧化物量（吨／年）；

　　　$Q_{氮氧化物}$——实测城市绿地单位面积年吸收氮氧化物量［千克／（公顷·年）］；

　　　A——城市绿地面积（公顷）。

②城市绿地年吸收氮氧化物价值计算公式如下：

$$U_{氮氧化物}=G_{氮氧化物} \times K_{氮氧化物} \tag{1-127}$$

式中：$U_{氮氧化物}$——评估城市绿地年吸收氮氧化物价值（元／年）；

　　　$G_{氮氧化物}$——评估城市绿地年吸收氮氧化物量（吨／年）；

　　　$K_{氮氧化物}$——氮氧化物治理费用（元／吨）。

2. 滞尘指标

（1）年总滞尘量。计算公式如下：

$$G_{TSP}=Q_{TSP} \times A \times 1000 \tag{1-128}$$

式中：G_{TSP}——评估城市绿地年潜在滞纳 TSP（总悬浮颗粒物）量（吨／年）；

　　　Q_{TSP}——实测城市绿地单位面积年滞纳 TSP 量［千克／（公顷·年）］；

　　　A——城市绿地面积（公顷）。

（2）年滞尘总价值。本研究使用环境保护税法计算城市绿地滞纳 PM_{10} 和 $PM_{2.5}$ 的价值。其中，PM_{10} 和 $PM_{2.5}$ 采用炭黑尘（粒径 0.4～1 微米）污染当量值，结合应税额度进行核算。城市绿地滞纳其余颗粒物的价值采用一般性粉尘（粒径＜75 微米）污染当量值，结合应税额度进行核算。年滞尘价值计算公式如下：

$$U_{滞尘}=\left(G_{TSP}-G_{PM_{10}}-G_{PM_{2.5}}\right) \times K_{TSP}+U_{PM_{10}}+U_{PM_{2.5}} \tag{1-129}$$

式中：$U_{滞尘}$——评估城市绿地年潜在滞尘价值（元／年）；

G_{TSP}——评估城市绿地年潜在滞纳 TSP 量（千克 / 年）；

$G_{PM_{2.5}}$——评估城市绿地年潜在滞纳 $PM_{2.5}$ 的量（千克 / 年）；

$G_{PM_{10}}$——评估城市绿地年潜在滞纳 PM_{10} 的量（千克 / 年）；

$U_{PM_{10}}$——评估城市绿地年滞纳 PM_{10} 的价值（元 / 年）；

$U_{PM_{2.5}}$——评估城市绿地年滞纳 $PM_{2.5}$ 的价值（元 / 年）；

K_{TSP}——降尘清理费用（元 / 千克）。

（3）年滞纳 $PM_{2.5}$ 量。计算公式如下：

$$G_{PM_{2.5}}=10Q_{PM_{2.5}} \times A \times n \times LAI \tag{1-130}$$

式中：$G_{PM_{2.5}}$——评估城市绿地年潜在滞纳 $PM_{2.5}$（直径≤ 2.5 微米的可入肺颗粒物）量（千克 / 年）；

$Q_{PM_{2.5}}$——实测城市绿地单位叶面积滞纳 $PM_{2.5}$ 量（克 / 平方米）；

A——城市绿地面积（公顷）；

n——年洗脱次数；

LAI——叶面积指数。

（4）年滞纳 $PM_{2.5}$ 价值。计算公式如下：

$$U_{PM_{2.5}}=G_{PM_{2.5}} \times C_{PM_{2.5}} \tag{1-131}$$

式中：$U_{PM_{2.5}}$——评估城市绿地年滞纳 $PM_{2.5}$ 价值（元 / 年）；

$G_{PM_{2.5}}$——评估城市绿地年潜在滞纳 $PM_{2.5}$ 的量（千克 / 年）；

$C_{PM_{2.5}}$——$PM_{2.5}$ 清理费用（元 / 千克）。

（5）年滞纳 PM_{10} 量。计算公式如下：

$$G_{PM_{10}}=10Q_{PM_{10}} \times A \times n \times LAI \tag{1-132}$$

式中：$G_{PM_{10}}$——评估城市绿地年潜在滞纳 PM_{10}（直径≤ 10 微米的可入肺颗粒物）量（千克 / 年）；

$Q_{PM_{10}}$——实测城市绿地单位叶面积滞纳 PM_{10} 量（克 / 平方米）；

A——城市绿地面积（公顷）；

n——年洗脱次数；

LAI——叶面积指数。

（6）年滞纳 PM_{10} 价值。计算公式如下：

$$U_{PM_{10}}=G_{PM_{10}} \times C_{PM_{10}} \tag{1-133}$$

式中：$U_{PM_{10}}$——评估城市绿地年滞纳 PM_{10} 价值（元 / 年）；

$G_{PM_{10}}$——评估城市绿地年潜在滞纳 PM_{10} 的量（千克 / 年）；

$C_{PM_{10}}$——$PM_{2.5}$ 清理费用（元 / 千克）。

3. 提供负离子指标

（1）年提供负离子量。计算公式如下：

$$G_{负离子}=5.256\times10^{15}\times Q_{负离子}\times A\times H/L \tag{1-134}$$

式中：$G_{负离子}$——评估城市绿地年提供负离子个数（个 / 年）；

$Q_{负离子}$——实测城市绿地负离子浓度（个 / 立方厘米）；

H——实测林分高度（米）；

L——负离子寿命（分钟）；

A——城市绿地面积（公顷）。

（2）年提供负离子价值。国内外研究证明，当空气中负离子达到 600 个 / 立方厘米以上时，才能有益于人体健康，所以城市绿地年提供负离子价值计算公式如下：

$$U_{负离子}=5.256\times10^{15}\times A\times H\times K_{负离子}\left(Q_{负离子}-600\right)/L \tag{1-135}$$

式中：$U_{负离子}$——评估城市绿地年提供负离子价值（元 / 年）；

$K_{负离子}$——负离子生产费用（元 / 个）；

$Q_{负离子}$——实测林分负离子浓度（个 / 立方厘米）；

L——负离子寿命（分钟）；

H——实测城市绿地高度（米）；

A——城市绿地面积（公顷）。

（四）噪声消减功能

噪声消减功能价值核算采用影子工程法（冷平生等，2004；段彦博等，2016；陈龙等，2011）。按照相关的公共数据，隔音墙可降噪 70% ~ 80% 的音量。本研究对于城市公园绿地噪声消减功能的核算，选取的绿地是为城市居民提供实际降噪服务的住宅周边的绿地，将绿地的现存量折算成具有一定长度的隔音墙，假设 1 千米长、40 米宽的城市绿化地相当于 1 千米长、4 米高的城市隔音墙，然后根据隔音墙的造价来替代计算绿地降噪的价值。

（1）城市绿地面积折算为城市隔音墙的计算公式如下：

$$G_{噪声}=A/\left(1\times0.04\times100\right) \tag{1-136}$$

式中：$G_{噪声}$——城市绿地面积折合为隔音墙的长度（千米）；

A——城市绿地生态系统的面积（公顷）。

（2）城市绿地降低噪声价值计算公式如下：

$$U_{噪声} = G_{噪声} \times K_{噪声} \qquad (1\text{-}137)$$

式中：$U_{噪声}$——城市绿地生态系统年减少噪声服务功能总价值（元/年）；

$G_{噪声}$——城市绿地面积折合为隔音墙的公里数（千米）；

$K_{噪声}$——减少噪声费用[元/（千米·年）]。

（五）固碳释氧功能

首先计算植物的净初级生产力，即植物所固定的有机碳中扣除本身呼吸消耗的部分，由光合作用方程核算出城市绿地生态系统固碳、释氧服务的功能量，再由固碳、释氧的价格核算价值量。

核算公式参照公式（1-20）至公式（1-24）。

（六）降水调蓄功能

降水调蓄功能物质量核算采用等效替代法计算城市绿地土壤饱和持水量和枯落物饱和持水量获得调蓄水量物质量，通过调蓄水量物质量与水质净化率的乘积获得调节水质物质量。再采用市场价格法，计算城市绿地年调节水量的价值。

1. 调节水量指标

（1）调节水量。城市绿地生态系统年调节水量计算公式如下：

$$G_{调} = \left(G_{土壤饱和持水量} + G_{枯落物饱和持水量} \right) \times n \qquad (1\text{-}138)$$

式中：$G_{调}$——评估城市绿地年调节水量（立方米）；

$G_{土壤饱和持水量}$——实测城市绿地土壤饱和持水量（立方米）；

$G_{枯落物饱和持水量}$——实测城市枯落物土壤饱和持水量（立方米）；

n——周转系数（即当每次实际降水量大于饱和持水量时，调节水量为饱和持水量；当每次实际降水量小于饱和持水量时，调节水量为实际降水量）。

（2）调节水量价值。由于城市绿地对水量主要起调节作用，与水库的功能相似。因此，本研究城市绿地生态系统年调节水量价值根据水库工程的蓄水成本（替代工程法）来确定，计算公式如下：

$$U_{调} = G_{调} \times C_{库} \qquad (1\text{-}139)$$

式中：$U_{调}$——评估城市绿地年调节水量价值（元）；

$G_{调}$——评估城市绿地年调节水量（立方米）；

$C_{库}$——水资源市场交易价格（元/立方米）。

2. 净化水质指标

净化水质包括净化水量和净化水质价值两个方面。

（1）年净化水量。计算公式如下：

$$G_净=G_调 \times V \tag{1-140}$$

式中：$G_净$——评估城市绿地年净化水质量（立方米／年）；

　　　$G_调$——评估城市绿地年调节水量（立方米／年）；

　　　V——净化率（%）。

（2）年净化水质价值。城市绿地生态系统年净化水质价值根据内蒙古自治区水污染物应纳税额，计算公式如下：

$$U_净=G_净 \times K_水 \tag{1-141}$$

式中：$U_净$——评估城市绿地净化水质价值（元／年）；

　　　$G_净$——评估城市绿地年净化水量（立方米／年）；

　　　$K_水$——水的净化费用（元／立方米）。

（七）生物多样性保护功能

生物多样性保护功能价值核算参照公式（1-108）。

（八）城市绿地生态系统服务功能总价值评估

城市绿地生态系统服务功能总价值为上述分项之和，计算公式如下：

$$U_I=\sum_{i=1}^{14}U_i \tag{1-142}$$

式中：U_I——城市绿地生态系统服务总价值（元／年）；

　　　U_i——城市绿地生态系统服务各分项年价值（元／年）。

第二章
赤峰市全空间资源禀赋

第一节　生态空间资源禀赋

赤峰市地处内蒙古东南部（东经 116°21′ ～ 120°58′、北纬 41°17′ ～ 45°24′），位于大兴安岭南段和燕山北麓山地，分布在西拉木伦河南北与老哈河流域广大地区，全市总面积 90021 平方千米，是内蒙古高原、冀北丘陵和辽宁平原的截接复合部位，具有独特的地理位置和地质构造，呈现三面环山、西高东低、多山多丘陵的地貌特征。赤峰名为红山之意，因城区东北部赭红色山峰而得名，蒙古语称"乌兰哈达"，地处东北、华北地区结合部，区位优越，交通便捷，是首都经济圈和环渤海经济圈重要节点城市，是内蒙古距离出海口最近的城市。

赤峰市是我国北方重要生态功能区和生态屏障，为维护生态平衡、实现环境与社会经济协调发展提供重要基础。赤峰市生态空间主要包括森林生态系统、湿地生态系统和草地生态系统，增加森林、湿地和草地资源以及保障其稳定持续的发展是林业和草原工作的出发点和落脚点。在自然因素和人为因素的干扰下，森林、湿地和草地资源的数量和质量始终处于变化中。加强森林、湿地和草地资源的管理和保护，是保障国土生态安全的需要。定期开展调查，及时掌握赤峰市森林、湿地和草地资源的消长变化，对于科学经营管理和保护利用森林、湿地和草地资源具有重要意义。

一、森林资源禀赋

赤峰市处于华北、东北以及蒙古植物区系的交接地带，各植物区系在市境内相互渗入。在中国林业区划中，赤峰市的森林属大兴安岭南部用材、防护林区（属东北用材、防护林一级区）。其防护林体系属三北防护林的腹地，是祖国北疆生态屏障的一部分，在维持我国北方生态安全方面具有重要作用。境内分布的乔木树种主要有杨树（*Populus* spp.）、白桦（*Betula platyphylla*）、黑桦（*Betula dahurica*）、蒙古栎（*Quercus mongolica*）、油松（*Pinus tabuliformis*）、落叶松（*Larix gmelinii*）、云杉（*Picea asperata*）、樟子松（*Pinus sylvestris* var. *mongholica*）等。天然次生林主要分布在西南部的茅荆坝林区，北部的克什克腾林区、罕山林区及东部的大黑山林区。人工林主要分布于平原和浅山区。

（一）森林资源数量状况

依据《第三次全国国土调查工作分类地类认定细则》，赤峰市林地主要为乔木林地、灌木林地和其他林地。赤峰市林地面积 329.95 万公顷。其中，乔木林地面积为 128.59 万公顷，占林地面积的 38.97%；灌木林地面积为 161.69 万公顷，占林地面积的 49.01%；其他林地面积为 39.66 万公顷，占林地面积的 12.02%（图 2-1）。

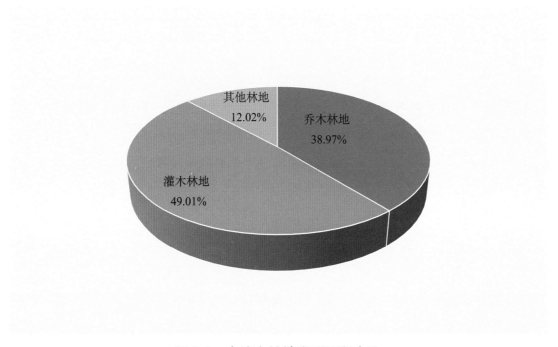

图 2-1　赤峰市林地类型面积占比

（二）森林资源空间格局

从整体分布状况上看，赤峰市森林资源分布不均，各旗县区面积分布差异较大（图 2-2），整体呈现出北部大于南部的分布特征。赤峰市三大天然林区（茅荆坝林区、克什克腾林区和罕山林区）中，两大林区分布于赤峰北部。赤峰市各旗县区中，克什克腾旗和阿鲁科尔沁旗森林资源面积较大，其森林资源总面积均在 40 万公顷以上，二者之和占赤峰市森林总面积的 1/3 左右。此外，元宝山区、喀喇沁旗、宁城县、敖汉旗和红山区的乔木林地面积占比较高，均在 60% 以上，其他旗县区均为灌木林地面积占比较高（图 2-3）。

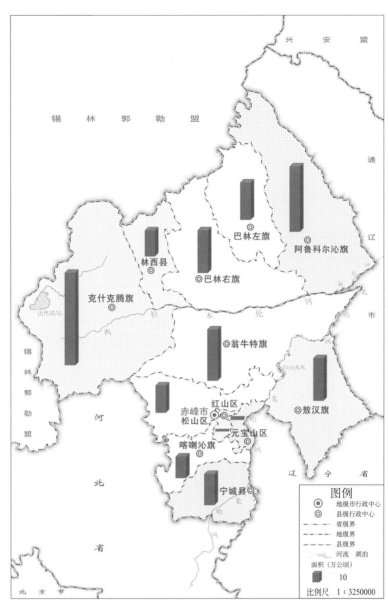

图 2-2 赤峰市各旗县区森林面积

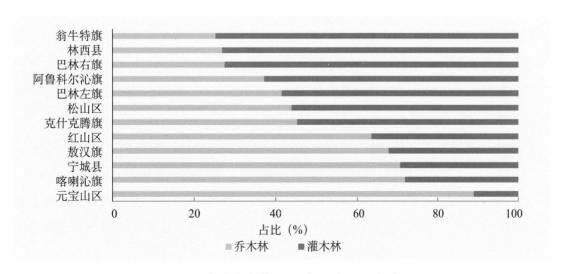

图 2-3 赤峰市各旗县区森林类型面积占比

赤峰市各旗县区森林蓄积量如图 2-4 所示。其中，克什克腾旗森林蓄积量最大，占总蓄积量的 26.93%；其次为敖汉旗、喀喇沁旗和阿鲁科尔沁旗，分别占总蓄积量的 14.70%、13.55% 和 10.58%；森林蓄积量最小的依次为巴林右旗、元宝山区和红山区，三者森林蓄积量之和仅占总蓄积量的 3.59%。

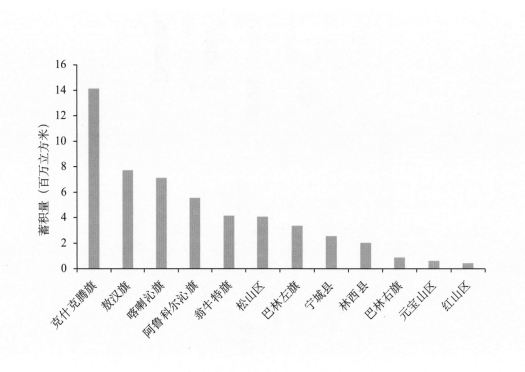

图 2-4　赤峰市各旗县区森林蓄积量

（三）森林生态系统质量和稳定性

1. 质量分析

森林质量的高低是决定森林生态系统功能的关键因素，在保证木材产量供给、维护国家生态安全方面具有重要作用。不同的研究者根据不同的研究目的，选择适合的指标评价森林资源质量状况，如森林单位面积蓄积量、单位面积生长量、森林健康状况等指标。本研究采用森林单位面积蓄积量来分析赤峰市森林资源质量状况。

赤峰市森林单位面积蓄积量如图 2-5 所示，喀喇沁旗单位面积蓄积量最高，在 60 立方米 / 公顷以上；其次是红山区、松山区和克什克腾旗，单位面积蓄积量 40 ~ 60 立方米 / 公顷；敖汉旗、林西县、阿鲁科尔沁旗、巴林左旗、翁牛特旗和元宝山区森林单位面积蓄积量在 20 ~ 40 立方米 / 公顷；宁城县和巴林右旗森林单位面积蓄积量在 20 立方米 / 公顷以下。

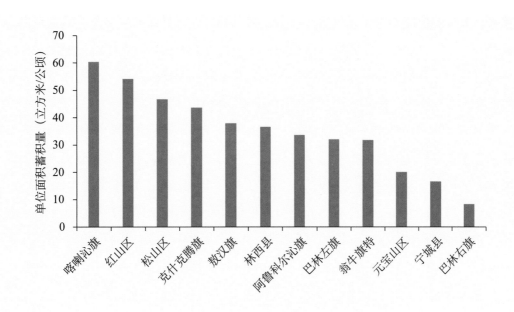

图 2-5　赤峰市各旗县区森林单位面积蓄积量

2. 稳定性分析

生态系统稳定性是指生态系统抵抗外界干扰和干扰去除后恢复初始状态的能力（Huang，1995），其一般内涵包括抵抗力（resistance）、恢复力（resilience）、持久力（persistence）和变异性（variability）。抵抗力是指生态系统在达到演替顶极后，能够自我更新和维持，当面对外来干扰时生态系统内部在一定程度上能够自我调节；恢复力是指生态系统在遭到外界干扰破坏后恢复到原状的能力；持久力是指生态系统的结构和功能长期保持在较高水平；变异性是指生态系统受到自然或人为干扰后，功能和结构波动较小，很快能够重新平衡（丁惠萍，2006）。

　　稳定性作为森林生态系统的重要属性，集中反映了群落中各种群的自身调节、种间竞争及联结状况，是多种林分因子、环境因子和外界干扰综合作用的结果。森林生态系统稳定性的影响因素主要包括物种组成、群落结构、年龄结构、生物多样性、土壤肥力、种间联结、抚育间伐、森林病虫害、林火干扰等方面。这是由于群落树种组成、径级和年龄结构等是森林生态系统最明显的特征，也是决定森林群落更新潜力、多样性、种间关系及影响林下凋落物和土壤特性的重要因素，反映了植被生长与环境的适应关系。多样性与群落稳定性关系复杂，一般而言，物种多样性的增加提高了森林生态系统的弹性阈值和稳定性，即物种多样性与稳定性表现为正相关。土壤是决定植物群落结构和影响森林生态系统稳定性的重要非生物因素，林地土壤通气性和持水量高，有机质和无机盐含量丰富，土壤微生物多样性好，有利于提高土壤中营养物质的分解、循环效率，增强土壤的生物活性和持水保肥性能，从而促进林地植被生长，提高森林群落稳定性。风雪灾害、自然火干扰和森林病虫害等自然干扰，一方面破坏了森林植被甚至改变森林生态系统的结构组成，使森林生态系统的抵抗力和生态服务能力降低；另一方面，雪灾或火灾会改变森林土壤理化性质、动物和微生物的群落结构，整个森林生态系统的物质循环与能量流动过程受到影响，进而对森林生态系统的稳定性造成很大的影响。抚育间伐则是对森林生态系统的人为干扰，研究表明，不同择伐强度对天然林或人工林的生产力、植物多样性和种间竞争关系均有影响，间伐减小了林分密度、改善了林内光照和土壤肥力等条件，有效提高了森林生态系统的植物多样性和稳定性（牛香等，2022）。

丁惠萍等（2006）研究表明，优势树种组成单一、群落结构和林龄结构简单的人工林由于病虫灾害严重且控制困难，抵御恶劣气候的能力弱，易遭受风灾、雪灾危害，地力容易衰退等多方面的原因，稳定性比天然林差。对于天然林而言，不同森林群落类型因林分类型、土壤肥力、生物多样性和干扰等方面的原因，稳定性状况不同。赤峰市天然次生林主要分布在南部和西部的茅荆坝林区，北部的克什克腾林区、罕山林区及东部的大黑山林区，主要分布着针阔混交林、山杨林、白桦林和阔叶混交林等森林群落类型，研究表明这4种森林群落稳定性表现为针阔混交林＞阔叶混交林＞白桦林＞山杨林（宋启亮，2014）。一方面是由于针阔混交林、阔叶混交林树种组成丰富，群落结构和林龄结构复杂，生物多样性较高；另一方面是由于针阔混交林和阔叶混交林土壤呼吸速率相对较强，土壤物质的代谢强度较强，土壤有机质的转化和氧化能力较强，为植物下部冠层提供了更丰富的碳源（冯朝阳等，2008），有利于保持森林群落的稳定性。

提升森林生态系统质量和稳定性是林业和草原"十四五"规划的重要目标，赤峰市应加强混交林及立地条件较差地段的灌木林的保护，同时加强树种单一、群落结构简单的低产低效林的改造力度，以提高森林生态系统质量和稳定性，充分发挥其生态效益。

（四）森林生态系统原真性与完整性

2017年9月，中共中央办公厅、国务院办公厅印发的《建立国家公园体制总体方案》明确提出国家公园建设的指导思想应"以加强自然生态系统原真性、完整性保护为基础"，主要目标包括"国家重要自然生态系统原真性、完整性得到有效保护"。

生态系统原真性：是指生态系统与生态过程大部分保持自然特征和自然演替状态，自然力在生态系统和生态过程中居于支配地位。

生态系统完整性：是指自然生态系统的组成要素和生态过程完整，能够使生态功能得以正常发挥，生物群落、基因资源及未受影响的自然过程在自然状态下长久维持。生态区位极为重要，属于国家生态安全关键区域，至少应符合以下1个基本特征：一是生态系统健康，包含大面积自然生态系统的主要生物群落类型和物理环境要素；二是生态功能稳定，具有较大面积的代表性自然生态系统，植物群落处于较高演替阶段；三是生物多样性丰富，具有较完整的动植物区系，能维持伞护种、旗舰种等种群生存繁衍，或具有顶极食肉动物存在的完整食物链或迁徙洄游动物的重要通道、越冬（夏）地或繁殖地。

引自《国家公园设立规范》（GB/T 39737—2021）

借鉴江南等（2021）的研究，从森林起源、演替阶段、生长状况3个方面入手，遵循评价指标选取的可获得性、代表性和可定量化原则，选择起源方式、优势树种、林龄、单位面积蓄积量4项指标构建森林生态系统原真性评价指标体系。其中，以起源方式反映森林的自然度，以优势树种和林龄反映演替阶段，以单位面积蓄积量反映生长状况。借鉴张鹏翼等（2021）、唐宪（2010）、曾贤刚等（2023）、赵智聪等（2021）的研究，从生态系统组成完整性、生态系统结构完整性和生态系统功能完整性的角度评价赤峰市森林生态系统完整性。其中，遵循评价指标选取的可获得性、代表性和可定量化原则，生态系统组成完整性主要用优势树种组成和物种丰富度表示，生态系统结构完整性用龄组结构表示，生态系统功能完整性用生态产品价值表示。

1. 优势树种（组）

为了更好地分析不同树种资源的数量状况，选取杨树、白桦、油松、落叶松等17个优势树种，探讨赤峰市森林资源树种状况，为森林经营管理提供依据和参考。由图2-6可知，赤峰市森林资源中，杨树面积大于40万公顷，占森林总面积的33.74%；白桦次之，面积大于20万公顷，占森林总面积的19.27%；其余优势树种组面积均小于20万公顷。

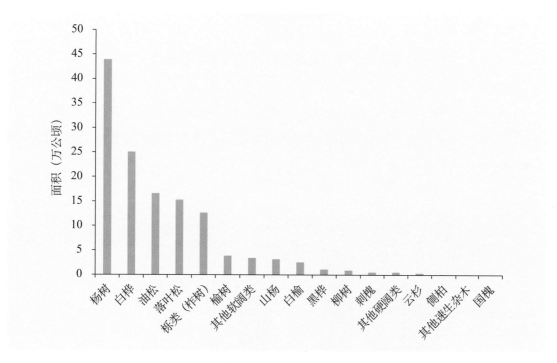

图2-6　赤峰市森林优势树种（组）面积

赤峰市森林优势树种（组）蓄积量表现为杨树最大，占总蓄积量的36.22%；其次是白桦，占总蓄积量的28.84%；侧柏、国槐、其他硬阔和速生杂木的蓄积量较小，占总蓄积量的比例均小于1%（图2-7）。

由赤峰市各优势树种（组）面积和蓄积量占比可知，在赤峰市森林资源中杨树占据主导优势，白桦和落叶松次之。杨树作为赤峰市的主要造林树种，同时也是三北防护林体系建设工程常用树种，在改善生态环境、维护地区生态稳定中起着重要作用。白桦主要分布于天然次生林区，不但可以进行种子繁殖，而且无性萌蘖力强，常在落叶松采伐迹地和过火林地段生长，出现在湿润的凹形缓坡上形成的次级群落，与落叶松形成针阔混交林。赤峰市森林资源优势树种的现状中，作为主要造林树种的杨树目前在森林资源面积和蓄积量上占据绝对优势，其次是演替的次级群落白桦林，在目前的森林资源统计中排在第二位。

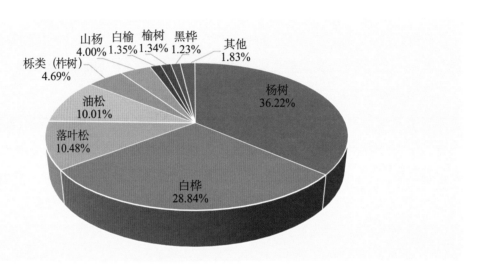

图 2-7 赤峰市森林优势树种组蓄积量占比

2. 龄组结构

根据生物学特性、生长过程及森林经营要求，将乔木林按林龄阶段划分为幼龄林、中龄林、近熟林、成熟林和过熟林。不同龄组的森林面积如图 2-8 所示。不同龄组的森林蓄积量如图 2-9 所示。

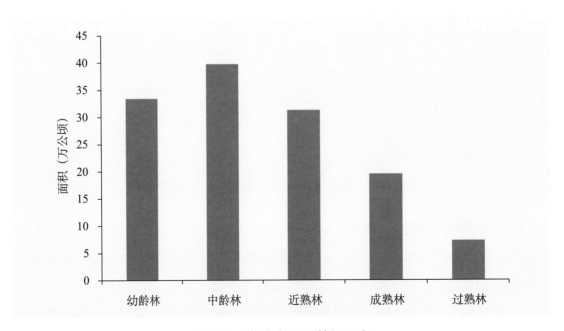

图 2-8　赤峰市不同龄组面积

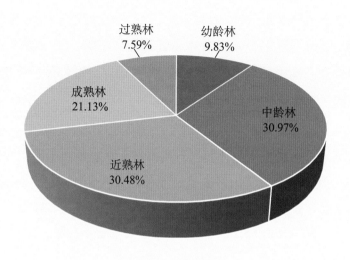

图 2-9　赤峰市不同龄组蓄积量占比

赤峰市森林资源表现为中龄林的面积最大，在 39 万公顷以上，占比为 30.30%；其次是幼龄林和近熟林，在 30 万 ～ 35 万公顷，占比分别为 25.48% 和 23.83%；成熟林和过熟林的面积均低于 20 万公顷，二者面积之和占总面积的 20.40%。赤峰市不同林龄森林蓄积量表现为中龄林蓄积量最大，占比为 30.97%；近熟林和成熟林蓄积量紧随其后，占比分别为30.48% 和 21.13%；过熟林的蓄积量较小，占比仅为 7.59%。可见，赤峰市森林资源以中幼龄林面积所占比例较大，应加强对中幼龄林的抚育经营，使得森林质量得到稳步提升。

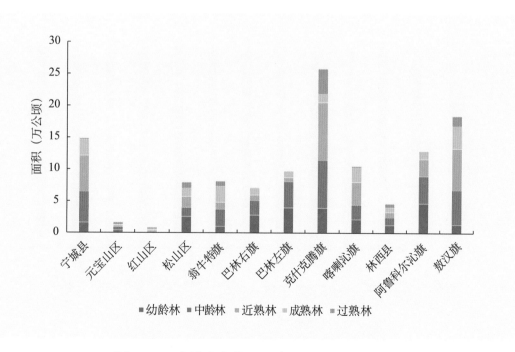

图 2-10　赤峰市各旗县区森林不同龄组面积

从不同旗县区龄组格局上来看（图 2-10），宁城县中龄林、近熟林、成熟林面积占比较高，三者之和占全县乔木林总面积的 88.06%，三者之和占比超过 80.00% 的还有敖汉旗、翁牛特旗和喀喇沁旗，处于该生长阶段的林木占比超过了 70%。处于该生长阶段的林木具有生理活动旺盛、纵向和径向生长均会达到峰值、林木冠幅高度郁闭、生态环境趋稳的特点。因此该阶段的林木提供生态产品能力较强。

　　3. 林木起源

　　从林木起源上来看，赤峰市天然林面积占全市森林资源总面积的 50.66%（图 2-11）。各旗县区中，敖汉旗、红山区和元宝山区人工林面积占比在 90% 以上，克什克腾旗、巴林右旗、巴林左旗和阿鲁科尔沁旗天然林面积占比在 50% 以上（图 2-12）。

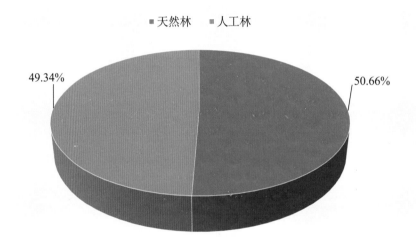

图 2-11　赤峰市不同起源林木面积占比

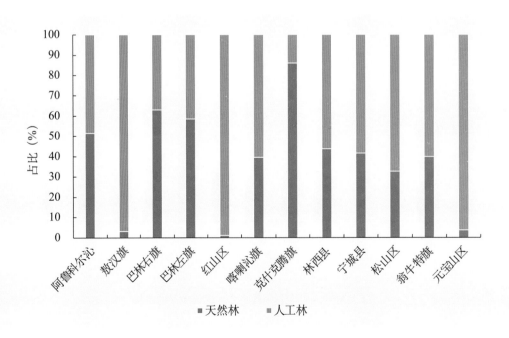

图 2-12　赤峰市各旗县区不同起源林木面积占比

（五）森林生物多样性

赤峰市地形、气候以及水文地质条件的复杂性决定了植被类型的多样性。赤峰市处于华北、东北以及蒙古植物区系的交接地带，各植物区系在市境内相互渗入，植被成分复杂，又具有一定的过渡性。赤峰南部地区多华北植物种类，东部多东北植物种类，北部多大兴安岭植物种类，主要建群种乔木有落叶松、白桦、樟子松、油松和杨树等。灌木主要有绣线菊（*Spiraea salicifolia*）、六道木（*Abelia biflora*）、杜鹃（*Rhododendron simsii*）、山杏（*Prunus sibirica*）、虎榛子（*Ostryopsis davidiana*）、锦鸡儿（*Caragana sinica*）等。由于赤峰地理位置独特，南北气候差异较大，野生植物种类繁多，资源丰富。全市共有野生植物1529 种，其中，具有野生药用价值植物 586 种、具有饲用价值植物 739 种。国家重点保护野生植物 30 种，主要有野大豆（*Glycine soja*）、黄檗（*Phellodendron amurense*）、紫椴（*Tilia amurensis*）、黄芪（*Astragalus membranaceus*）、刺五加（*Eleutherococcus senticosus*）、胡桃楸（*Juglans mandshurica*）、大花杓兰（*Cypripedium macranthum*）、紫点杓兰（*Cypripedium guttatum*）等。

赤峰市野生动物种类和数量繁多。截至目前，全市共查明脊椎动物 497 种，其中鱼类37 种、两栖类 5 种、爬行类 15 种、哺乳类 63 种、鸟类 377 种。其中，国家重点保护野生动物 72 种，包含国家一级保护野生鸟类 11 种、国家二级保护野生鸟类 54 种。

二、湿地资源禀赋

湿地是地球表层系统的重要组成部分，是自然界极具生产力的生态系统，同时也是人类文明的发祥地之一。赤峰市湿地资源丰富，类型多样，位于中国北方寒旱区重要湿地生态区域，是众多湿地迁徙水禽的重要栖息地、越冬地，发挥着重要的湿地生态系统服务功能。

（一）湿地资源数量状况

依据《第三次全国国土调查工作分类地类认定细则》，赤峰市湿地面积 7.11 万公顷，主要类型包括森林沼泽、灌丛沼泽、沼泽草地、内陆滩涂和沼泽地五种类型。各湿地类型中，内陆滩涂的面积最大，其次是沼泽地和灌丛沼泽，森林沼泽的面积最小（图 2-13）。

（二）湿地资源空间格局

赤峰市湿地资源空间分布状况如图 2-14 所示，整体呈现出由北向南逐渐减少的分布特征。不同旗县区的湿地资源存在差异，克什克腾旗和阿鲁科尔沁旗湿地面积最大，均在 1 万公顷以上，其次为巴林右旗和巴林左旗，湿地面积均在 7000 ～ 9000 公顷，上述旗县区湿地面积之和占赤峰市湿地总面积的 88.07%。此外，赤峰市除红山区外其余旗县区均有湿地分布，湿地主要地类为内陆滩涂，全市的森林沼泽均分布在克什克腾旗（图 2-15）。

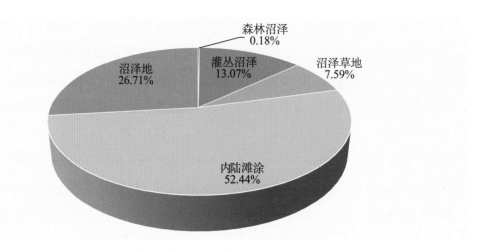

图 2-13　赤峰市不同湿地类型面积占比

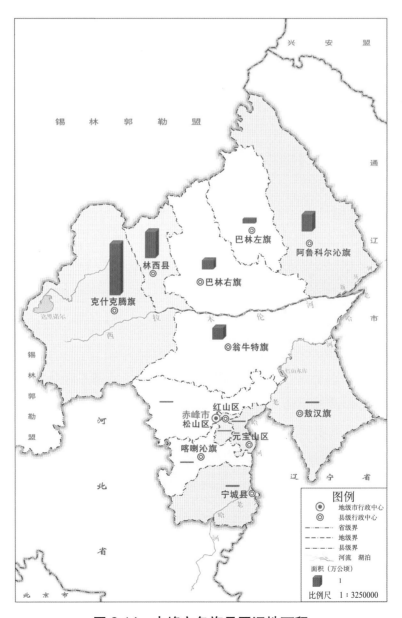

图 2-14　赤峰市各旗县区湿地面积

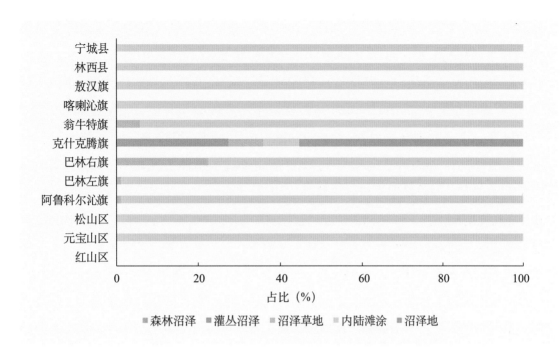

图 2-15　赤峰市各旗县区湿地类型面积占比

（三）湿地生态系统质量

湿地是陆地与水体的过渡地带，因此它同时兼具丰富的陆生和水生动植物资源，形成了其他任何单一生态系统都无法比拟的天然"基因库"和独特的生物环境，其特殊的土壤和气候提供了复杂且完备的动植物群落，对于保护物种、维持生物多样性具有难以替代的生态价值。因此，健康的湿地对于维持人类生存和可持续发展具有重要意义。

赤峰市湿地面积广阔，其中达里诺尔和阿鲁科尔沁国家级自然保护区内湿地纳入了《全国湿地保护工程规划（2022—2030年)》。三大天然林区，即罕山林区、克什克腾林区和茅荆坝林区，是西辽河的二级支流西拉木伦河和老哈河的发源地，是本市重要的水源涵养区。北部林区，由于地处草原与森林的交会地带，沟谷开阔，为森林湿地的演替和发育创造了条件，在白音敖包、黄岗梁、响水峡谷、乌兰布统、赛罕乌拉、大冷山、乌兰坝、大罕山、黑里河等地形成了丰富的森林湿地。西拉木伦河、查干沐沦河、乌力吉沐沦河、敖尔盖河、教来河等河流的流域面积很大，自古以来就是十分重要的湿地，曾孕育了著名的红山文化。红山水库、打虎石水库等诸多的库区是重要的人工湿地。北部草原区以及浑善达克和科尔沁两大沙地，湖泊星罗棋布，湿地植物丰富，鱼、虾、鸟、兽集中，是十分靓丽的湿地生态景观。

同时，分布在克什克腾旗的达里诺尔湖，享有我国第三大天鹅湖的美誉，是内蒙古地区四大内陆湖之一，也是赤峰市最大的湖泊。2011—2020年，达里诺尔湖pH年均值和当年极大值均呈现整体上升趋势；2013年，年均值和当年极大值下降后较平稳上升；2020年，极大值为10，年均值下降。2011—2020年，溶解氧（DO）年均值和当年极大值均呈现整体上升趋势；2013年，年均值下降，而后上升；2016年极大值和2019年极大值有所下降；2020 年，极大值出现明显上升。2011—2021 年，化学需氧量（COD）年均浓度和当年极大值均呈下降趋势；2017 年，年均浓度和当年极大值均上升；2018—2020 年，逐年下降。2011—2019 年，五日生化需氧量（BOD5）年均浓度和当年极大值浓度无明显变化；2020 年，出现明显上升。2011—2020 年，氨氮年均浓度和当年极大值呈整体上升趋势；2012—2014 年，下降后上升；至 2017 年，下降后逐年上升；2020 年，年均浓度与极大值均明显上升。2011—2020 年，总磷年均浓度和极大值呈整体下降趋势；2011—2014 年，浓度变化波动加大，而后趋向平稳（毛晓琳，2022）。

由于达里诺尔湖属封闭式湖泊，主要耗损方式为蒸发，湖水无外泄，水体中的物质得不到很好的置换。随着近些年天气干旱，降水量减少，蒸发量增大，加之上游地表河流补给量骤减，强烈的蒸发作用导致湖泊面积减小、水量减少，使得湖水中污染物浓度有所增加。同时，当地政府实施了合理开发渔业资源、湖区周边禁牧休牧、防护林体系建设、规范旅游活动等一系列生态修复和保护措施，增加湖区周边各主要支流流域植被盖度，增强水源涵养能力，为野生动物栖息繁殖提供良好环境。

（四）湿地生物多样性

赤峰市湿地生态系统分布的野生哺乳动物有 2 目 3 科 3 种，包括黑线姬鼠（*Apodemus agrarius*）、麝鼠（*Ondatr zibethicus*）、水獭（*Lutra lutra*）；两栖爬行动物 2 目 3 科 4 属 6 种，包括黑斑侧褶蛙（*Pelophylax nigromaculata*）、中国林蛙（*Rana chensinensis*）、虎斑颈槽蛇（*Rhabdophis tigrinus*）等；鸟类有 13 目 32 科 189 种，常见种有鸿雁（*Anser cygnoides*）、豆雁（*Anser fabalis*）、灰雁（*Anser anser*）、白额雁（*Anser albifrons*）、翘鼻麻鸭（*Tadorna tadorna*）、赤麻鸭（*Tadorna ferruginea*）等。近年来，赤峰市作为东亚—澳大利亚西候鸟迁徙通道上重要停歇点和栖息地的生态重要性进一步彰显，在多个旗县区记录到国家一级保护野生动物黑鹳（*Ciconia nigra*）、国家二级保护野生动物小天鹅（*Cygnus columbianus*）和大天鹅（*Cygmus cygnus*）等。

内蒙古巴林左旗乌力吉沐沦河国家湿地公园位于内蒙古自治区赤峰市巴林左旗境内，是以乌力吉沐沦河、沙里河流域湿地为主体，集湿地文化和辽文化为一体的国家级湿地公园，分布有野生脊椎动物 60 科 207 种，其中，包括黑鹳、丹顶鹤（*Grus japonensis*）、玉带海雕（*Haliaeetus leucoryphus*）、蓑羽鹤（*Anthropoides virg*o）、鸳鸯（*Aix galericulata*）、大天鹅、白琵鹭（*Platalea leucorodia*）等国家一级、国家二级保护野生动物 22 种，具有大兴安岭南段和松辽平原区域动物地理分布混合的典型性特点。

三、草地资源禀赋

赤峰市中部和中北部气候较干燥，植被稀疏，多以旱生性禾草为主，形成了干草原草地。在中南部有多年生、旱生、丛生禾本科植物为建群种的温带典型草原。在地表侵蚀比较明显的地块上，广泛分布着以草原衍生类型为主的百里香（*Thymus mongolicus*）小片灌木草地。典型草原植物大针茅广泛分布在赤峰市的北部和西北部。此外，非地带性灌丛植被、沙生植被及草甸植被等隐域性草地类型也有广泛分布。

位于赤峰市东部的巴林右旗土壤类型主要是褐色栗钙土，植被类型有典型草原、低湿草甸和杂类草草原等；位于赤峰市北部的巴林左旗土壤类型有暗栗钙土、砾石质栗钙土，植被类型主要为杂类草草原；地处内蒙古高原与大兴安岭南端山地的交会地带的克什克腾旗，土壤类型有黑钙土、沙质栗钙土，植被类型主要有草原草甸、河漫滩草甸和山地草甸。总体来看，赤峰市天然草地资源丰富，类型多样，生产力水平有明显的地区差异，牧草营养成分又具有显著的地带性差异。

(一) 草地资源数量状况

依据《第三次全国国土调查工作分类地类认定细则》，赤峰市草地总面积为 266.32 万公顷，主要分为天然牧草地、人工牧草地和其他草地三种类型，其中天然牧草地的面积最大，占总草地面积的 80.26%（图 2-16）。

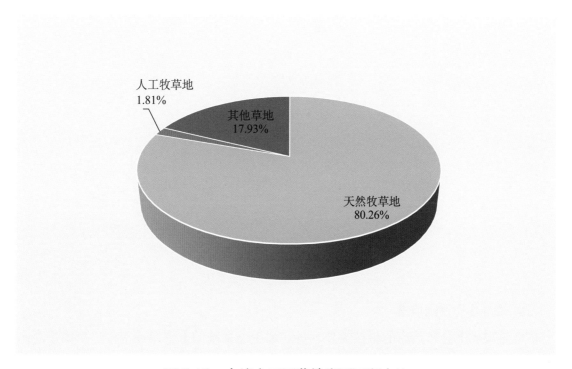

图 2-16　赤峰市不同草地类型面积占比

(二) 草地资源空间格局

赤峰市草地资源空间分布状况如图 2-17 所示，整体呈现出北部大于南部的特征。不同旗县区的草地资源存在差异，克什克腾旗草地面积最大，在 90 万公顷以上；其次为阿鲁科尔沁旗和巴林右旗，草地面积均在 40 万公顷以上；上述旗县区草地面积之和占全市草地总面积的 71.84%，红山区草地面积最少。

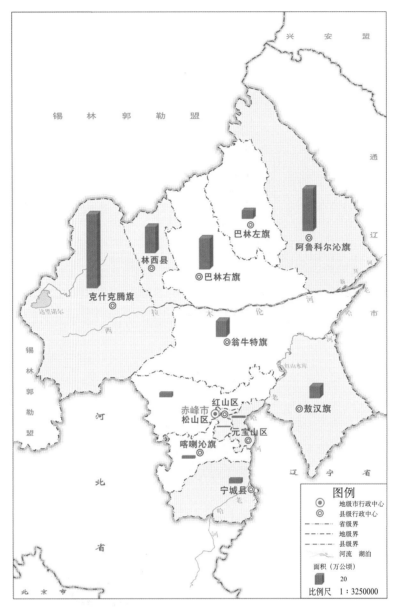

图 2-17　赤峰市草地面积空间分布

（三）草地生态系统质量

草地是世界上分布最广的植被类型，是陆地生态系统的重要组成部分。草地生态系统的保育和可持续利用，是维持区域生态系统格局、功能和农牧业可持续发展的关键。借鉴国内外已有研究，从草地生态系统活力、结构、自然度等方面评价草地生态系统质量。

从旗县区草地类型的分布来看，翁牛特旗、克什克腾旗、阿鲁科尔沁旗、巴林右旗、巴林左旗等旗县草地类型以天然牧草地为主，其他旗县区主要以其他草地为主，人工牧草地主要分布在阿鲁科尔沁旗和敖汉旗（图 2-18）。

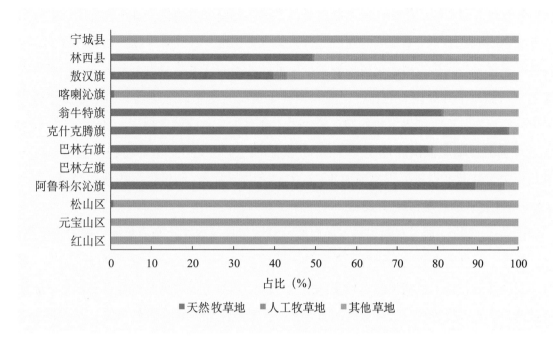

图 2-18 赤峰市各旗县区草地类型面积占比

根据英国国家生态系统评估（UK NEA），草地生态系统变化的驱动因素主要包括农业改良、土地利用变化、营养物质沉积和转移、管理不善、过度放牧、生境碎片化、外来物种入侵、生境保护及气候变化等。

农业改良的目的是增加畜牧业产量，集约化导致动植物生物多样性和物种丰富度下降，增加了快速生长的高产植物的优势。UK NEA 指出，由政府激励和拨款援助所推动的农业改良被认为是自第二次世界大战以来高地和低地半自然草原生境丧失的主要原因。Tallowin 和 Jefferson（1999）对以往英国低地半自然草地农业生产力的研究进行了综述，以草的干物质产量作为农业草地生产力最直接的衡量标准，对距离地面约 5 厘米高度处的植物进行了标准化收割。6 月或 7 月首次收割获得的干草产量在半自然草地之间的差异很大，在 1.5～6 吨/公顷。整个生长季一次或多次收割的总年产量在 2～8 吨/公顷。将割草和打包期间约为 20% 的损失量纳入考虑范围，半自然草地的最终产量与农业改良牧草地（黑麦草草地）上连续两次或更多次青贮刈割获得的干物质产量相比低 30%。向半自然草地添加无机肥料可以极大提高干物质年产量，最高可达 10～12 吨/公顷。

赤峰市处于中国北方农牧交错带上，20 世纪 80 年代初期至 90 年代中期，随着经济的发展和人口的膨胀，草地大规模减少，大量草地被开垦为农田，部分转化为森林。2000—2015 年草地减少幅度低于 1990—2000 年，《赤峰市生态建设与保护规划》开始实施，草场建设、禁牧休牧使得草场退化得到明显缓解（马会瑶，2019）。

氮沉降可以通过不同的机制影响植物和土壤，其中主要是富营养化和酸化的土壤介导效应。氮沉降是草地生态系统植物生物量的重要驱动因素，它可使具有竞争能力的物种取代无法有效竞争有限资源的物种。氮可能会通过多种途径使土壤酸化，减少物种库，并导致土壤中有毒金属浓度增加。非常高的氮浓度带来的毒害作用可导致叶片损伤和生长减少。氮沉降也可以通过一些间接机制影响植物群落，在世界各地的许多草原生态系统中，已经有大量研究关于与氮水平升高相关的物种组成和物种丰富度的变化，这些现象通常是由于高于临界氮负荷而产生，低于临界氮负荷的沉降水平不会对生态系统造成损害。Stevens 等（2004）调查了英国酸性草原氮沉降速率为 5～35 千克/（公顷·年）。植物物种丰度与氮沉积速率呈负相关，欧洲平均氮沉积速率为 17 千克/（公顷·年），与最低沉积速率 [5 千克/（公顷·年）] 相比，物种数量减少 23%。

刘国荣等（2005）通过对阿鲁科尔沁旗灌丛草地禁牧与放牧状态下草地植被的牧草产量、高度、盖度、多度的变化情况进行跟踪监测，发现禁牧后草地牧草产量、高度、盖度、多度均有不同程度的改善，证明天然草地实施禁牧，以自然的力量对草原进行修复，是草原建设中最经济、实惠、投资少、效果显著的方法之一。禁牧工作应该是一种手段，而不是最终目的。禁牧为畜牧业生产的进一步发展奠定基础。通过实施相应措施，引导农牧民对畜牧业产业结构进行调整，以适应快速发展的集约化畜牧业生产的需要，进而达到提高农牧民生活水平的最终目的。

> 天然草地划分为优（粗蛋白含量 >15%）、良（粗蛋白含量 10%～15%）、中（粗蛋白含量 8%～10%）、低（粗蛋白含量 5%～8%）、劣（粗蛋白含量 <5%）5 个等别。把各等别牧草在草群中的占比多少作为划分草地等别的唯一依据，将草地分为 5 等，用 Ⅰ（优等牧草占 60% 以上）、Ⅱ（优、良等牧草占 60% 以上）、Ⅲ（优、良、中等牧草占 60% 以上）、Ⅳ（优、良、中、低等牧草占 60% 以上）、Ⅴ（劣等牧草占 60% 以上）来表示。

根据上述天然草地等级划分原则与标准，赤峰市天然草地划分为 5 个等级，其中 Ⅰ 等草地占总面积的 7.00%，Ⅱ 等草地占 16.00%，Ⅲ 等及以上草场占 79.60%，Ⅴ 等草场占 20.40%。其中，Ⅱ 等草地可利用面积最高，占全市的 45.65%；其次是 Ⅲ 等草地，占 30.74%；Ⅳ、Ⅰ、Ⅴ 等草地可利用面积较少，分别占 14.69%、7.42% 和 1.50%。这主要是因为在赤峰市草地中，温性干草原类草地面积最大，其草质优良，使得 Ⅰ、Ⅱ 等草地占全市草地可利用面积的 53.07%（潘学清，1991）。总体来看，草地质量较好，但天然草地产草量偏低，有 2/3 的草地产量属中等偏下水平，但是随着近年来生态建设步伐的加快及封山禁牧、圈养舍饲力度的加大，加之广阔的草地面积，全市正常年份天然草地总产量仍保持上升态势（李俊友，2012）。

随着地区间经贸交流的不断发展，为外来物种的传播和入侵提供了传输载体，导致入侵植物不断发生和蔓延危害程度日益加重，对草原生态安全及草牧业生产造成了影响。目前，赤峰市已经定植并发现的外来有毒有害植物主要有少花蒺藜草（*Cenchrus spinifex*）、刺萼龙葵（*Solanum rostratum*）、齿裂大戟（*Euphorbia dentata*）和毒莴苣（*Lactuca serriola*）等。其中，少花蒺藜草和刺萼龙葵的发生危害尤为严重，分布面积越来越大，不仅覆盖了大片草地，消耗土壤中的水分和养分，还排挤优良牧草的生长，使草地生产能力和牧草品质下降，致使草原生态系统严重退化，严重破坏了天然草地植物的多样性及生态系统的稳定性（乔海龙等，2022）。

（四）草地生物多样性

赤峰市地处燕山北麓、大兴安岭西南段与内蒙古高原向辽河平原过渡地带，属于温带、半干旱大陆性季风气候区，独特的地理位置使其草地植物资源非常丰富。野生植物资源有39科155属233种（许玉凤，2017）。

巴林右旗草地群落有27科78种植物。其中，菊科14种，占草地植物种类的17.90%；禾本科12种，占草地植物种类的15.40%；豆科10种，占草地植物种类的12.80%；蔷薇科6种，占草地植物种类的7.7%；蓼科、毛茛科、鸢尾科、藜科、川续断科、石竹科、车前草科、大戟科、紫草科、瑞香科、麻黄科、牻牛儿苗科、茜草科、葱科、莎草科、十字花科、旋花科、亚麻科、百合科、龙舌兰科、桔梗科、龙胆、唇形科植物种类共占草地植物种类的46.2%，这一结果表明巴林右旗草地植物群落以菊科、禾本科、豆科、蔷薇科为主。

巴林左旗草地植被物包含26科83种植物。其中，禾本科14种，占草地植物种类的16.9%；菊科12种，占草地植物种类的14.5%；豆科11种，占草地植物种类的13.3%；蔷薇科8种，占草地植物种类的9.6%；毛茛科、鸢尾科、藜科、川续断科、石竹科、车前草科、大戟科、唇形科、龙胆科、瑞香科、牻牛儿苗科、葱科、旋花科、亚麻科、百合科、桔梗科、龙舌兰科、玄参科、紫葳科、远志科、败酱科、莎草科植物种类共占草地植物种类的45.7%。

克什克腾旗草地植物包含28科83种植物。其中，菊科13种，占草地植物种类的15.7%；禾本科10种，占草地植物种类的12.0%；豆科8种，占草地植物种类的9.6%；蔷薇科7种，占草地植物种类的8.4%；毛茛科、鸢尾科、唇形科、莎草科、桔梗科、亚麻科、百合科、瑞香科、牻牛儿苗科、葱科、石竹科、车前草科、龙胆科、藜科、伞形科、茜草科、十字花科、景天科、玄参科、蓼科、紫草科、白花丹科、报春花科、木贼科植物种类共占草地植物种类的54.3%。

第二节　农田生态系统资源禀赋

土地资源是人类生活的基本条件之一，而农田作为三大产业的主要生产要素，是国民经济和社会发展的宝贵资源和财富。农业的发展依赖于农业资源，农业资源是否可持续利用关系着农业是否能够可持续发展，因此农业资源作为农业发展的关键要素，是否能有效持续地利用，是一个值得关注和探究的问题，而分析农田资源禀赋可为解决"三农"问题提供本底数据，有利于促进新型城镇化建设，实现城乡一体化发展。

一、农田数量状况

据第三次全国国土调查数据显示，赤峰市农田面积 182.93 万公顷。全市农田主要地类为旱地和水浇地，其中旱地面积最大，为 100.71 万公顷，占农田面积的 55.05%（图 2-19）。

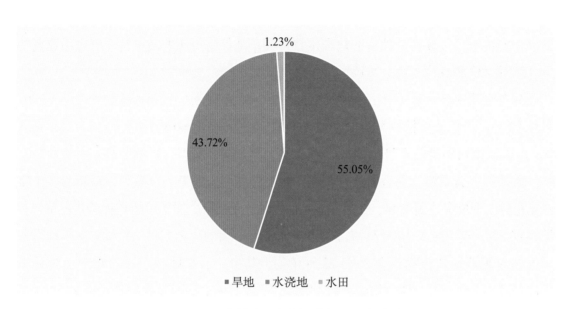

图 2-19　赤峰市不同类型农田面积占比

二、农田资源空间格局

北方农牧交错带是《全国生态脆弱区保护规划纲要》确定的生态脆弱带，连接着东部农耕区和西部草原牧区，是遏制荒漠化向中东部地区移动的重要生态屏障。赤峰市位于内蒙古东南部，地处内蒙古高原向松辽平原过渡的山地丘陵地带，是我国北方农牧交错带的典型地区，独特的自然地理位置造就了赤峰市独特的农牧业发展格局。近年来，赤峰市农业和农村经济实现持续稳定向好，农业综合生产能力显著提高，农业和农村基础设施条件明显改善，现代农业建设初见成效，全市现已形成粮、肉、菜、草、乳五大主导产业和中药材、甜菜、笤苗子、肉驴等特色产业，有力地带动了农牧民增收致富。

根据国土资源部、农业部联合发布的《关于全面划定永久基本农田实行特殊保护的通知》要求，2016 年，赤峰市已完成城镇周边永久基本农田划定工作，全市城镇周边划入永久基本农田 28.63 万亩[*]。《2021 年赤峰市政府工作报告》中指出，2020 年赤峰市全面启动市

---

[*]　1亩=0.067公顷

县两级国土空间规划编制工作，"三区三线"初步划定，整改补划永久基本农田8.6万公顷（图2-20）。

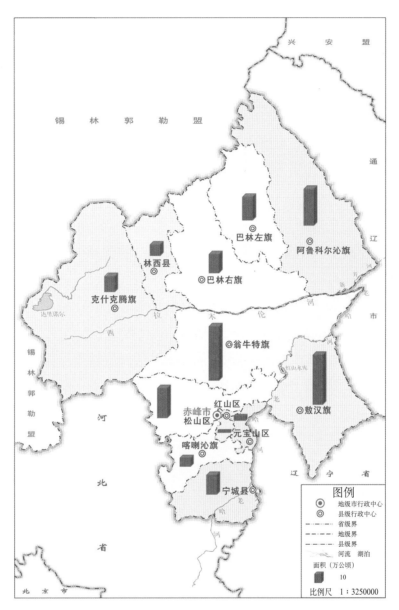

图2-20　赤峰市农田资源分布

从赤峰市农田资源整体分布状况上看，翁牛特旗和敖汉旗作为赤峰市农作物主产区，主要种植谷物、玉米等农作物。此外，位于赤峰市东北部的阿鲁科尔沁旗和松山区也有面积较大的农田分布，其中，阿鲁科尔沁旗主要种植小麦、大豆等粮食作物和马铃薯、黄豆等经济作物，松山区主要以种植玉米等粮食作物。全市农田主要地类为旱地和水浇地，其中红山区、元宝山区、林西县、克什克腾旗和喀喇沁旗5个旗县区无水田分布，松山区有零星水田分布。全市农田面积超过10万公顷的旗县区有8个。

红山区农田主要分布在红庙子镇和文钟镇，红庙子镇农田大多数为水浇地，文钟镇农田大多为旱地。农作物主要栽培品种有玉米、高粱、谷子、豆类等。2020 年，红山区农作物播种总面积为 14662 公顷，同比上年减少 7.88%。其中，粮食作物播种面积 12806 公顷，同比减少 6.65%；经济作物播种面积 1856 公顷，同比减少 16.38%。2020 年红山区农作物总产量为 172906 吨，同比上年减少 0.74%。其中，粮食产量 49932 吨，同比减少 8.94%；油料产量 283 吨，同比减少 308.12%；甜菜产量 3826 吨；蔬菜及食用菌产量 118865 吨，同比增加 0.19%。

松山区全区农田面积超过 15000 公顷（22.5 万亩）的乡镇有 6 个，分别是初头朗镇、哈拉道口镇、安庆镇、太平地镇、当铺地满族乡、夏家店乡。2020 年，松山区农作物播种总面积为 157864 公顷，同比上年下降 1.35%。其中，粮食作物播种面积 129660 公顷，同比增长 0.50%；经济作物播种面积 28204 公顷，同比下降 9.89%。2020 年，松山区农作物总产量为 1885306 吨，同比上年减少 1.68%。其中，粮食产量 807251 吨，同比减少 1.11%；油料产量 22413 吨，同比减少 31.68%；甜菜产量 268962 吨，同比减少 0.66%；蔬菜及食用菌产量 786680 吨，同比减少 1.77%。

元宝山区主要地类为水浇地和旱地。2020 年，元宝山区农作物播种总面积为 27162 公顷，同比上年增加 0.87%。其中，粮食作物播种面积 23824 公顷，同比增加 1.84%；经济作物播种面积 3328 公顷，同比下降 6.04%。2020 年，元宝山区农作物总产量为 254132 吨，同比上年减少 14.49%。其中，粮食产量 181818 吨，同比减少 0.28%；油料产量 1787 吨，同比减少 40.46%；甜菜产量 19765 吨，同比减少 25.79%；蔬菜及食用菌产量 50762 吨，同比减少 21.15%。

巴林左旗农田全部分布在林东镇、隆昌镇。2020 年，巴林左旗农作物播种总面积为 127491 公顷，同比上年增加 3.62%。其中，粮食作物播种面积 100513 公顷，同比增加 3.17%；经济作物播种面积 26978 公顷，同比增加 5.30%。2020 年，巴林左旗农作物总产量为 679109 吨，同比上年增加 3.08%。其中，粮食产量 576825 吨，同比增加 1.64%；油料产量 6195 吨，同比增加 5.94%；甜菜产量 48488 吨，同比增加 11.37%；蔬菜及食用菌产量 47601 吨，同比减少 11.73%。

巴林右旗农田主要分布在大板镇、宝日勿苏镇、巴彦塔拉苏木、查干诺尔镇和西拉木伦苏木，占全旗农田面积的 74.18%。2020 年，巴林右旗农作物播种总面积为 111916 公顷，同比上年增加 1.15%。其中，粮食作物播种面积 84618 公顷，同比增长 5.75%；经济作物播种面积 27298 公顷，同比下降 13.11%。2020 年，巴林右旗农作物总产量为 533749 吨，同比上年减少 4.32%。其中，粮食产量 334538 吨，同比增加 6.51%；油料产量 39592 吨，同比减少 7.12%；甜菜产量 157081 吨，同比减少 26.25%；蔬菜及食用菌产量 2268 吨，同比减少 33.11%。

克什克腾旗全旗农田主要分布在东南部经棚镇、宇宙地镇、土城子镇、同兴镇、万合永镇、芝瑞镇、新开地乡、红山子乡，其余乡镇分布较少。2020 年，克什克腾旗农作物播种总面积为 82935 公顷，同比上年增加 4.38%。其中，粮食作物播种面积 61081 公顷，同比增加 0.01%；经济作物播种面积 21854 公顷，同比增加 16.58%。2020 年，克什克腾旗农作物总产量为 395447 吨，同比上年增加 5.61%。其中，粮食产量 210418 吨，同比增加 15.22%；油料产量 2008 吨，同比增加 3.98%；甜菜产量 35232 吨，同比减少 26.29%；蔬菜及食用菌产量 147789 吨，同比减少 0.44%。

翁牛特旗全旗农田面积超过 2 万公顷（30 万亩）的乡镇有 9 个，分别是梧桐花镇、桥头镇、乌丹镇、亿合公镇、乌敦套海镇、五分地镇、广德公镇、新苏莫苏木、解放营子乡。2020 年，翁牛特旗农作物播种总面积为 237258 公顷，同比上年增加 1.57%。其中，粮食作物播种面积 192279 公顷，同比增长 2.86%；经济作物播种面积 44978 公顷，同比减少 3.94%。2020 年，翁牛特旗农作物总产量为 1905009 吨，同比上年增加 11.29%。其中，粮食产量 865693 吨，同比增加 1.75%；油料产量 46680 吨，同比减少 40.96%；甜菜产量 638000 吨，同比增加 38.13%；蔬菜及食用菌产量 354636 吨，同比减少 6.84%。

敖汉旗全旗农田面积超过 2 万公顷（30 万亩）的乡镇有 7 个，分别是牛古吐镇、新惠镇、黄羊洼镇、古鲁板蒿镇、木头营子乡、兴隆洼镇和下洼镇。2020 年，敖汉旗农作物播种总面积为 204751 公顷，同比上年增加 1.74%。其中，粮食作物播种面积 187010 公顷，同比增加 2.06%；经济作物播种面积 17741 公顷，同比减少 1.67%。2020 年，敖汉旗农作物总产量为 1180087 吨，同比上年增加 1.27%。其中，粮食产量 1000846 吨，同比增加 1.45%；油料产量 11537 吨，同比增加 0.30%；甜菜产量 109634 吨，同比增加 0.04%；蔬菜及食用菌产量 58070 吨，同比增加 0.84%。

阿鲁科尔沁旗主要种植小麦、玉米、大豆等粮食作物和马铃薯、黄豆等经济作物。2020 年，阿鲁科尔沁旗农作物播种总面积为 218475 公顷，同比上年减少 4.55%。其中，粮食作物播种面积 132329 公顷，同比减少 7.13%；经济作物播种面积 86146 公顷，同比减少 0.58%。2020 年，阿鲁科尔沁旗农作物总产量为 1077141 吨，同比上年增加 4.38%。其中，粮食产量 672414 吨，同比增加 2.04%；油料产量 26240 吨，同比增加 2.14%；甜菜产量 336997 吨，同比增加 11.67%；蔬菜及食用菌产量 41490 吨，同比减少 15.44%。

喀喇沁旗 2020 年农作物播种总面积为 53986 公顷，同比上年减少 0.82%。其中，粮食作物播种面积 43741 公顷，同比减少 0.71%；经济作物播种面积 10244 公顷，同比减少 1.33%。2020 年，喀喇沁旗农作物总产量为 653651 吨，同比上年减少 14.08%。其中，粮食产量 313087 吨，同比减少 17.85%；油料产量 2238 吨，同比减少 24.04%；甜菜产量 6035 吨，同比减少 79.25%；蔬菜及食用菌产量 332291 吨，同比减少 9.28%。

林西县耕地面积 85518.8 公顷（128.28 万亩），其中水浇地面积为 40327.19 公顷（60.49 万亩），占耕地面积的 47.16%；旱地面积为 45191.61 公顷（67.79 万亩），占耕地面积的 52.84%。2020 年，林西县农作物播种总面积为 74337 公顷，同比上年增加 2.22%。其中，粮食作物播种面积 48668 公顷，同比减少 0.41%；经济作物播种面积 27353 公顷，同比增加 6.88%。

2020 年，林西县农作物总产量为 819518 吨，同比上年减少 0.80%。其中，粮食产量 274820 吨，同比增加 5.34%；油料产量 12714 吨，同比减少 14.08%；甜菜产量 339000 吨，同比减少 7.99%；蔬菜及食用菌产量 192984 吨，同比增加 3.94%。

宁城县全县耕地面积 134603.41 公顷（201.91 万亩），其中水田 586.31 公顷（0.88 万亩）；水浇地 52929.49 公顷（79.39 万亩）；旱地 81087.61 公顷（121.63 万亩）。2020 年，宁城县农作物播种总面积为 109560 公顷，同比上年减少 0.50%。其中，粮食作物播种面积 95786 公顷，同比减少 0.10%；经济作物播种面积 13774 公顷，同比减少 3.35%。2020 年，宁城县农作物总产量为 1952957 吨，同比上年增加 1.12%。其中，粮食产量 829304 吨，同比增加 1.64%；油料产量 1296 吨，同比减少 2.16%；甜菜产量 15520 吨，同比增加 35.42%；蔬菜及食用菌产量 1106837 吨，同比增加 0.26%。

三、农田生态系统产品供给状况

（一）产量状况

农田生态系统为人类提供了丰富的农产品，如粮食、蔬菜、水果、纤维等，这些产品是人类繁衍生息的基础。赤峰市拥有得天独厚的生态资源、气候环境等自然条件，各种自然资源开发潜力大，自然生态环境较好。作为农牧结合区，全市以发展农业为主，农业发展多元化。根据《2020 年赤峰市种植业工作要点》的通知要求，2020 年，全市粮食作物播种面积稳定在 110.6 万公顷以上，产量稳定在 605 万吨左右。2020 年，全年农作物总播种面积 142.2 万公顷，同比上年增长 0.3%。其中，粮食作物播种面积 111.2 万公顷，增长 0.7%；经济作物播种面积 31.0 万公顷，下降 1%。粮食总产量 611.7 万吨，比上年增长 1.1%。经济作物中，油料产量下降 15.6%；甜菜产量增长 10.5%；蔬菜及食用菌产量下降 2.1%；水果产量下降 0.5%（表 2-1）。

总体来看，农作物播种总面积变化相对稳定，粮食产量呈现上升趋势。从农业各个细分的产业产量来看，水果产量均呈现上升趋势，油料产量呈现缓慢下降趋势，蔬菜及食用菌产量在 2018 年相比于上年大跌，之后便呈现缓增趋势（表 2-1）。产品供给是农田生态系统对人类福利最重要的贡献，农田生态系统作为社会生产的基础，具有较高的生产力。同时，还提供着大量的经济作物，也是第二产业重要的供给原料来源。

近年来，赤峰市特色产业不断发展壮大，农业产业增效突出，现已成为国家玉米及蔬菜的优势产区，也是全国三大"杂粮杂豆主产区"之一，粮食的产量在自治区位列前茅，形成了以玉米为优势、杂粮杂豆为特色的生产格局。2020 年，全市粮食作物生产主要包括小麦、谷子、玉米、高粱、荞麦、糜子、黍子、水稻、豆类作物和薯类作物；经济作物生产主要包括油料作物、糖料作物、药材，还有麻类、烟叶等。此外，还种植有青饲料等其他作物。从表 2-2 可以看出，豆类、薯类的产量与前年相比都有不同程度的下降，因此赤峰市在稳定粮食产量的基础上，持续增加对大豆油料的种植，推动大豆玉米带状复合种植，以期破解耕地资源制约。由表 2-3 可以看出，油料和蔬菜及食用菌的产量与 2019 年相比都有不同程度的下降，甜菜产量同比 2019 年有所上升。

表 2-1　2017—2020 年赤峰市农业生产情况

年份	2017	2018	2019	2020
农作物播种面积（万公顷）	140.9	138.1	141.8	142.2
粮食产量（万吨）	503.6	594.7	605.1	611.7
油料产量（万吨）	24.4	18.5	20.5	17.3
蔬菜及食用菌产量（万吨）	361	317	331	324
水果产量（万吨）	16.5	13.1	34.7	34.5
甜菜产量（万吨）	127.0	159.4	179.0	197.9

注：数据来源于《赤峰市统计年鉴（2018—2021）》。

表 2-2　赤峰市主要粮食作物产量

项目	谷物	豆类	薯类
2020年总产量（吨）	5815621	168209	133117
2019年总产量（吨）	5743592	173064	135255

注：数据来源于《赤峰市统计年鉴（2021）》。

表 2-3　赤峰市主要经济作物产量

项目	油料	甜菜	蔬菜及食用菌
2020年总产量（吨）	172983	1978539	3240272
2019年总产量（吨）	204923	1790103	3311061

注：数据来源于《赤峰市统计年鉴（2021）》。

2020 年，各旗县区农作物产量如图 2-21 所示。其中，粮食作物产量主要分布在敖汉旗、翁牛特旗、宁城县和松山区，产量均大于 80 万吨。经济作物产量主要分布在宁城县、松山区、翁牛特旗，产量均大于 100 万吨。与此同时，经济作物中的蔬菜及食用菌产量最高，相比甜菜和油料产量差异较大，且主要分布于宁城县和松山区。甜菜主产区主要分布在翁牛特旗、林西县和阿鲁科尔沁旗。油料主产区主要分布在翁牛特旗、巴林右旗、阿鲁科尔沁旗和松山区。

（二）产值状况

2020 年，赤峰市粮食总产量 611.7 万吨，形成了以玉米为优势、杂粮杂豆为特色的生产格局，并创造了 320.23 亿元的农业产值，同比上年增加了 6.38%。独特的气候条件和适宜的土壤类型赋予赤峰杂粮杂豆产品独有的地方特色，出产的谷子、荞麦、绿豆等杂粮杂豆远销日本、韩国等国家及我国北京、河北、香港等地（图 2-22）。

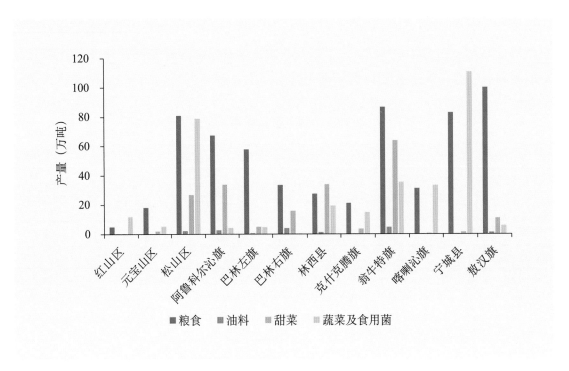

图 2-21　2020 年各旗县区农作物产量

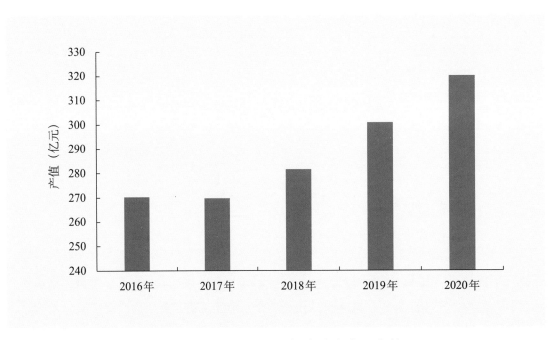

图 2-22　2016—2020 年赤峰市农业产值

2020 年，赤峰市粮食作物产值为 175.74 亿元。粮食作物产值中，以谷物为主，薯类和豆类占比较小。赤峰独特的气候条件决定了根植于赤峰旱坡地的耐干旱的小米等谷物品质优良，且当地谷子（粟）加工后的小米颗粒大。赤峰市种植谷物历史悠久，2003 年在兴隆沟遗址出土了距今 8000 年的粟和黍的碳化颗粒标本。赤峰小米，粒呈圆形、晶莹剔透，2016 年 3 月 31 日，农业部批准对"赤峰小米"实施国家农产品地理标志登记保护（图 2-23）。

2020 年，赤峰市经济作物产值为 135.18 亿元。经济作物产值中，以蔬菜及食用菌为主。赤峰市日照充足、昼夜温差大，各类蔬菜品质优良，具有发展设施农业得天独厚的条件。近年来，赤峰市稳步扩大设施农业生产面积，蔬菜已实现全年生产，四季上市。同时，赤峰市积极探索发展壮大食用菌集体经济新路径，得天独厚的林下食用菌产业蓬勃发展，为林下经济价值化实现探索新路径（图 2-24）。

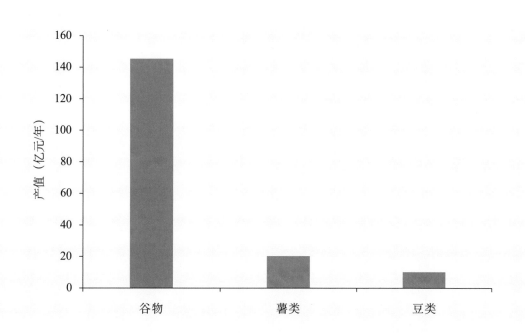

图 2-23　2020 年赤峰市主要粮食作物产值

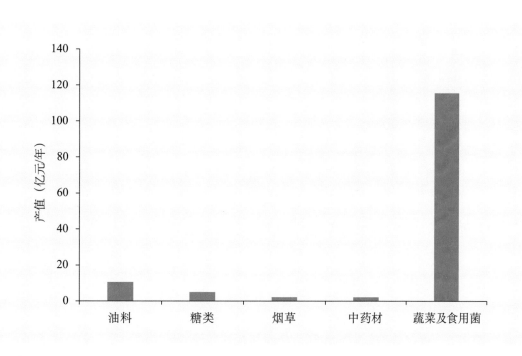

图 2-24　2020 年赤峰市主要经济作物产值

第三节　城市绿地生态系统资源禀赋

随着社会经济的发展和人民生活水平的提高，改善城市绿化环境日益为人们所重视。绿地作为城市的有机组成部分，承载着城市生态、游憩、景观和文化等多重功能。近年来，赤峰市各旗县区加快城区绿地建设，结合城市建设，增加城市公园绿地面积，提高城市的绿地率和提升城市景观风貌品质，进一步优化城市绿地系统的空间结构，大力优先发展城市公园绿地、滨河绿带、道路绿化及立体绿化，将自然引入城市，提高林地在园林中的比例，构建城市的生态安全体系，提高城市生活的质量。

一、城市绿地数量状况

根据《赤峰统计年鉴（2021）》，2020年赤峰市建成区面积254.87平方千米，市辖区为114.18平方千米。常住城镇人口全市214.07万人，市辖区109.30万人。全市绿化覆盖面积9649.30公顷，市辖区为4581.04公顷。在园林绿化上，全市建成区绿化覆盖率为37.86%，市辖区为40.12%；全市绿地率为35.41%，市辖区为37.58%。基于国土"三调"数据，赤峰市城市绿地面积1296.06公顷。其中，松山区和红山区面积最大，分别为353.09公顷和311.93公顷，占赤峰市城市绿地总面积的27.24%和24.07%。其次为巴林左旗、敖汉旗和元宝山区，分别为133.44公顷、124.19公顷和90.40公顷。而在北部旗县区的巴林右旗则仅有3.09公顷的城市绿地（图2-25）。

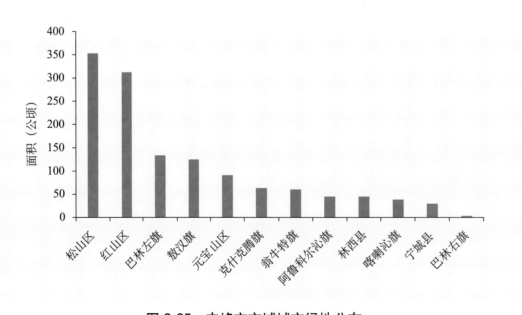

图2-25　赤峰市市域城市绿地分布

基于国土"三调"数据，得出赤峰市公园和绿地在建成区中的占比，即绿地率如图2-26所示，可以看出，巴林左旗绿地率较高，在10%以上；其次为敖汉旗、克什克腾旗和松山区，绿地率在 6.21% ~ 7.35%；最小为巴林右旗，绿地率在 1% 以下。

基于国土"三调"数据，赤峰市人均公园绿地面积如图 2-27 所示，可以看出，巴林左旗人均公园绿地面积最高，为 12.24 平方米 / 人；其次为敖汉旗和松山区，人均公园绿地面积为 8.61 平方米 / 人和 8.38 平方米 / 人；最小为巴林右旗，在 1 平方米 / 人以下。

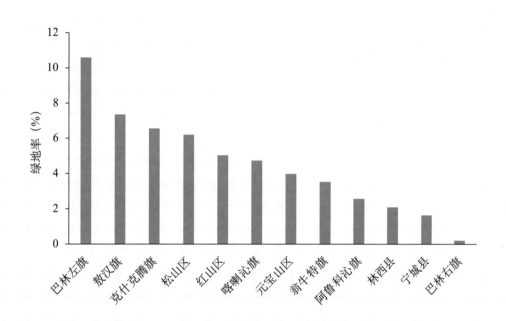

图 2-26　赤峰市公园和绿地在建成区中的占比

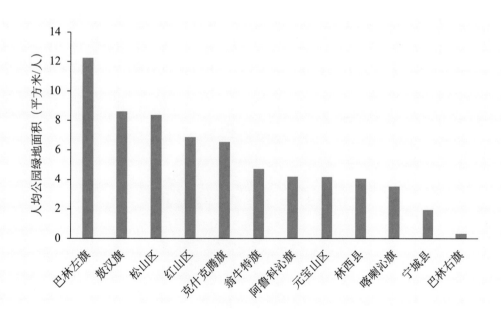

图 2-27　赤峰市人均公园绿地面积

由于赤峰市人口多集中于市辖区的松山区、红山区和元宝山区，因此公园绿地分布较为集中，根据《赤峰市城市绿地系统规划（2015—2030 年）》，对红山区、松山区和元宝山区的绿地面积状况进行统计。按照《城市绿地分类标准》(CJJ/T 85—2002) 将城市绿地分为五大类，即公园绿地 (G1)、生产绿地 (G2)、防护绿地 (G3)、附属绿地 (G4) 和其他绿地 (G5)。

赤峰市各类绿地名录见表 2-4。其中，市级公园 4 个，分别为红山公园、长青公园、松洲水上公园和车伯尔民俗园，总面积 0.90 平方千米，占全部公园绿地面积的 18.40%；带状公园共 4 个，分别为宁澜路带状公园、清河路带状公园、滨河带状公园及蒙古源流雕塑园，总面积 2.50 平方千米，占公园绿地总面积的 51.00%。其中，滨河带状公园规模最大，几乎贯穿整个中心城区。植物园有两个，即位于市区东郊早期建设的赤峰市植物园和新建成的兴安南麓植物园，总面积 0.30 平方千米，占比 6.00%；街旁绿地共 33 块，总面积 1.20 平方千米，占比 24.50%。

表 2-4　城市绿地名录

绿地类型	绿地名录
公园绿地	红山公园、长青公园、松洲水上公园、车伯尔民俗园、宁澜路带状公园、清河路带状公园、滨河带状公园、蒙古源流雕塑园、赤峰市植物园、兴安南麓植物园、漠南长廊、海贝尔游乐园、石博园、乌兰哈达公园、动物园等
生产绿地	赤峰市林业科学研究所、红庙子园林苗圃等
防护绿地	环城高速公路防护绿带、沿铁路和公路防护绿带、各类花圃、苗圃、城市防风林、组团隔离带等
附属绿地	道路绿地、工业绿地、居住绿地、商业绿地、其他街旁绿地等
其他绿地	红山国家森林公园、南山生态园、西山生态园等

各类绿地面积占比如图 2-28 所示。各类绿地中，公园绿地面积占比最大，为 46.64%；其次是附属绿地和防护绿地，分别占绿地总面积的 24.75% 和 19.81%。其他绿地和生产绿地

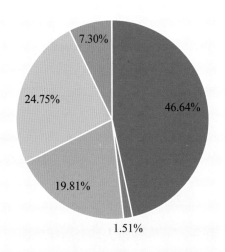

■公园绿地　■生产绿地　■防护绿地　■附属绿地　■其他绿地

图 2-28　主城区绿地面积分布

占比最小，分别为 7.30% 和 1.51%。公园绿地是指向公众开放，以游憩为主要功能，兼具生态、美化、防灾等功能的绿地。赤峰市主城区建成区绿化覆盖率 38.74%，建成区绿地率 35.44%，赤峰市主城区人均公园绿地面积为 17.67 平方米。公园绿地面积占比最大，表明赤峰市在城市规划中，采用增加绿地措施，实现生态环境的改善，营造良好的生活社区，打造将人文景观与自然景观相融的园林城市。

（一）公园绿地

基于《城市绿地分类标准》（CJJ/T 85—2002），公园绿地分为综合公园、社区公园、专类公园、带状公园和街旁绿地 5 种类型。赤峰市红山区和松山区现有较成型公园绿地 105 个，其中综合公园 11 个、社区公园 22 个、专类公园 8 个、带状公园 18 个和街旁绿地 46 个；元宝山区现有较成型公园绿地 26 个，其中综合公园 4 个、社区公园 5 个、带状公园 2 个、街旁绿地 15 个。各类公园绿地占比如图 2-29 所示。其中，综合公园占比最大，其次是专类公园和街旁绿地，可见赤峰市中心城区主要以建设综合公园服务于市民的休闲需求。

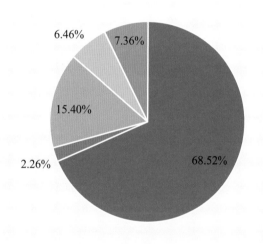

■综合公园　■社区公园　■专类公园　■带状公园　■街旁绿地

图 2-29　主城区各类公园绿地占比

（二）生产绿地

为确保城市园林绿化种植材料的供应，坚持专业育苗和群众办圃相结合，建设规模不等的苗圃、花圃、草圃或综合性苗圃。生产绿地建设是城市绿地系统建设的重要基础。城市应把苗木基地建设作为满足城市绿化需要、增加农民收入的重要举措来抓。目前，赤峰市投资建成赤峰市林业科学研究所、红庙子园林苗圃等生产绿地，共 270.51 公顷，其中赤峰市林业科学研究所位于建成区内，其生产绿地面积为 56 公顷，生产绿地自给率达到 63.7%。

（三）防护绿地

防护绿地包括道路防护林、高压走廊防护林、水系河道防护林、卫生防护林、防风林、市政基础设施防护林、水源地涵养林等。赤峰市现状防护绿地主要有铁路防护绿地、道路防护绿地和河道防护绿地三类，总面积约 737.07 公顷，赤峰市防护绿地以道路防护绿地为主，同时兼具河道防护和铁路防护。各类型防护绿地面积占比如图 2-30 所示。

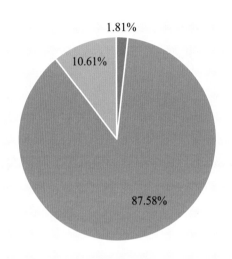

图 2-30　不同城区防护绿地占比

（四）附属绿地

附属绿地包括居住用地、公共设施用地、工业用地、仓储用地、对外交通用地、道路广场用地、市政设施用地和特殊用地中的绿地。赤峰市中心城市附属绿地总面积约 920.93 公顷。赤峰市主城区不同类型附属绿地占比相当，呈现以居住绿地为主，公共设施绿地和道路绿地为辅的占比模式（图 2-31）。

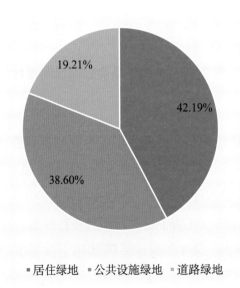

图 2-31　主城区各类附属绿地占比

（五）其他绿地

其他绿地是指城市建设用地之外的，对城市生态环境质量、居民休闲生活、城市景观和生物多样性保护有直接影响的绿地，如风景名胜区、郊野公园、森林公园、自然保护区、风景林地、城市绿化隔离带、野生动物园、湿地、垃圾填埋场恢复绿地等。赤峰市其他绿地主要包括西山生态公园、南山生态公园、红山国家森林公园、古山森林公园等。其中，西山生态公园面积 133.33 公顷、南山生态公园面积 2886.67 公顷、红山国家森林公园面积 513.33 公顷、古山森林公园 346.1 公顷。

二、城市绿地空间格局

从赤峰市市域地形地貌特点及城乡统筹建设空间发展特征出发，结合赤峰市山、水、城、路分布特点，赤峰市城市绿地具有"一圈两廊景交融、五带七区绿交织、多点分布巧点缀"的复合式多层次的市域绿地系统网络结构。通过市域内"两横三纵"的绿色通道网络，将城镇村与绿地生态功能区相互串联、交织在一起，使"基质—廊道—板块"得到很好的衔接。

一圈两廊景交融。"一圈"是指以中心城区为中心，半径为 50 千米的绿化圈。结合中心城区、元宝山区、平庄城区及翁牛特旗、喀喇沁旗等重点区域绿化、赤峰市防沙治沙、樟子松基地建设及百万亩经济林基地建设等工程，营建城区外围的生态保护圈，发挥森林生态、休闲、经济等综合功能。"两廊"是指西拉木伦河与老哈河两岸绿色长廊。以赤峰市防沙治沙、樟子松基地建设等工程为依托，建设水源涵养和水土保持林等为主的水系防护林，完善水系网络防护林体系，构筑河流生态廊道。通过城市与水系的相互交织，展现城景交融的景观风貌，实现"出则田园，入则都市"的生态梦。

五带七区绿交织。"五带"是指市域内主要道路景观防护林带，五带相互交织，呈"两横三纵"的分布格局，串联城镇村，构成了赤峰绿色通道网络。道路景观防护林带建设包括丹锡高速、大广高速和省际大通道以及国道 306、国道 305 两侧的绿化。"七区"是指将市域划分为 7 个绿地生态功能区，分别为西部蒙古高原稀树灌草生态区、北部大兴安岭山地落叶灌丛生态区、东北部平原草甸生态区、东部科尔沁沙地灌丛生态区、东南部低海拔丘陵稀树草原生态区、南部低海拔平原稀树灌草生态区和西南部燕北山地矮林灌丛生态区。

多点分布巧点缀。是指分布在市域内的各个绿地景观节点，主要包括达里诺尔国家级自然保护区、白音敖包国家级自然保护区、赛罕乌拉国家级自然保护区、阿鲁科尔沁国家级自然保护区、大黑山国家级自然保护区、黑里河国家级自然保护区、高格斯台国家级自然保护区、乌兰坝国家级自然保护区、黄岗梁国家森林公园、红山国家森林公园、旺业甸国家森林公园、马鞍山国家森林公园、桦木沟国家森林公园及兴隆庄国家森林公园等。

（一）松山区和红山区绿地空间格局

赤峰市中心城区具有"一脉两带连多心，两环三屏拥全城"的山水格局。"一脉"是指南北贯穿的锡伯河—英金河河道生态廊道形成滨水生态绿脉;"两带"是指沿半支箭河、阴河等河道形成的滨水绿化景观带。"多心"包括长青公园、松州公园、植物园、石博园、兴安南麓植物园、车伯尔民俗园、海贝尔游乐园及林研所苗圃等多个景观节点中心。"两环"是指沿中心城区外围环城高速形成的生态保护环,是赤峰中心城区的重要交通走廊,道路两侧防护绿地是城市的绿色屏障。"三屏"是指依托中心城区东部的红山、南部的南山及西部的西山,构筑成中心城区的山林生态保护区,形成城市"绿肺",充分发挥城市大型氧源绿地、生态栖息地及保障城市生态安全的功能,形成生态屏障。

(二)元宝山城区绿地空间格局

元宝山城区绿地系统规划充分利用现状自然环境,结合城市特点,构造完善的城市公园绿地文化系统,形成"一心、两带、三区、多节点"的景观格局。"一心"是指以花果山公园为核心。"两带"是指城区内沿城市道路两侧建公园绿地及防护绿地,形成城市绿带;沿城区外围结合河流农田建城市防护绿带。"三区"是指北侧山体林地区、东西两侧农业观光区。"多节点"是指在城区的主要节点处布置的景观绿化。

(三)平庄城区绿地空间格局

结合平庄城区外围山体、内部河道、铁路防护绿带及公园绿地,平庄城区绿地呈现"两园、两廊、两带、多点"的网络化绿地系统。"两园"是指北部的古山森林公园和南部牛头山郊野公园。"两廊"是指沿楼子店河和旱河两侧建设滨河绿地,形成绿化廊道。"两带"是指沿城市道路建设带状绿地形成城市绿带,保证城区绿地的内外沟通;沿铁路及工业用地建设防护绿带,在保证各地块完整的同时,起到分割与组团保护的作用。"多点"是指沿河流水系和居住用地布局多处城市公园,相互交会而形成的多个城区景观节点。

(四)其他旗县区城区绿地空间格局

阿鲁科尔沁旗绿地系统构建"一大生态防护屏、两条滨水景观带、四大郊野公园、多园分布"结构。一大生态防护屏是指以城边山体和林地作为防护屏障,发挥生态景观及空间隔离作用。两条滨水景观带是指天山西河滨水景观带和欧沐沦河滨水景观带。四大郊野公园为查布嘎生态公园、西山生态公园、南山生态公园、那达慕会场及民族风情园。多园分布是指分布在中心城区的集中公园绿地。

巴林右旗顺应"北部山林、中部城市、南部草原"的"北林、中城、南草"的中观尺度山水城格局,形成"一河、两廊、三山"的大地生态景观格局。一河为查干沐沦河。两廊为由哈鲁沟形成的西部生态廊道及由东部冲沟形成的东部生态廊道。三山为位于城区西北部的北山,位于城区东北部的卧龙山以及位于城区南部的南山。

巴林左旗形成"一环两带三山,一轴三廊多点"的蓝绿生态网络格局。一环为城市绿色外环;两带为乌力吉木伦生态涵养带以及贯穿镇区的沙里河滨水生态带;三山为城区北侧、西侧、南侧的自然山体,与城市公园连接形成自然山体绿楔。一轴为沿契丹大街规划东西向贯穿城区主要功能片区的绿化景观轴线；三廊为沿上京路塑造景观文化廊道；沿皇城路、迎宾路打造城市绿廊；多点为城区公园绿地广场。

克什克腾旗打造"两带、三核、三大公园、六个组团"的空间结构。两带为碧柳河生态发展景观带、多伦河文化旅游景观带。三核为文创旅游核心、行政办公核心、生活商贸核心。三大公园为滨河湿地公园、敖包山休闲公园、东山休闲公园。六个组团为河西文化组团、河东宜居组团、中央商务组团、城北宜居组团、城南服务组团、商贸物流组团。

宁城县打造"一山、七园、三带、绿道串联"的绿地系统空间结构。一山为蚂蚁山郊野公园。七园包括七个县级公园。三带为老哈河、东小河、蚂蚁山渠滨河景观带。绿道串联为"三横四纵"绿道，串联景观带与公园。

翁牛特旗紧扣自然山水林田本底，突出城市功能集聚、组团发展特性，总体构建"一水三岸，拥河发展；一核五片，双轴联动"的景城融合空间格局。一水三岸，拥河发展是指打造少郎河高品质生态景观廊道，强化城市拥河发展的空间特色；以少郎河、敖包山自然景观为核心，串联郊野公园、综合公园、社区公园、街旁绿地等蓝绿空间，构建丰富而有活力的休闲体系。一核五片，双轴联动：一核为由老城区、西城区、河南片区构成的城市核心区；五片为文化会展组团、仓储物流组团、农畜产品组团、加工制造组团和现代农业组团五大专业产业平台；双轴为少郎河生态景观轴、乌丹城镇发展轴。

三、城市绿地质量状况

随着经济和社会发展水平的不断提高，赤峰市近年来在园林绿化建设方面也有了新的目标与要求，公园绿地不再是千篇一律的绿化模式，而是逐步具有地方文化特色。公园绿地植物配置方面不再只是单纯为了绿化美化而进行园林植物的选择，还逐步考虑到绿地植物乔、灌、草、花的合理配置，季相和色彩的均衡配置等，提升绿地观赏度；增加绿地服务辐射范围，提高可达性。因此，对城市绿地质量的评价从绿地的观赏度、绿地的可达性等方面来进行分析。

（一）绿地观赏度

赤峰市处于华北、东北以及蒙古植物区系的交接地带，各植物区系在市境内相互渗入，植被成分复杂，又具有一定的过渡性。赤峰市地形、气候以及水文地质条件复杂性决定了城市绿地植被类型的多样性。全市有野生植物和园林植物 1863 种，分属 118 科 545 属。其中，草本 1513 种、乔木 96 种、灌木 232 种、藤木 22 种，为园林植物驯化、引种和栽培提供丰富的资源（于海蛟，2009）。

近年来，赤峰市的城市绿化建设不断深入，绿化成果显著。根据《赤峰市统计年鉴(2020)》，全市建成了 100 个公园，市辖区建成了 29 个公园。经调查统计，赤峰市区有绿化植物 118 种，分别隶属于 48 科 83 属，其中有园林树木 29 科 53 属 83 种，园林花卉 17 科

26属29种，草坪植物2科4属6种（刘贵峰，2011）。基于赤峰市所处区位，常用的城市绿地植物及功能定位（基调、骨干和一般）树种见表2-5。

> 基调树种：是指能充分表现当地植被特色，反映城市风格，能作为城市景观重要标志的应用树种。
>
> 骨干树种：是指具有优异的特点，在各类绿地中出现频率较高，使用数量大，有发展潜力的树种。

表2-5　城市绿地常用植物名录

植物名称	学名	科	属	功能定位
油松	*Pinus tabuliformis*	松科	松属	基调
樟子松	*Pinus sylvestris* var. *mongolica*	松科	松属	骨干
云杉	*Picea asperata*	松科	云杉属	基调
白杆	*Picea meyeri*	松科	云杉属	一般
青杆	*Picea wilsonii*	松科	云杉属	一般
红皮云杉	*Picea koraiensis*	松科	云杉属	一般
侧柏	*Platycladus orientalis*	柏科	侧柏属	骨干
圆柏	*Juniperus chinensis*	柏科	刺柏属	骨干
杜松	*Juniperus rigida*	柏科	刺柏属	一般
砂地柏	*Juniperus sabina*	柏科	刺柏属	一般
铺地柏	*Juniperus procumbens*	柏科	刺柏属	一般
银杏	*Ginkgo biloba*	银杏科	银杏属	骨干
新疆杨	*Populus alba* var. *pyramidalis*	杨柳科	杨属	骨干
河北杨	*Populus* × *hopeiensis*	杨柳科	杨属	一般
加杨	*Populus* × *canadensis*	杨柳科	杨属	骨干
小叶杨	*Populus simonii*	杨柳科	杨属	一般
青杨	*Populus cathayana*	杨柳科	杨属	一般
箭杆杨	*Populus nigra* var. *thevestina*	杨柳科	杨属	一般
山杨	*Populus davidiana*	杨柳科	杨属	一般
馒头柳	*Salix matsudana* var. *matsudana* f. *umbraculifera*	杨柳科	柳属	一般
垂柳	*Salix babylonica*	杨柳科	柳属	骨干
旱柳	*Salix matsudana*	杨柳科	柳属	一般
龙须柳	*Salix babylonica*	杨柳科	柳属	一般
白榆	*Ulmus pumila*	榆科	榆属	一般

（续）

植物名称	学名	科	属	功能定位
垂榆	*Ulmus pumila*	榆科	榆属	一般
槐	*Styphnolobium japonicum*	豆科	槐属	骨干
龙爪槐	*Styphnolobium japonicum*	豆科	槐属	一般
山槐	*Albizzia kalkora*	豆科	合欢属	一般
皂角	*Gleditsia sinensis*	豆科	皂荚属	骨干
酸枣	*Ziziphus jujuba* var. *spinosa*	鼠李科	枣属	一般
火炬树	*Rhus typhina*	漆树科	盐麸木属	骨干
卫矛	*Euonymus alatus*	卫矛科	卫矛属	骨干
白桦	*Betula platyphylla*	桦木科	桦木属	骨干
五角槭	*Acer pictum* subsp. *mono*	无患子科	槭属	一般
元宝槭	*Acer truncatum*	无患子科	槭属	骨干
茶条槭	*Acer tataricum* subsp. *ginnala*	无患子科	槭属	骨干
梣叶槭	*Acer negundo*	无患子科	槭属	一般
文冠果	*Xanthoceras sorbifolium*	无患子科	文冠果属	骨干
雪柳	*Fontanesia philliraeoides* var. *fortunei*	木樨科	雪柳属	一般
白蜡树	*Fraxinus chinensis*	木樨科	梣属	基调
暴马丁香	*Syringa reticulata* subsp. *amurensis*	木樨科	丁香属	基调
柽柳	*Tamarix chinensis*	柽柳科	柽柳属	一般
桑树	*Morus alba*	桑科	桑属	一般
蒙古栎	*Quercus mongolica*	壳斗科	栎属	骨干
梓树	*Catalpa ovata*	紫葳科	梓属	骨干
接骨木	*Sambucus williamsii*	荚蒾科	接骨木属	一般
稠李	*Prunus padus*	蔷薇科	李属	骨干
紫叶李	*Prunus cerasifera* f. *atropurpera*	蔷薇科	李属	一般
山桃	*Prunus davidiana*	蔷薇科	李属	骨干
李	*Prunus salicina*	蔷薇科	李属	骨干
桃	*Prunus persica*	蔷薇科	李属	一般
杏	*Prunus armeniaca*	蔷薇科	李属	骨干
樱桃	*Prunus pseudocerasu*	蔷薇科	李属	骨干
山荆子	*Malus baccata*	蔷薇科	苹果属	骨干
海棠	*Malus spectabilis*	蔷薇科	苹果属	一般
苹果	*Malus pumila*	蔷薇科	苹果属	一般
秋子梨	*Pyrus ussuriensis*	蔷薇科	梨属	一般

（续）

植物名称	学名	科	属	功能定位
山楂	*Crataegus pinnatifida*	蔷薇科	山楂属	骨干
落叶松	*Larix gmelinii*	松科	落叶松属	一般
绣线菊	*Spiraea salicifolia*	蔷薇科	绣线菊属	一般
珍珠绣线菊	*Spiraea thunbergii*	蔷薇科	绣线菊属	一般
风箱果	*Physocarpus amurensis*	蔷薇科	风箱果属	一般
珍珠梅	*Sorbaria sorbifolia*	蔷薇科	珍珠梅属	一般
山刺玫	*Rosa davurica*	蔷薇科	蔷薇属	一般
红刺玫	*Rosa multiflora* var. *cathayensis*	蔷薇科	蔷薇属	一般
黄刺玫	*Rosa xanthina*	蔷薇科	蔷薇属	一般
金露梅	*Dasiphora fruticosa*	蔷薇科	金露梅属	一般
榆叶梅	*Prunus triloba*	蔷薇科	李属	一般
毛樱桃	*Prunus tomentosa*	蔷薇科	李属	一般
山杏	*Prunus sibirica*	蔷薇科	李属	一般
锦鸡儿	*Caragana sinica*	豆科	锦鸡儿属	一般
树锦鸡儿	*Caragana arborescens*	豆科	锦鸡儿属	一般
小叶锦鸡儿	*Caragana microphylla*	豆科	锦鸡儿属	一般
紫穗槐	*Amorpha fruticosa*	豆科	紫穗槐属	一般
胡枝子	*Lespedeza bicolor*	豆科	胡枝子属	一般
金银木	*Loniccra maackii*	忍冬科	忍冬属	一般
锦带花	*Weigela florida*	忍冬科	锦带花属	一般
山梅花	*Philadelphus incanus*	绣球科	山梅花属	一般
连翘	*Forsythia suspensa*	木樨科	连翘属	一般
辽东丁香	*Syringa villosa* subsp. *wolfii*	木樨科	丁香属	骨干
四季丁香	*Syringa pubescens* subsp. *microphylla*	木樨科	丁香属	一般
紫丁香	*Syringa oblata*	木樨科	丁香属	一般
红丁香	*Syringa villosa*	木樨科	丁香属	一般
水蜡树	*Ligustrum obtusifolium*	木樨科	女贞属	一般
红瑞木	*Corus alba*	山茱萸科	山茱萸属	一般
沙棘	*Hippophae rhamnoides*	胡颓子科	沙棘属	一般
枸杞	*Lycium chinense*	茄科	枸杞属	一般

赤峰市城市绿地的观赏度通过空间配置、季相配置和色彩配置等方面体现。在垂直空间上，综合考虑乔、灌、藤、草、花的立体配置。本市采用的植物有常绿乔木：油松、樟子松、云杉、圆柏、侧柏、刺柏等；落叶乔木：白蜡、槐、新疆杨、旱柳、绦柳、榆树、臭椿、梓树、山桃、元宝枫、毛白杨、龙爪槐、银杏、垂榆、加拿大杨、垂柳、五角枫等；落叶灌木：金银木、连翘、紫叶小檗、榆叶梅、黄刺玫、紫丁香、锦带花、锦鸡儿、东北茶藨子、东北珍珠梅、毛樱桃、紫叶李、辽东丁香、水蜡、小叶金露梅、山荆子等；藤本：五叶地锦、爬山虎、南蛇藤、杠柳等；草坪草和花卉：小糠草、紫羊茅、矮牵牛、万寿菊、美女樱、小丽花、一串红、彩叶草、长春花、草地早熟禾、牵牛花、金盏菊、鸡冠花、荷花等（刘贵峰，2011）。

在水平空间上，配置方式主要有孤植、对植、列植、丛植、群植、篱植等，有规则式也有自然式（刘贵峰，2011）。对于孤植树主要显示树木的个体美，常作为园林空间的主景，赤峰市多采用云杉、油松、旱柳、馒头柳、槐、樟子松、圆柏、侧柏、白皮松、银杏、元宝枫、栾树、水曲柳等。对于行道树，赤峰市多采用云杉、油松、卫矛、新疆杨、火炬树、槐、皂角、复叶槭、暴马丁香、元宝枫、梓树、水曲柳、榆、柳、白蜡、臭椿等。对于丛植或群植，具有较好的观赏效果的本地采用较多的有松柏林、槭树林、栎树林、杨柳林等。

季相和色彩配置方面，将不同的观花、观果和观叶植物搭配组合，体现季相和色彩变化。赤峰市的观花植物有西府海棠、碧桃、金银花、太平花、珍珠绣线菊、金山绣线菊、金焰绣线菊、猬实、风箱果、北美风箱果、天目琼花、东北山梅花、东北茶藨子、东北珍珠梅、小叶金露梅、榆叶梅、连翘、锦带花、黄刺玫等。赤峰市的观果树有蒙古野果、山楂、山荆子、花楸、海棠果、山桃、忍冬、接骨木、北美风箱果、桃叶卫矛、水蜡树等。本市秋色叶植物有银杏、榛、槐、金叶榆、金叶垂榆、臭椿、红瑞木、黄金槐、紫叶茺、紫叶矮樱、元宝枫、茶条槭、复叶槭、栾树、水曲柳、梓树、紫叶稠李、火炬树、卫矛等（于海蛟，2009）。

（二）绿地可达性

城市绿地可达性也是城市绿地系统景观效益评价方面的指标之一。城市绿地可达性是指居民克服距离、旅行时间和费用等阻力到达一个绿地的愿望和能力的定量表达，是衡量城市绿地空间布局合理性的一个重要标准。其比较指标有距离、时间、费用、服务人数等。本研究以5分钟生活圈，即公园绿地500米辐射半径内受益人数的占比表征可达性。通过图2-32分析得出，受益人数占比最多的是巴林左旗，达84.22%，其次是松山区、敖汉旗和阿鲁科尔沁旗，受益人数占比在50%以上，而巴林右旗和宁城县受益人数占比较少，均在10%以下。

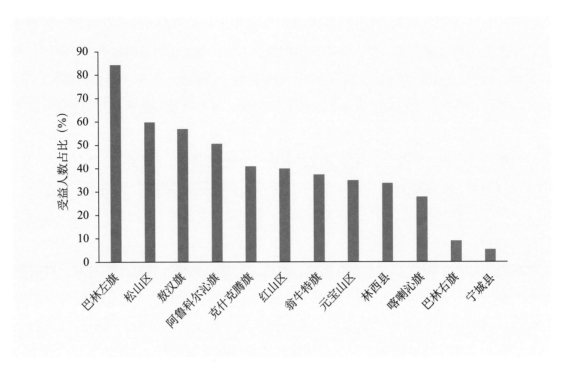

图 2-32　赤峰公园绿地 500 米辐射半径内受益人数的占比

第三章

赤峰市全空间生态产品物质量评估

赤峰市处于内蒙古、河北、辽宁三省份交会处，享有北京"后花园"的美誉，同时也是我国北方重要生态安全屏障的重要组成部分，对东北乃至华北具有不可替代的生态服务功能。对赤峰市全空间生态服务功能进行评估，有助于赤峰市牢固树立和践行绿水青山就是金山银山的理念，统筹山水林田湖草沙系统治理，优化国土空间格局，加强生态保护修复，筑牢我国北方重要生态安全屏障，走生态优先、绿色发展为导向的高质量发展新路子，为高质量发展构筑"绿色谱系"、积累"绿色动能"。本章从生态空间生态产品物质量评估、农田生态系统生态产品物质量评估和城市绿地生态产品物质量评估结果进行论述。

第一节 生态空间生态产品物质量评估结果

生态空间作为一种为人类生存和经济社会发展持续提供生态服务的重要空间形态，其数量规模和空间格局决定其服务功能的发挥，进一步影响到区域国土空间的生态安全。生态系统服务功能维系与支持着地球生命系统和环境的动态平衡，为人类生存和社会发展提供了基本保障。因此，从保障区域生态系统健康与可持续发展的角度出发，评估赤峰市生态空间生态产品物质量，可为保护国土空间生态安全提供决策依据。

一、森林生态产品物质量

（一）生态产品总物质量评估结果

根据国家标准《森林生态系统服务功能评估规范》（GB/T 38582—2020）和环境经济综合核算体系（SEEA）核算框架对赤峰市森林生态系统服务功能进行核算。通过评估得出，赤峰市森林生态系统保育土壤、林木养分固持、涵养水源、固碳释氧、净化大气环境和森林防护6项服务功能物质量，评估结果见表3-1。

表3-1　赤峰市森林生态产品物质量评估结果

服务类别	功能类别	指标	物质量
支持服务	保育土壤	固土量（万吨/年）	8098.75
		减少氮流失（万吨/年）	15.61
		减少磷流失（万吨/年）	13.13
		减少钾流失（万吨/年）	192.39
		减少有机质流失（万吨/年）	248.71
	林木养分固持	氮固持（万吨/年）	11.98
		磷固持（万吨/年）	0.93
		钾固持（万吨/年）	6.57
调节服务	涵养水源	调节水量（亿立方米/年）	24.74
	固碳释氧	固碳（万吨/年）	393.54
		释氧（万吨/年）	713.07
	净化大气环境	提供负离子量（$\times 10^{22}$个/年）	1281.01
		吸收二氧化硫（万千克/年）	45815.37
		吸收氟化物（万千克/年）	1545.99
		吸收氮氧化物（万千克/年）	1561.71
		滞纳TSP量（亿千克/年）	742.00
		滞纳PM_{10}（万千克/年）	3541.96
		滞纳$PM_{2.5}$（万千克/年）	1416.76
	森林防护	防风固沙（万吨/年）	2475.75

1. 保育土壤

根据《内蒙古水土保持公报（2020）》，赤峰市水土流失严重，2020年全市水土流失面积占区域总面积的35.33%，其中水力侵蚀占比达到17.56%，风力侵蚀占比达到17.76%，较上一年减少315.26平方千米。土壤资源是环境中的一个基本组成部分，它们提供支持生物资源生产和循环所需的物质基础，是农业和森林系统的营养素和水的来源，为多种多样的生物提供生境，在碳固存方面发挥着至关重要的作用，对环境变化起到复杂的缓冲作用（SEEA，2012）。森林凭借庞大的树冠、深厚的枯枝落叶层，以及网络状的根系截留大气降水，减少雨滴对土层的直接冲击，有效地固持土壤，减少土壤流失量。赤峰市森林生态系统年固土量为8098.75万吨，相当于红山水库平均输沙量（2900.00万吨）的2.79倍（图3-1），表明赤峰市森林生态系统保育土壤功能作用显著。

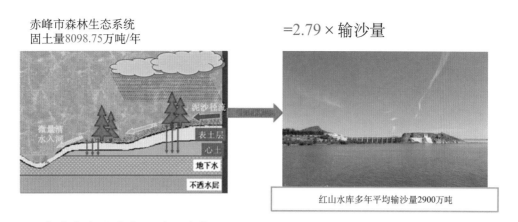

图 3-1　赤峰市森林生态系统固土物质量（数据来源于《赤峰市水土保持公报（2020）》）

　　根据《赤峰市统计年鉴（2021）》，赤峰市当年农用化肥施用量为 26.82 万吨（折纯），赤峰市森林生态系统总保肥物质量为 469.84 万吨 / 年，相当于当年农用化肥施用量的 17.52 倍（图 3-2）。可见，森林生态系统保育土壤功能作用显著，对维护赤峰市地区社会、经济、生态环境的可持续发展具有重要作用。

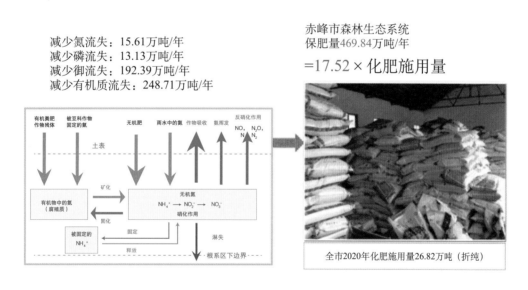

图 3-2　赤峰市森林生态系统保肥物质量（数据来源于《赤峰市统计年鉴（2021）》）

2. 林木养分固持

　　森林在生长过程中不断地从周围环境中吸收养分固定在植物体内，成为全球生物化学循环不可缺少的环节，地下动植物（包括菌根关系）促进了基本的生物地球化学过程，促进土壤、植物养分和肥力的更新（UK National Ecosystem Assessment，2011）。林木养分固持功能首先是维持自身生态系统的养分平衡，其次才是为人类提供生态系统服务功能。森林通过大气、土壤和降水吸收氮、磷、钾等营养物质并贮存在植物体内各器官，其林木养分固持功能对降低下游水源污染及水体富营养化具有重要作用。而林木养分固持与林分的净初级生产力密切相关，林分的净初级生产力与地区水热条件也存在显著关联（Johan et al.，2000）。

赤峰市森林生态系统林木养分固持总物质量（包括氮、磷、钾的固持）为 19.48 万吨 / 年，相当于赤峰市当年农用化肥施用量 26.82 万吨（折纯）的 72.63%（图 3-3）

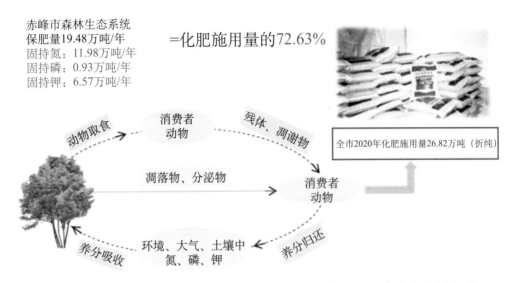

图 3-3 赤峰市森林生态系统林木养分固持物质量（数据来源于《赤峰市统计年鉴（2021）》）

3. 涵养水源

根据《内蒙古水资源公报（2021）》，赤峰市水资源严重匮乏，水资源的主要补给来源为大气降水，赋存形式为地表水、地下水和土壤水，可通过水循环逐年得到更新。赤峰市地表水资源量 26.88 亿立方米，地下水资源量 18.85 亿立方米，降水主要集中在夏季，占全年降水量的 70.00%，多年平均降水量仅为全国平均值的 50% 左右，属资源型缺水地区（内蒙古自治区水利厅，2022）。赤峰市森林生态系统涵养水源调节水量为 24.74 亿立方米 / 年，相当于赤峰市克什克腾旗达里诺尔湖湖泊库容（12.00 亿立方米）的 2 倍左右，略小于赤峰市红山水库设计库容（25.60 亿立方米）（图 3-4），赤峰市的森林生态系统充分发挥了绿色"水库"功能，对于维护赤峰市乃至全区的水资源安全起着举足轻重的作用。

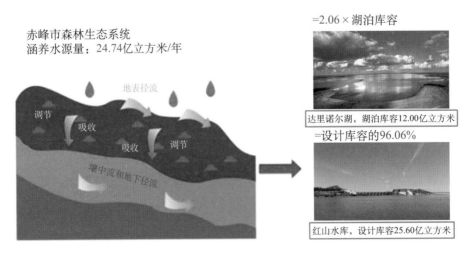

图 3-4 赤峰市森林生态系统调节水量（数据来源于《赤峰市水土保持公报（2020）》）

4. 固碳释氧

赤峰市拥有丰富的矿藏资源，适宜发展资源加工型产业。从近年来主要能源产量结构来看，2020年以来，煤炭产量所占比例不仅远远高于原油、天然气、水电等其他能源类产品，而且其比例仍在逐年提高（内蒙古自治区统计局，2023）。从《赤峰市统计年鉴（2021）》可知，2020年赤峰市工业能源消费总量为1102.96万吨标准煤，利用碳排放转换系数0.68（中国国家标准化管理委员会，2008）换算可知，赤峰市2020年工业能源碳排放量（碳当量）为750.01万吨，赤峰市森林生态系统固碳量为393.54万吨/年，相当于2020年赤峰市工业能源碳排放量的52.47%（图3-5），与工业减排相比，森林固碳投资少、代价低，更具有经济可行性和现实操作性。

赤峰市森林生态系统
固碳量：393.54万吨/年

固碳量相当于抵消了全市
工业能源碳排放量的52.47%

图3-5　赤峰市森林生态系统固碳物质量（数据来源于《赤峰市统计年鉴（2021）》）

5. 净化大气环境

内蒙古是我国重要的能源省份之一，在西部大开发政策的驱使下，内蒙古经济实现了跨越式发展，但与此同时，环境污染问题日益突出。据统计，2020年全自治区环境空气质量优良天数比率为90.8%，高于89.1%的国家考核要求；细颗粒物（$PM_{2.5}$）未达标的10个盟市平均浓度下降比例为25.0%，高于12.0%的国家考核要求。大气主要污染物二氧化硫、氮氧化物排放量均完成"较2015年分别下降11%"的考核要求。内蒙古自治区工业排放二氧化硫量为32.22万吨、氮氧化物量为36.31万吨（内蒙古自治区生态环境厅，2020），而赤峰市森林生态系统二氧化硫吸收量为45.82万吨/年、氮氧化物吸收量为1.56万吨/年，分别相当于内蒙古自治区工业二氧化硫和氮氧化物排放量的1.42倍和4.30%，表明森林具有一定的净化大气环境功能（图3-6、图3-7）。

赤峰市森林生态系统
吸收二氧化碳量45.82万吨/年

=1.42×排放量

内蒙古自治区2017年工业二氧化硫排放量32.22万吨

图3-6 赤峰市森林生态系统吸收二氧化硫物质量
（数据来源于《内蒙古自治区第二次全国污染源普查公报（2020）》）

赤峰市森林生态系统
吸收氮氧化物量1.56万吨/年
=4.30%×排放量

内蒙古自治区2017年工业氮氧化物排放量36.31万吨

图3-7 赤峰市森林生态系统吸收氮氧化物物质量
（数据来源于《内蒙古自治区第二次全国污染源普查公报（2020）》）

森林生态系统被誉为"大自然总调度室"，因其一方面对大气的污染物如二氧化硫、氟化物、氮氧化物、粉尘、重金属具有很好的阻滞、过滤、吸附和分解作用；另一方面，树叶表面粗糙不平，通过茸毛、油脂或其他黏性物质可以吸附部分沉降物，最终完成净化大气环境的过程，改善人们的生活环境，保证社会经济的健康发展（张维康，2015）。《内蒙古自治区第二次全国污染源普查公报（2020）》显示，赤峰市工业颗粒物排放量为17.95万吨/年，而赤峰市森林生态系统滞尘量7420万吨/年，远高于工业烟（粉）尘排放量。因此，应该充分发挥赤峰市森林生态系统滞尘作用，调控区域内空气中颗粒物含量，更大地发挥森林净化大气环境的作用。

6. 森林防护

赤峰地处三北地区，生态战略地位十分特殊，是护卫京津的重要生态安全屏障，也是全国、全自治区防沙治沙重点地区。防风固沙功能是自然生态系统重要的森林防护服务功能之一，生态系统中植被对风沙起到抑制和固定作用，为区域生产生活可持续发展创造条件。森林是风的强大障碍，它能把大风分散成许多小股气流，并改变它的方向。林带对风速的影响是非常明显的，当气流翻越林冠和穿绕树干时，因摩擦而消耗了部分动能，从而减小风速，使大风变成小风，暴风变成和风。另外，森林防护功能与树高、林冠表面形状与林分密度也有关。

森林能降低风速，固定流沙，保护农田，为农业生产创造有利条件，这是人们在多年实践中所认识到的一条自然"法则"。赤峰市全市森林生态系统防风固沙量2475.75万吨/年，其发挥的生态屏障功能有效地保障了京津冀地区生活生产安全。

（二）各旗县区生态产品物质量

优质生态产品是最普惠的民生福祉，是维系人类生存发展的必需品，森林生态系统产生的服务也是最普惠的民生福祉。依据国家标准《森林生态系统服务功能评估规范》（GB/T 38582—2020），对赤峰市现辖12个旗县区（敖汉旗、翁牛特旗、巴林右旗、阿鲁科尔沁旗、喀喇沁旗、克什克腾旗、巴林左旗、红山区、元宝山区、松山区、林西县、宁城县）的森林生态系统服务功能的物质量开展评估研究，进而揭示各旗县区森林生态系统服务的特征（表3-2）。

从森林生态系统服务功能物质量来看，赤峰市各旗县区的分布格局存在着规律性。从自然地理概况来看，赤峰市大体分为北部山地丘陵区、南部山地丘陵区、西部高平原区及东部平原区四个地形区，海拔300～2000米。东部在西拉木伦河与老哈河汇流处大兴三角地区，海拔高不足300米，为赤峰市地势最低地带；西部克什克腾旗、松山区和河北省围场县交界处的大光顶子山，海拔高2067米，为赤峰市第一高峰。河流基本顺自然地势自西而东，汇入西辽河入海。全市森林主要分布于北部的山地丘陵区和西部的高平原区，近1/3的森林资源分布于克什克腾旗和阿鲁科尔沁旗，分别占赤峰市森林资源的20.25%和12.74%。森林的冠层、根系及枯落物层，有效地固持土壤，降低了地表径流对土壤的冲蚀，减少林地土壤流失量，并起到较好的固土保肥的作用（图3-8）。

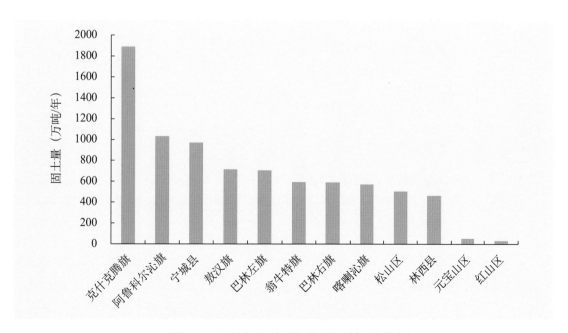

图3-8　赤峰市各旗县区固土量评估结果

表 3-2　赤峰市各旗县区森林生态产品物质量评估结果

旗县区	支持服务								调节服务									
	保育土壤								涵养水源(亿立方米/年)	固碳释氧(万吨/年)		提供负离子(×10²²个/年)	净化大气环境					
	保肥（万吨/年）					林木养分固持(万吨/年)							吸收气体污染物			滞尘		
	固土	减少氮流失	减少磷流失	减少钾流失	减少有机质流失	氮固持	磷固持	钾固持		固碳	释氧		吸收二氧化硫(万千克/年)	吸收氟化物(万千克/年)	吸收氮氧化物(万千克/年)	滞纳TSP(亿千克/年)	滞纳PM₁₀(万千克/年)	滞纳PM₂.₅(万千克/年)
敖汉旗	712.08	0.85	0.64	17.55	16.24	1.97	0.17	0.92	1.54	49.71	74.98	117.04	4649.94	159.52	130.19	56.75	249.05	99.62
翁牛特旗	590.52	0.23	0.17	13.48	4.07	0.97	0.09	0.43	1.68	26.30	47.26	53.24	2282.16	38.62	110.68	43.20	131.98	52.79
巴林右旗	587.28	0.65	0.50	15.25	12.96	0.65	0.04	0.41	1.73	27.76	47.16	60.48	2506.13	44.67	110.53	48.05	180.47	72.19
阿鲁科尔沁旗	1029.29	1.94	1.35	21.81	10.85	1.17	0.08	1.45	2.92	40.58	87.96	138.68	3636.05	81.54	196.97	97.51	422.82	169.13
喀喇沁旗	569.68	1.65	0.75	14.01	26.46	0.95	0.07	0.48	1.96	34.52	69.08	136.12	4656.46	238.28	117.83	56.82	333.53	133.41
克什克腾旗	1888.38	4.13	2.99	46.07	71.23	2.56	0.19	0.95	7.15	85.76	140.96	319.66	12197.02	426.21	374.10	212.59	962.75	385.10
巴林左旗	702.70	0.98	4.29	17.83	20.18	0.82	0.06	0.41	1.74	28.14	57.09	103.01	3140.43	87.83	133.75	65.60	325.59	130.24
红山区	30.32	0.03	0.03	0.76	0.59	0.06	0.00	0.02	0.07	1.95	3.28	4.89	170.05	5.40	5.56	1.89	9.20	3.68
元宝山区	52.12	0.03	0.11	1.20	0.46	0.12	0.01	0.03	0.14	4.00	6.61	10.92	416.32	16.33	9.54	4.44	21.67	8.67
松山区	504.36	1.20	0.47	11.35	20.72	0.79	0.08	0.31	1.42	26.57	44.43	76.9	2190.73	73.61	97.68	35.41	163.86	65.53
林西县	462.69	1.14	0.50	11.71	17.17	0.46	0.03	0.25	1.34	16.07	33.27	49.93	1939.00	37.32	87.64	31.62	141.94	56.78
宁城县	969.33	2.78	1.33	21.37	47.78	1.46	0.11	0.91	3.05	52.18	100.99	210.14	8031.08	336.66	187.24	88.12	599.10	239.62
合计	8098.75	15.61	13.13	192.39	248.71	11.98	0.93	6.57	24.74	393.54	713.07	1281.01	45815.37	1545.99	1561.71	742.00	3541.96	1416.76

从气候条件来看，赤峰市属温带半干旱大陆性季风气候区。大部分地区年平均气温为 0 ～ 7℃，全市年平均气温的分布由西北向东南递增。全市年平均降水量为 381 毫米，大部地区为 350 ～ 450 毫米。由于受地形和季风影响，降水量分布趋势自西南向东北逐渐减少。森林生态系统对降水进行二次分配，减缓径流的形成，起到较好的涵养水源的作用（图 3-9）。同时，海拔较高，日照充足，水热资源比较丰富，森林在光合作用过程吸收二氧化碳，蓄积在树干、根部及枝叶等部位，并释放出氧气，从而抑制大气中二氧化碳浓度的上升，体现出绿色减排的作用。在雨热同期、水分和温度因子适宜的情况下，植被光合作用会相对较强，能固定较多的二氧化碳，释放出更多的氧气，对固碳释氧生态服务功能起着积极作用（图 3-10）。

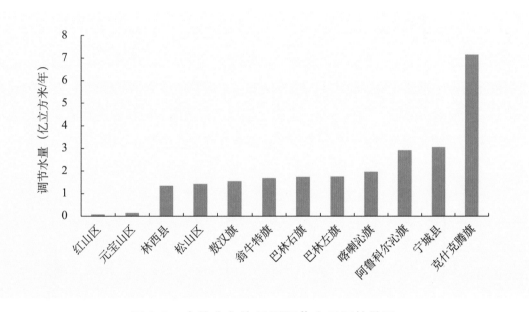

图 3-9 赤峰市各旗县区调节水量评估结果

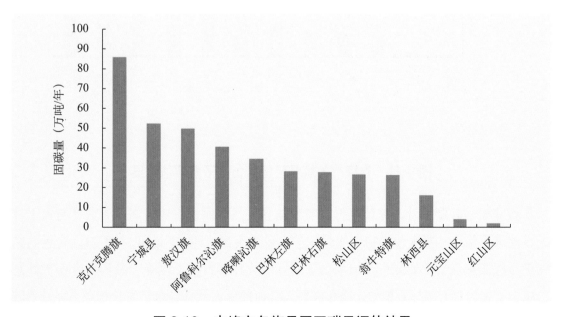

图 3-10 赤峰市各旗县区固碳量评估结果

赤峰市地形、气候以及水文地质条件复杂性决定了植被类型的多样性，赤峰市处于华北、东北以及蒙古植物区系的交接地带，各植物区系在市境内相互渗入，植被成分复杂，又具有一定的过渡性。主要植被类型可划分森林、灌丛草原、草甸草原、干草原、草甸、沼泽、沙生等植被。赤峰市南部地区多华北植物种类，东部多东北植物种类，北部多为大兴安岭植物种类。从主要植被类型来看，全市的针叶树种主要分布在克什克腾旗，其中全国仅存的十几万亩沙地云杉，有3.6万亩集中分布在克什克腾旗。作为针叶树种，其针状叶的等曲率半径较小，具有"尖端放电"功能，产生的电荷能够使空气发生电离从而产生更多的负离子。正是基于以上原因，使得克什克腾旗森林产生负离子的能力最强，产生负离子的量最多。优质的负离子资源，也使得克什克腾旗成为全市康养旅游产业的集中地区。近年来，康养旅游业始终是克什克腾旗倾力打造的重点产业，按照内蒙古自治区康养产业整体规划，克什克腾旗现已建成集文化、康养等多元素于一身的特色康养旗县（图3-11）。同时，亚太森林组织依托喀喇沁旗旺业甸实验林场，资助实施了"多功能林业示范项目"，打造的亚太森林小镇是一个集森林体验、森林康养、生态文化展示等功能为一体的多功能森林体验示范区。2022年，喀喇沁旗拟被认定为国家级全域森林康养试点建设县（市、区）。

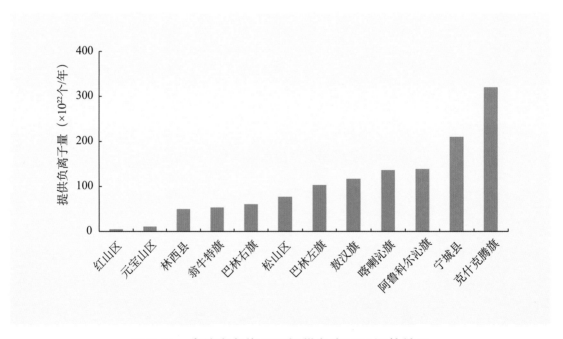

图 3-11　赤峰市各旗县区提供负离子量评估结果

　　从森林树种起源来看，克什克腾旗和宁城县天然林面积占比较高，天然林与人工林相比，在储碳、保土、蓄水及生物多样性保护上成效突出（Hua F et al.，2022）。自天然林资源保护工程实施以来，赤峰市相继推出了百万亩天然林封禁工程等一系列生态保护修复工程，减少了人为对天然林面积的砍伐和破坏，从而保证天然林在自然生长状态下保持着较厚的林下覆盖枯落物层，而在森林土壤中，大量的大孔隙是由植物根系在生长和死亡腐烂过程中形成的。这些大孔隙使得地表径流能够在土壤中迅速迁移，从而加速了土壤的渗透速度。天然林资源是国家森林资源的主体，在维护生态平衡、提高环境质量方面发挥着不可替代的作用。为了防止东北、内蒙古重蹈我国西部地区干旱、荒漠化的覆辙，恢复和发展生态功能，1998 年，国家林业局编制了《东北、内蒙古重点国有林区天然林资源保护工程实施方案》。2000 年 12 月 6 日，全国天然林资源保护工程正式启动。随着生态保护修复工程的实施，天然林结构更加完整，树种组成更加丰富，林龄结构更加合理，更有利于发挥森林生态服务功能价值。

从各旗县区所处重点生态区位来看，赤峰市是京津冀地区的重要屏障区，也是全国、全区防沙治沙重点地区。据第六次全国荒漠化防治和沙化调查结果显示，全市沙化土地面积 2661.9 万亩。《赤峰市"十三五"生态建设发展思路》强调，全市要依托京津风沙源治理、退耕还林等国家重点工程完成防沙治沙 500 万亩，年均 100 万亩。翁牛特旗位于科尔沁沙地西缘，全旗沙化土地面积占总面积的 40.8%，从 2009 年开始，翁牛特旗开创了"以路治沙"新模式，形成了"五横八纵""分域分区分割"的防沙治沙新格局。敖汉旗位于科尔沁沙地南缘，从 20 世纪 50 年代开始，进行了旷日持久的荒漠化防治，取得了举世瞩目的成绩。翁牛特旗和敖汉旗的森林生态系统服务功能物质量在各旗县区中也位居前列，二者固土量之和超过 1300 万吨 / 年，相当于红山水库平均输沙量（2900.00 万吨）的 44.92%；二者固碳量之和超过 70 万吨 / 年，相当于中和赤峰市工业能源碳排放量的 10.13%。可见，依托三北防护林建设、京津风沙源治理、退耕还林还草等国家重点生态工程的实施，森林生态系统发挥着重要作用。赤峰市沙化土地面积由 1994 年第一次荒漠化和沙化土地监测的 3995.67 万亩减少到 2661.9 万亩，减少了 1333.77 万亩。2021 年，国家林业和草原局发布《关于公布全国防沙治沙综合示范区保留名单的通知》，赤峰市成功保留了全国防沙治沙综合示范区的称号。

党的二十大报告强调了"中国式现代化是人与自然和谐共生的现代化"，明确了我国新时代生态文明建设的战略任务，总基调是推动绿色发展，促进人与自然和谐共生。在新形势、新环境、新机遇下，赤峰市要抓住时机，助力赤峰在浑善达克、科尔沁沙地歼灭战中承担更加艰巨的使命，加强森林在防风固沙、环境治理和减少雾霾方面的作用，加速森林资源的培育进程，提升森林资源的质量，优化森林资源的结构，以确保森林资源能够持续、快速和健康发展。

（三）优势树种（组）生态产品物质量

不同优势树种（组）发挥着不同的生态系统服务功能（表 3-3）。据《赤峰市第三次全国国土调查主要数据公报》显示，赤峰市林地面积 329.95 万公顷，其中灌木林地面积达到 161.69 万公顷，占比 49.00%。赤峰市各优势树种（组）中，灌木林组的各服务功能均位居前列。据评估显示，赤峰市灌木林组固土量超过 4000 万吨 / 年，占固土总量的 52.52%。灌木是森林和灌丛生态系统的重要组成部分，地上枝条再生能力强，地下根系庞大，具有耐

表 3-3　赤峰市各优势树种（组）生态产品物质量评估结果

各优势树种（组）	支持服务									调节服务									
	保育土壤（万吨/年）						林木养分固持（万吨/年）			涵养水源（亿立方米/年）	固碳释氧（万吨/年）		提供负离子（×10²² 个/年）	净化大气环境					
		保肥												吸收气体污染物			滞尘		
	固土	减少氮流失	减少磷流失	减少钾流失	减少有机质流失	氮固持	磷固持	钾固持		固碳	释氧		吸收二氧化硫（万千克/年）	吸收氟化物（万千克/年）	吸收氮氧化物（万千克/年）	滞纳TSP（亿千克/年）	滞纳PM₁₀（万千克/年）	滞纳PM₂.₅（万千克/年）
经济林组	137.77	0.29	0.19	3.34	4.32	0.15	0.01	0.08	0.31	5.24	8.65	11.02	197.55	5.32	12.38	15.23	75.51	30.20
灌木林组	4253.12	5.97	7.58	101.49	75.57	3.22	0.26	1.85	11.31	108.38	233.64	228.07	16348.94	66.33	795.97	183.07	804.72	321.89
云杉组	17.05	0.05	0.06	0.51	0.96	0.03	0.00	0.01	0.06	0.86	0.93	6.29	312.95	10.54	3.16	2.24	10.12	4.05
落叶松组	282.53	0.85	0.35	6.81	14.71	0.81	0.05	0.49	1.26	30.45	67.93	165.37	3307.12	319.79	95.94	67.87	349.21	139.68
樟子松组	11.43	0.01	0.01	0.27	0.22	0.03	0.00	0.01	0.06	0.98	0.99	10.93	133.79	12.94	3.88	3.10	14.13	5.65
油松组	672.71	1.45	0.36	15.95	25.08	1.43	0.10	0.75	2.22	41.44	87.68	173.51	10340.70	423.49	127.05	80.19	457.37	182.95
柏木组	0.21	0.00	0.00	0.00	0.01	0.00	0.00	0.00	0.00	0.01	0.02	0.03	3.20	0.06	0.04	0.04	0.13	0.03
栎类	545.07	0.97	1.53	11.58	18.03	0.63	0.05	0.49	1.93	20.72	76.73	172.01	1348.37	115.86	106.95	119.57	598.90	239.56
桦木组	1065.25	3.98	1.74	25.29	75.79	1.93	0.15	0.75	4.58	59.76	68.66	259.01	10492.27	404.05	205.45	182.41	879.32	351.73
榆树组	149.67	0.30	0.21	3.73	4.93	0.36	0.03	0.25	0.57	10.65	21.07	47.22	370.20	31.81	29.36	37.05	164.43	65.77
其他硬阔组	75.12	0.18	0.11	1.75	3.02	0.22	0.02	0.10	0.26	6.98	10.00	18.12	177.95	38.57	13.94	7.43	14.09	5.64
椴树组	0.74	0.00	0.00	0.02	0.04	0.01	0.00	0.00	0.00	0.15	0.29	0.42	3.67	0.20	0.26	0.05	0.26	0.10
杨树组	774.47	1.31	0.86	18.99	22.21	2.87	0.24	1.61	1.75	92.50	109.47	154.42	2451.98	101.46	144.94	36.56	142.04	56.82
柳树组	10.08	0.02	0.01	0.25	0.25	0.02	0.00	0.02	0.04	0.74	1.42	3.18	24.94	2.14	1.98	2.79	11.08	4.43
其他软阔组	10.70	0.02	0.01	0.25	0.42	0.01	0.00	0.01	0.03	0.18	0.03	2.69	41.11	0.17	2.00	0.38	2.02	0.81
针叶混组	57.70	0.14	0.04	1.30	2.11	0.15	0.01	0.07	0.17	9.64	12.33	15.44	136.08	7.46	9.61	2.09	9.73	3.89
阔叶混组	17.48	0.04	0.02	0.44	0.54	0.07	0.01	0.07	0.12	2.17	5.28	8.93	82.92	4.54	5.86	1.35	5.93	2.37
针阔混组	17.65	0.03	0.05	0.42	0.50	0.04	0.00	0.02	0.07	2.69	7.95	4.35	41.63	1.26	2.94	0.58	2.97	1.19
合计	8098.75	15.61	13.13	192.39	248.71	11.98	0.93	6.57	24.74	393.54	713.07	1281.01	45815.37	1545.99	1561.71	742.00	3541.96	1416.76

寒、耐热、耐贫瘠、易繁殖、生长快的生物学特性。在实施的三北防护林体系工程建设、京津风沙源治理等一批重点生态工程中，赤峰市探索出以造林、封育、飞播相结合，乔木、灌木、草类相搭配等治沙模式。在赤峰地区，人工固沙植被多数以柠条、山杏、沙棘为主，特灌林建立起了比较好的固沙植被覆盖。

杨树作为赤峰市的主要造林树种，同时也是三北防护林体系建设工程常用树种，在改善生态环境、维护地区生态稳定中起着重要作用，同时发挥着重要的生态系统服务功能。经评估显示，杨树固碳物质量超过 90.00 万吨 / 年，其固碳释氧功能在乔木树种中最为突出。杨树林表现为随着林龄的增加，植被碳密度持续增加，且进入成熟林后生长速率依旧较大，说明其具有较高的固碳能力（罗雷等，2022）。生长速度快的特性，使得杨树在赤峰市"四旁"植树造林中成果斐然，赤峰市森林资源优势树种的现状中，作为主要造林树种的杨树目前在森林资源面积和蓄积量上占绝对优势，在固碳释氧、防风固沙方面起到了不可磨灭的作用。

桦树主要分布于赤峰市原始林区，不但可以进行种子繁殖，而且无性萌蘖力强，常在落叶松采伐迹地和过火林地段生长，出现在湿润的凹形缓坡上形成的次级群落，与落叶松形成针阔混交林。经评估显示，桦树的涵养水源物质量 4.58 亿立方米 / 年，相当于赤峰市克什克腾旗达里诺尔湖湖泊库容（12.00 亿立方米）的 38.17%。不同林分类型土壤平均最大持水量、平均毛管持水量和非毛管持水量综合排序依次为云杉＞桦树＞樟子松＞落叶松（马成武，2018）。同时，根据森林资源面积统计显示，桦树在资源面积和蓄积量上仅次于杨树。可见，桦树在涵养水源方面具有巨大潜力。

油松是赤峰地区的乡土树种。经评估显示，油松的固土物质量 672.71 万吨 / 年，涵养水源物质量为 2.22 亿立方米 / 年，在各优势树种（组）中突出。油松作为造林树种在水土流失防治中起到积极的作用，而根系作为油松的支持器官在固土过程中起到了重要的作用（洪德伟，2020）。油松林下草本植物繁茂，但在旱季和雨季中均显著促进了油松 0 ~ 1 毫米细根的生长和生物量积累（谢子涵，2022）。

落叶松、油松等针叶树种在净化大气环境、提供空气负离子方面发挥了重要作用。研究表明，针叶树较阔叶树有更强的滞尘能力。这主要与树种的特性有关，与阔叶树种相比，针叶树气孔密度和叶面积指数大，叶片表面粗糙有茸毛、分泌黏性油脂和汁液等较多，污染物易在叶表面附着和滞留（Neihuis et al.，1998；牛香，2017），使得针叶树种吸收污染气体量相对较大。而影响负离子产生的因素主要有几个方面：第一，宇宙射线是自然界产生负离子的重要来源，海拔越高则负离子浓度增加得越快；第二，与植物的生长息息相关，植物的生长活力高，则能够产生较多的负离子，这与"年龄依赖"假设吻合（Tikhonov et al.，2004）；第三，叶片形态结构不同也是导致产生负离子量不同的重要原因，针叶树曲率半径较小，具有"尖端放电"功能，且产生的电荷能使空气发生电离从而产生更多的负离子（牛香，2017）。

二、湿地生态产品物质量

（一）生态产品总物质量评估结果

湿地是分布于陆地生态系统和水域生态系统之间，具有独特水文、土壤与生物特征，兼具水陆生态作用过程的生态系统，是地球生命支持系统的重要组成单元之一。湿地所提供的粮食、鱼类、木材、纤维、燃料、水、药材等产品，以及净化水源、改善水质、减少洪水和暴风雨破坏、提供重要的鱼类和野生动物栖息地、维持整个地球生命支持系统的稳定等服务功能，是人类社会发展的基本保证。近年来，随着工农业的迅猛发展和城市化进程的不断加快，湿地利用与保护之间的矛盾日益突出。从对湿地资源的有效保护和可持续利用角度出发，如何科学地评价湿地生态系统服务功能及其价值已成为湿地生态学与生态经济学急需研究的问题之一。对湿地生态系统进行服务功能评估，有利于为赤峰市湿地资源保护与开发决策的制定提供生态经济理论支持。赤峰市湿地生态产品各项功能物质量见表3-4。

表3-4　赤峰市湿地生态系统生态产品物质量评估结果

服务类别	功能类别	指标	结果
支持服务	保育土壤	减少泥沙淤积（万吨/年）	134.41
		减少氮流失（万吨/年）	0.04
		减少磷流失（万吨/年）	0.05
		减少钾流失（万吨/年）	4.29
		减少有机质流失（万吨/年）	0.58
	水生植物养分固持	氮固持（万吨/年）	0.92
		磷固持（万吨/年）	0.006
		钾固持（万吨/年）	0.61
调节服务	调蓄洪水	调节水量（亿立方米/年）	7.42
	固碳释氧	固碳（万吨/年）	5.40
		释氧（万吨/年）	13.66
	降解水体污染物	降解COD量（万吨/年）	7.85
		降解氨氮量（万吨/年）	0.66
		降解总磷量（万吨/年）	0.13
供给服务	提供产品	水生植物（万吨/年）	21.33
		水生动物（万吨/年）	1.30
	湿地水源供给	水源供给（亿立方米/年）	2.02

（二）各旗县区生态产品物质量

各旗县区湿地生态产品物质量评估结果见表3-5。

表 3-5　各旗县区湿地生态产品物质量评估结果

旗县区	支持服务								调节服务							供给服务		
	保育土壤（吨/年）			水生植物养分固持（吨/年）			洪水调蓄（亿立方米/年）	固碳释氧（吨/年）		降解污染（吨/年）			水生植物（吨/年）	产品供给				
	减少泥沙淤积	保肥													水生动物（吨/年）	水源供给（亿立方米/年）		
		减少氮流失	减少磷流失	减少钾流失	减少有机质流失	氮固持	磷固持	钾固持		固碳	释氧	COD	氨氮	总磷				
敖汉旗	6174.51	1.43	0.78	140.16	25.01	42.06	0.29	28.19	0.02	248.21	627.37	360.65	30.34	6.07	979.77	775.00	0.01
翁牛特旗	77211.91	8.80	9.73	1752.71	124.31	525.94	3.59	352.57	0.42	3103.83	7845.18	4509.95	379.40	75.96	12251.97	2150.00	0.11
巴林右旗	168221.05	59.21	58.88	5652.23	965.59	1145.85	7.83	768.14	0.88	6762.30	17092.24	9825.80	826.60	165.50	26693.28	2050.00	0.24
阿鲁科尔沁旗	231306.59	104.55	85.58	8419.56	1732.49	1575.57	10.77	1056.21	1.17	9298.27	23502.10	13510.62	1136.59	227.56	36703.68	1439.00	0.32
喀喇沁旗	1216.79	0.38	9.73	1.58	5.71	8.29	0.06	5.56	0.01	48.91	123.63	71.07	5.98	1.20	193.08	82.00	0.00
克什克腾旗	649434.90	105.21	253.28	21431.35	1792.44	4423.69	30.23	2965.50	3.95	26106.55	65986.38	37933.51	3191.18	638.92	103052.19	2810.00	1.07
巴林左旗	134818.12	31.26	16.99	3060.37	546.01	918.33	6.28	615.62	0.58	5419.54	13698.31	7874.73	662.47	132.64	21392.91	801.00	0.16
红山区	—	—	—	—	—	—	—	—	—	—	—	—	—	—	—	—	—
元宝山区	1797.77	0.42	0.23	40.81	7.28	12.25	0.08	8.21	0.01	72.27	182.66	105.01	8.83	1.77	285.27	100.00	0.00
松山区	1428.35	0.33	0.18	32.42	5.78	9.73	0.07	6.52	0.01	57.42	145.13	83.43	7.02	1.41	226.65	1150.00	0.00
林西县	61226.33	35.89	26.94	2106.20	581.04	417.03	2.84	279.58	0.31	2461.23	6220.95	3576.24	300.86	60.23	9715.38	600.00	0.09
宁城县	11271.57	8.39	55.23	299.82	13.41	76.78	0.52	51.47	0.06	453.10	1145.26	658.37	55.39	11.09	1788.57	998.00	0.02
合计	1344107.89	355.87	517.55	42937.21	5799.07	9155.52	62.56	6137.57	7.42	54031.63	136569.21	78509.38	6604.66	1322.35	213282.75	12955.00	2.02

　　湿地生态系统是在多水的条件下，多种自然因素的共同作用下形成的。一个流域的湿地发育情况以及湿地面积的大小是该流域自然条件的综合特征之一，而湿地对径流的影响则是通过湿地本身的特殊性表现出来的。湿地是陆地上的天然蓄水库，湿地对洪水的控制就像是放置于水体与陆地之间的一块巨大的海绵，能够快速吸收大量降水和上游径流，并将其缓慢渗透入土壤，从而起到减缓径流速率和减少径流量的作用，通常表现为蓄积洪水、减缓流速、削减洪峰和延长水流时间等。湿地土壤的孔隙度大，储水能力高，可以吸收大于本身重量 3～9 倍或者更高的蓄水量（许林书等，2005）。湿地的面积越大，其蓄积洪水、减缓流速的能力也就越强，即便是在湿地达到饱和状态的情况下，湿地植被仍能起到调节径流的作用，从而保障下游地段人类的生命财产安全。湿地生态系统在蓄水防旱、调蓄洪水方面发挥着重要的绿色"水库"功能。克什克腾旗调蓄洪水量最高，占区域总量的53.23%（图 3-12）。

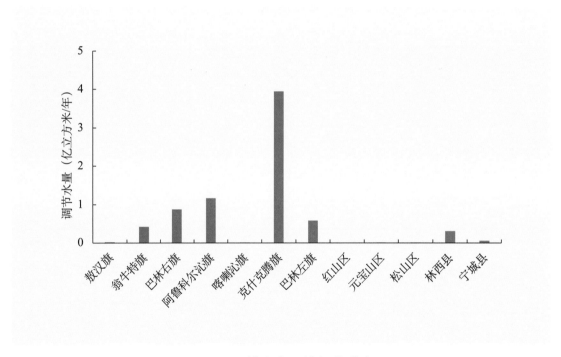

图 3-12　湿地生态系统调蓄洪水量

　　湿地植物的光合作用这一初级生产过程吸收二氧化碳合成有机物并释放氧气，起到调节大气成分、减缓全球变暖的作用。湿地生态系统中的动物、植物和微生物在生命代谢过程中，通过呼吸作用从大气中吸收氧气，而只有绿色植物能够进行光合作用释放出氧气，同时湿地土壤具有较强的固碳作用。联合国政府间气候变化专门委员会研究表明，湿地土壤固碳能力远远大于湿地植物，湿地土壤单位面积固碳量大约是湿地植物的 15 倍。

　　由于全球气候变化引起的一系列问题越来越受到国际社会的关注，而湿地生态系统在缓解气候变化方面发挥着重要的绿色"碳库"功能。湿地在植物生长、促淤造陆等生态过程中积累了大量的无机碳和有机碳，加上湿地土壤水分过饱和的状态，具有厌氧的生态特性，土壤微生物以嫌气菌类为主，微生物活动相对较弱，所以碳每年大量堆积而得不到充分的分解，逐年累月形成了富含有机质的湿地土壤。赤峰市各旗县区湿地生态系统固碳功能物质量约为 5.40 万吨 / 年，克什克腾旗湿地生态系统固碳量最高，其次是阿鲁科尔沁旗、巴林右旗和巴林左旗，固碳量占比均在 10.00% 以上（图 3-13）。

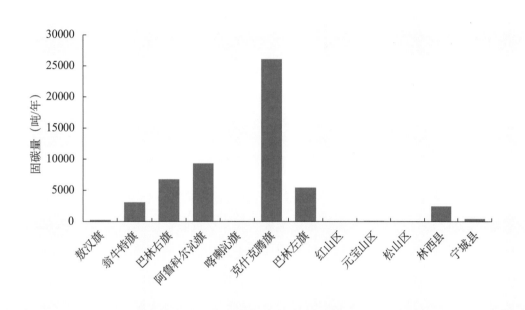

图 3-13 湿地生态系统固碳物质量

湿地生态系统本身特有的物理化学性质使其具有强大的净化功能，尤其对于有机污染物、氮、磷、重金属等的吸收、转化等具有较高的效率。湿地净化水质的功能实质上就是把流经湿地的溪水、河水中的悬浮物、营养物、有害物质固定和沉积在湿地生态系统中。湿地的这种去除营养物和有害污染物的能力是其结构与功能独特组合的结果，主要包括以下几方面：湿地内浅水、低流速的条件及植被的物理过滤作用利于泥沙的沉积；湿地提供了化学、微生物过程的基质，促进了营养物的去除和储存；湿地中厌氧性和需氧性过程对水中一些化学物质的转化和转移作用；湿地内植物的高生产力导致湿地植被有较高的矿物质吸收率，微生物、营养物质（氮、磷等）利于湿地植物生长发育；湿地中存在的大量分解过程通过把污染物质转化成无害物质，进一步增强了湿地改善水质的能力；湿地中水和沉积物的大面积接触，促进了湿地对污染物质的吸收；许多湿地中有机碳的积累也导致了化学物质的沉积。赤峰市各旗县区降解污染物的物质量约为 8.64 万吨 / 年，如图 3-14 所示，最高为克什克腾旗，降解污染物物质量超过 4.00 万吨 / 年；其次为阿鲁科尔沁旗和巴林右旗，降解污染物物质量超过 1.00 万吨 / 年。

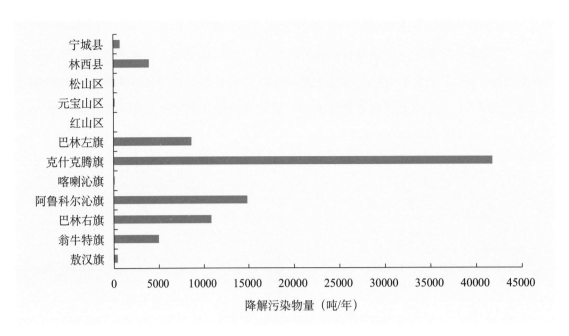

图 3-14　湿地生态系统降解污染物物质量

　　湿地植被的根系及堆积的植物体对湿地土壤有稳固作用，湿地植被可以削减水流的冲力，拦蓄沉降沉积物。茂密的植被，加之地表有积水层或长期湿润，水流缓慢，使湿地土壤免受风蚀和水蚀的侵害。保育土壤功能是湿地生态系统通过植被消减雨水的侵蚀能量，增加土壤抗蚀性，从而减轻土壤侵蚀、减少土壤流失、保持土壤的功能。土壤侵蚀可导致土壤和养分的流失、土地贫瘠、土层变薄、宜耕地减少等问题，保育土壤功能在维护区域生态安全中具有重要作用。赤峰市各旗县区减少泥沙淤积的物质量约为 134.41 万吨 / 年，如图 3-15 所示，最高为克什克腾旗，物质量超过 60.00 万吨 / 年。

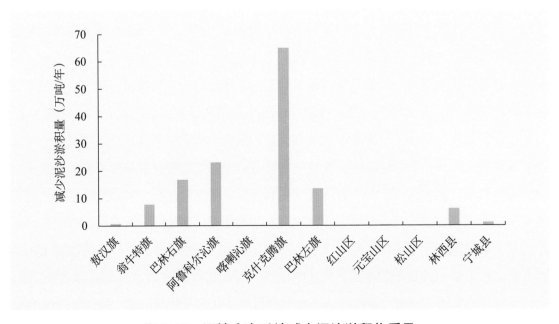

图 3-15　湿地生态系统减少泥沙淤积物质量

三、草地生态产品物质量

（一）生态产品总物质量评估结果

草地被称为"地球的皮肤"，是陆地上面积最大的生态保护屏障，其特有的防风固沙、涵养水源、保持水土、净化空气以及维护生物多样性等综合功能，在保护生态安全方面具有不可替代的作用。同时，草地也是地球上最脆弱的生态资源，广泛分布在其他植被类型难以延伸的干旱、高寒等自然环境最为严酷的广阔地域，一旦遭到破坏，恢复的难度将远远大于海洋、森林、湿地等生态系统，甚至无法还原。对草地生态系统进行服务功能评估有助于帮助政府制定生态补偿政策，促进资源的合理利用与可持续发展。赤峰市草地生态系统生态产品物质量见表3-6。

表3-6　赤峰市草地生态系统生态产品物质量评估结果

服务类别	功能类别	指标		结果
支持服务	保育土壤	减少土壤风力侵蚀（万吨/年）		12259.54
		减少氮流失（万吨/年）		16.87
		减少磷流失（万吨/年）		7.78
		减少钾流失（万吨/年）		321.03
		减少有机质流失（万吨/年）		278.16
	草本植物养分固持	氮固持（万吨/年）		5.82
		磷固持（万吨/年）		0.48
		钾固持（万吨/年）		1.64
草产品提供	涵养水源	调节水量（亿立方米/年）		7.54
	固碳释氧	固碳（万吨/年）		162.30
		释氧（万吨/年）		458.11
	净化大气环境	吸收气体污染物	吸收二氧化硫（万千克/年）	5699.06
			吸收氟化物（万千克/年）	307.75
			吸收氮氧化物（万千克/年）	1575.78
		滞尘	滞纳TSP（亿千克/年）	3.15
			滞纳PM_{10}（万千克/年）	18.91
			滞纳$PM_{2.5}$（万千克/年）	13.24
供给服务	提供产品	草产品提供（万吨/年）		865.09

（二）各旗县区生态产品物质量

各旗县区草地生态产品物质量评估结果如表3-7所示。

表 3-7 旗县区草地生态产品物质量评估结果

旗县区	支持服务								调节服务										供给服务
	保育土壤（万吨/年）					草本植物养分固持（万吨/年）			涵养水源（亿立方米/年）	固碳释氧（万吨/年）		净化大气环境（万千克/年）						草产品提供（万吨/年）
		保肥										吸收气体污染物			滞尘			
	减少土壤风力侵蚀	减少氮流失	减少磷流失	减少钾流失	减少有机质流失	氮固持	磷固持	钾固持		固碳	释氧	吸收二氧化硫	吸收氟化物	吸收氮氧化物	滞纳TSP	滞纳PM$_{10}$	滞纳PM$_{2.5}$	
阿鲁科尔沁旗	2553.53	2.30	1.20	63.75	39.84	12115.65	991.88	3426.27	1.46	33.81	98.41	1187.05	64.10	328.22	6564.34	3.94	2.76	185.86
敖汉旗	325.73	0.48	0.27	8.89	8.15	1545.47	126.52	437.07	0.15	4.29	12.46	151.41	8.18	41.87	837.34	0.49	0.35	23.54
巴林右旗	1942.31	2.28	1.57	56.47	37.74	9215.62	754.46	2606.15	1.15	25.71	70.04	902.92	48.76	249.65	4993.08	3.00	2.10	132.27
巴林左旗	842.65	0.82	0.63	25.13	13.39	3998.09	327.31	1130.65	0.41	11.16	36.29	391.72	21.15	108.31	2166.19	1.30	0.91	68.53
元宝山区	37.83	0.06	0.03	1.03	0.95	179.51	14.70	50.76	0.02	0.50	1.59	17.59	0.95	4.86	97.26	0.06	0.04	3.01
松山区	601.00	1.32	0.30	14.18	23.14	2851.53	233.45	806.40	0.38	7.96	23.80	279.38	15.09	77.25	1544.98	0.93	0.65	44.95
喀喇沁旗	140.39	0.42	0.02	3.52	7.36	666.11	54.53	188.37	0.09	1.86	5.27	65.26	3.52	18.05	360.90	0.22	0.15	9.96
克什克腾旗	4388.67	6.82	2.72	108.51	119.04	20822.80	1704.71	5888.63	3.02	58.10	162.48	2040.15	110.17	564.10	11281.92	6.77	4.74	306.84
林西县	184.07	0.12	0.11	4.79	2.10	873.35	71.50	246.98	0.11	2.44	6.81	85.57	4.62	23.66	473.19	0.28	0.20	12.88
宁城县	147.78	0.90	0.12	3.16	3.70	701.16	57.40	198.29	0.08	1.96	5.27	68.70	3.71	18.99	379.90	0.23	0.16	9.95
翁牛特旗	1093.61	1.35	0.81	31.55	22.70	5188.84	424.80	1467.39	0.67	14.48	35.64	508.39	27.45	140.57	2811.35	1.69	1.18	67.30
红山区	1.97	<0.01	<0.01	0.05	0.05	9.35	0.77	2.64	<0.01	0.03	0.05	0.92	0.05	0.25	5.07	<0.01	<0.01	<0.01
合计	12259.54	16.87	7.78	321.03	278.16	58167.48	4762.03	16449.60	7.54	162.30	458.11	5699.06	307.75	1575.78	31515.52	18.91	13.24	865.09

　　草地生态系统凭借其地面覆盖、土壤疏松多孔和由细根组成的庞大根系，在降水时不易形成地表径流，显著地增加壤中流，能够起到良好的截留降水和净化水质的作用，并可以补充地下水和调节河川流量，而且比空旷裸地具有更高的渗透性和保水能力，对涵养土地中的水分有着重要的意义。此外，草本植物生长迅速，茎叶繁茂，可以遮挡雨水，避免暴雨直接击打地面；株丛密集，加大地面糙率，阻缓径流，拦截泥沙；根系发达，纵横交错，形成紧密的根网，可以疏松土壤，提高土壤的透水性和渗透速度，加大渗透量和蓄水保墒能力，固结土壤，抵抗侵蚀。同时，草本植物遗留在地下的残根和地面的枯枝败叶，给土壤带来丰富的有机物，这些有机物，经过分解，形成腐殖质，使土壤团粒显著增加，改善了土壤的理化性质，也极大增强了土壤本身的防侵蚀能力。据测定，生长一年的草木樨地较一般农地容重平均减小 4.50%，孔隙度增大 3.30%，入渗量和入渗率增加 51.00%，这样渗透的雨水增多了，渗透的速率加快了，地表径流就减少了，径流对土壤的侵蚀也随之减小（图 3-16、图 3-17）。

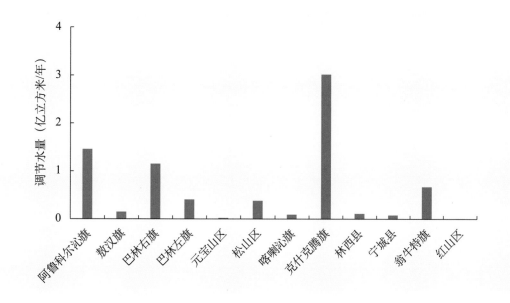

图 3-16　草地生态系统调节水量

　　草地生态系统通过植物光合作用、微生物化能自养以及土壤碳沉积等方式将二氧化碳固定在植被和土壤中，从而增加草地生态系统的碳吸收贮存能力，减少大气中的二氧化碳浓度，对维持地球大气中的二氧化碳和氧气的动态平衡、减少温室效应以及提供人类生存的基本条件有着不可替代的作用。研究表明，草地是个巨大的碳库，全球草地总碳储量约为 308 × 10^{15} 克，其中约 92% 储存在土壤中（Schuman et al., 2002）。赤峰市各旗县区草地生态系统碳捕获量为 162.30 万吨 / 年。由于草具有"一岁一枯荣"的特点，用赤峰市草地生态系统碳捕获量减去产草量，得出草地生态系统碳封存量为 27.57 万吨。固碳量中，克什克腾旗固碳物质量最高，占比在 35.80%；其次是阿鲁科尔沁旗和巴林右旗，固碳量均在 25.00 万吨 / 年以上，二者固碳量合计占全区域的 36.67%（图 3-18）。

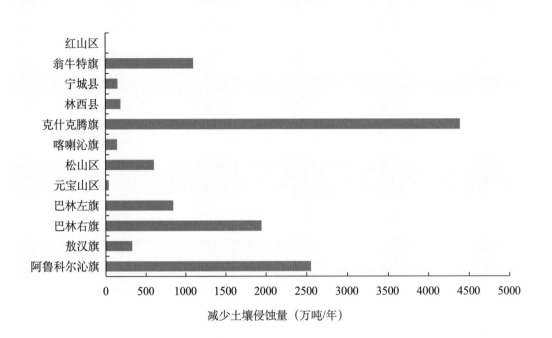

图 3-17　草地生态系统减少土壤侵蚀量

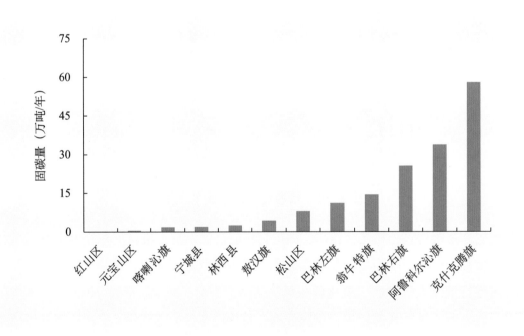

图 3-18　草地生态系统固碳物质量

　　草地生态系统吸收二氧化硫、氟化物、氮氧化物等大气污染物，同时吸附滞纳、过滤空气颗粒物，发挥着净化大气环境功能。赤峰市各旗县区吸收气体污染物的物质量为7582.59 万千克／年（图 3-19），最高的为克什克腾旗，占比达到 35.80%；其次为阿鲁科尔沁旗和巴林右旗，二者吸收气体污染物之和占总量的 36.67%。赤峰市滞纳 TSP 物质量为 3.15 亿千克 / 年，最高的旗县区为克什克腾旗，超过了 1.00 亿千克 / 年；其次为阿鲁科尔沁旗超过了 6000 万千克 / 年，二者滞纳 TSP 量之和占总量的比超过了 55.00%（图 3-20）。

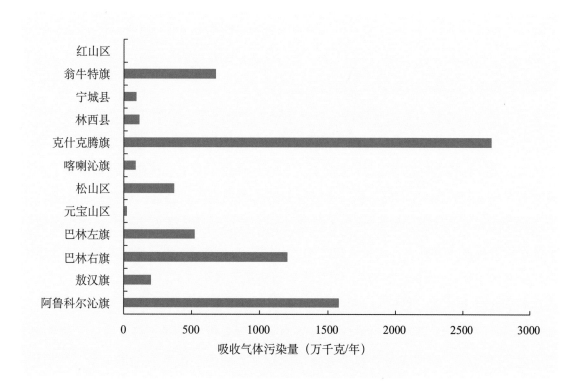

图 3-19　草地生态系统吸收气体污染量

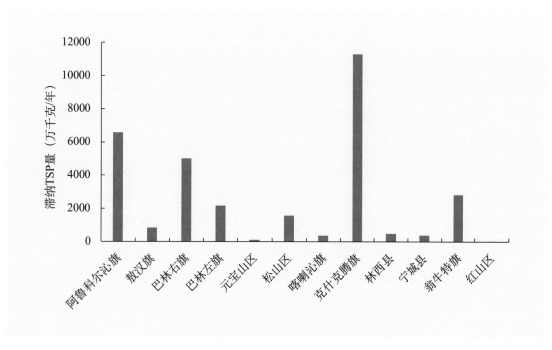

图 3-20　草地生态系统滞纳 TSP 量

四、生态空间生态产品物质量

赤峰市生态空间固土量（保育土壤、减少泥沙淤积）为 20492.70 万吨 / 年，保肥量为 1098.64 万吨 / 年，调节水量 32.28 亿立方米 / 年（森林和草地生态系统），固碳量 561.24 万吨 / 年，养分固持量 28.96 万吨 / 年。近年来，赤峰市始终坚持将生态文明建设作为重要工作之一，认真贯彻习近平生态文明思想，紧紧围绕建设我国北方重要生态安全屏障的战略定位，全面落实党中央、国务院和自治区关于加强生态文明建设的各项决策部署，不断加大生态环境保护力度，推动全市生态环境质量持续改善。

赤峰市退耕地还林和荒山荒地造林后，影响了当地水文、土壤气候等因子的物理、化学和生态过程，促进了生态系统的良性循环，改善了生态环境质量，有效地涵养了水源，减少了水土流失。森林面积的增加有效地降低了风速，保持了水土，从而有效地减少了大风及沙尘暴的发生次数和天数。2022 年，29.74% 的国土面积划入生态保护红线。全年造林 26.6 万亩、种草 108 万亩、防沙治沙 60 万亩、水土流失综合治理 173 万亩；中心城市环境空气质量优良天数提高至 356 天，优良天数比例为 97.5%，环境空气质量持续改善；地表水国控断面达标率为 100%，优良比例为 87.5%，达到历史最好水平。

生态系统服务的实际供给与人类需求的关系可以用生态系统服务供需比表示，用以反映地区间的供需特征。供需比正值代表该生态系统服务供大于求，等于 0 表示供需平衡，负值表示供不应求。研究人员计算了赤峰市固碳服务和固土服务的供需关系（焉恒琦等，2022），从各县（旗）分布情况可以看出，赤峰市区碳固持服务需求最高，克什克腾旗最低。固碳服务需求高值区分布在赤峰市的红山区与元宝山区，这可能与人口聚集和商业发达程度有关，但固碳功能的供给量大于需求量，供需比在 0.13 ~ 0.36。就固土服务而言，巴林右旗和林西县的固土需求分列前两位，巴林左旗、克什克腾旗及赤峰市区次之，而敖汉旗的最低。固土需求高值区分布与固土供给高值区大致相同，供需比在 0.11 ~ 0.61。生态系统服务供需情况分别取决于当地自然环境状况与人口、社会经济发展。固碳和固土供给高的地区均为森林、湿地和草地生态系统分布较多地区。人口集中且密集地区各生态系统服务需求都处于高水平，反之处于低水平。

生态系统服务供需关系对环境决策方面有重要作用，其结果可对优先保护区域的划定或集中区域管理干预等有借鉴意义。应对生物多样性丰富与生态产品供给能力较强的地区进行优先保护。同时，也要加强邻近区域的生态保护，作为优先保护区域的缓冲区。从克什克腾旗东部、赤峰市区西部、喀喇沁旗大部、宁城县西部到敖汉旗南部为林区，这些地区是高供给、低需求的生态保育区，应继续实施退耕还林、封山育林等政策。可以降低人类活动干扰，缓解林区生态压力，从而提高森林覆盖率，为恢复和提升生态系统功能创造条件。

第二节　农田生态系统生态产品物质量评估结果

农田生态系统提供粮食、蔬菜、水果等多种农作物以及油料和甜菜等经济作物，农作物和上述经济作物的产量即为农田生态系统农作物供给功能和原料供给功能实物量的结果，该部分数据主要来源于《赤峰市统计年鉴 (2021)》，在第二章第二节已列出，此处不作赘述。

此外，以作物秸秆为主的农副产品则支撑起了独具特色的中国农村家庭副业生产。秸秆资源作为储量巨大的生物质能源，是很好的能源替代品。据研究表明，中国秸秆资源年产 7.00 亿吨左右，秸秆的热值是化石燃料的一半，所以这些秸秆就相当于 3.5 亿吨标准煤（李逸辰，2015）。近年来，在国家惠农政策的支持下，农业连年丰收，农作物秸秆产量也在逐年增加，且秸秆随意丢弃、焚烧现象严重，带来一系列的环境问题。为加快推进赤峰市秸秆综合利用进程，稳定农牧业生态平衡、缓解资源条件约束、减轻环境压力，赤峰市农牧业机械化研究推广服务中心与敖汉旗、巴林左旗等部分旗县区农机局和推广站密切合作，多次实地调研考察，加强宣传，不断提高农牧民秸秆综合应用的认识水平，着力引进和推广适宜赤峰市秸秆收集加工机械，探索适宜赤峰市秸秆综合利用机械化技术。目前，秸秆综合利用方式已进入传统秸秆利用方式向新型秸秆转化技术模式过渡的阶段。

经核算，赤峰市农作物秸秆理论资源量为 677.19 万吨，可收集秸秆资源量为 614.68 万吨，综合利用量 552.17 万吨，相当于 304.45 万吨标准煤。其中，农作物秸秆饲料化利用 370.24 万吨，秸秆肥料化利用 132.44 万吨，秸秆燃料化利用 19.67 万吨，共减少二氧化硫排放 0.42 万吨，减少二氧化碳排放 40.45 万吨，减少一氧化氮排放 0.37 万吨（赤峰市农牧局，2021）。截至 2020 年年末，全市秸秆粉碎还田机 1840 台，秸秆打（压）捆机 2056 台，饲草秸秆加工机械 44217 台（李延军等，2020）。根据内蒙古自治区人民政府办公厅关于印发《农业高质量发展三年行动方案（2020 年—2022 年）》的通知，2020 年自治区秸秆综合利用率要达到 85%，赤峰市秸秆综合利用率为 88.83%，达到自治区要求范围。秸秆综合利用技术的推广普及需要多方面的配合，共同发力，通过对赤峰市农田生态系统可再生能源产量的评估，精准量化秸秆资源产量，为助力赤峰市农牧业高质量发展提供理论支撑。

第三节　城市绿地生态系统生态产品物质量评估结果

一、生态产品总物质量评估结果

城市绿地作为城市生态中的有机要素，是连接城市人工环境和自然环境的纽带，在保持生态环境、维持城市的可持续发展、保护城市物种多样性等方面的作用是无法低估和替代的。城市绿地对城市环境能起到修复的作用，包括降水调蓄、固碳释氧、净化大气环境功能。

对赤峰市城市绿地生态产品物质量核算结果见表3-8。

表3-8　城市绿地生态系统生态产品物质量核算结果

服务类别	功能类别	物质量		
调节服务	降水调蓄（万吨/年）			238.59
	固碳释氧（吨/年）		固碳	992.62
			释氧	2657.40
	净化大气环境（吨/年）	吸收气体污染物	吸收二氧化硫	114.90
			吸收氟化物	6.03
			吸收氮氧化物	492.50
		滞尘	滞纳TSP（吨/年）	13103.14
			滞纳PM_{10}（吨/年）	6.93
			滞纳$PM_{2.5}$（吨/年）	2.77
		提供负离子（$\times 10^{20}$个/年）		3.95

二、旗县区生态产品物质量

城市绿地生态产品物质量因城市生态空间本底、经济发展水平和绿地规划建设力度等差异而有所不同。赤峰市各旗县区城市绿地生态产品物质量评估结果见表3-9。

对于降水调蓄物质量的评估，即当降水量大于土壤饱和持水量时，降水调蓄量为土壤饱和持水量；当降水量小于土壤饱和持水量时，降水调蓄量为降水量。经研究发现，该年度各旗县区所有单次降水量最大值为50.77毫米，均小于土壤饱和持水量58.62毫米，因此各旗县区该年度降水调蓄量即为降水量。各旗县区降水调蓄功能受绿地面积和单次降水的影响而不同。对于固碳释氧和净化大气环境功能物质量的评估，借鉴森林生态系统调节服务的评估方法，并结合城市特点，参照《森林生态系统服务功能评估规范》（GB/T 38582—2020）进行核算。由各旗县区城市绿地生态产品物质量评估结果可知，降水调蓄功能、固碳释氧功能和净化大气环境功能物质量松山区和红山区均较高，主要原因是其公园绿地在绿地系统规划指导下建设较为完善，数量较多，绿地面积较大，且空间分布格局合理。其次为敖汉旗、巴林左旗和元宝山区，敖汉旗主要由于架子山和石羊石虎公园面积较大，城区公园绿地面积达124.19公顷；巴林左旗近年来在城区建设上，严格执行规划设计，建成福山公园、市民公园、麓山公园、辽上京遗址带状公园、林东公园等公园，绿化面积达133.44公顷。而巴林右旗、宁城县、林西县和克什克腾旗城市绿地生态产品物质量较小，原因是其绿地面积较小。应加强绿地系统规划，增加公园绿地建设，以提高绿地生态系统服务功能，为市民创造更多的生态福祉。

表 3-9　赤峰市各旗县区城市绿地生态产品物质量评估结果

旗县区	降水调蓄（万吨/年）	固碳释氧		净化大气环境功能						
		固碳（吨/年）	释氧（吨/年）	吸收气体污染物			滞尘			提供负离子（×10^{18}个/年）
				吸收二氧化硫（千克/年）	吸收氟化物（千克/年）	吸收氮氧化物（千克/年）	滞纳TSP（吨/年）	滞纳PM$_{10}$（吨/年）	滞纳PM$_{2.5}$（吨/年）	
松山区	66.48	270.45	723.97	31301.69	1641.88	134175.30	3569.77	1.89	0.76	1076.23
红山区	58.73	238.90	639.57	27652.67	1450.48	118533.70	3153.62	1.67	0.67	950.77
元宝山区	19.14	69.24	185.36	8014.38	420.38	34353.78	913.99	0.48	0.19	275.56
阿鲁科尔沁旗	7.38	34.40	92.10	3981.95	208.87	17068.70	454.12	0.24	0.10	136.91
敖汉旗	24.72	95.12	254.64	11009.63	577.49	47192.99	1255.58	0.66	0.27	378.54
巴林右旗	0.27	2.36	6.33	273.70	14.36	1173.23	31.21	0.02	0.01	9.41
巴林左旗	19.48	102.20	273.61	11829.88	620.52	50709.00	1349.13	0.71	0.29	406.74
喀喇沁旗	10.39	29.08	77.86	3366.34	176.58	14429.87	383.91	0.20	0.08	115.74
克什克腾旗	7.07	48.23	129.13	5582.97	292.85	23931.50	636.70	0.34	0.13	191.96
林西县	6.96	34.02	91.07	3937.50	206.54	16878.17	449.05	0.24	0.09	135.38
宁城县	6.18	22.71	60.86	2631.11	138.00	11278.46	300.06	0.16	0.06	90.47
翁牛特旗	11.79	45.91	122.90	5313.70	278.72	22777.30	606.00	0.32	0.13	182.70
总计	238.59	992.62	2657.40	114895.52	6026.67	492502.00	13103.14	6.93	2.77	3950.41

第四章
赤峰市全空间生态产品价值量评估

生态系统服务是指人们从生态系统中获得的所有惠益。自20世纪末，随着 Constanza 等（1997）、Daily 等（1997）学者研究成果的发表，生态系统服务研究引起了国际上的广泛关注，特别是千年生态系统评估（The Millennium Ecosystem Assessment，MA）的开展极大地推动了全球范围内的生态系统服务研究，随后开展的生态系统和生物多样性经济学（the economics of ecosystem and biodiversity，TEEB）研究、生物多样性和生态系统服务政府间科学—政策平台（Intergovernment Science Policy Platform on Biodiversity and Ecosystem Services，IPBES）、环境经济核算体系试验性—生态系统核算（System of Environment Economic Accounting 2012-Experimental Ecosystem Accounting，SEEA-EEA）等又逐步推动了各国政府尝试将生态系统价值核算纳入国民经济核算体系。

我国也高度重视生态系统价值核算的相关研究，发布了不同类型生态系统的相关评估规范，并针对生态系统价值相关的理论框架、技术方法与实践应用等开展了广泛研究。特别是党的十八大以来，一系列生态文明建设要求的提出又将生态系统价值相关研究推到了前所未有的高度。价值量评估是指从货币价值量的角度对生态系统提供的生态服务功能价值进行定量评估。许多生态系统服务功能难以量化估价，如净化水质、净化大气环境、景观游憩和文化价值等，在生态系统服务功能价值量评估实践中，主要采用等效替代原则，并用替代品的价格进行等效替代核算某项评估指标的价值量（SEEA，2003）。同时，在具体选取替代品的价格时应遵守权重当量平衡原则，考虑计算所得的各评估指标价值量在总价值量中所占的权重，使其保证相对平衡。

第一节　生态空间生态产品价值量评估结果

生态空间是生态系统服务功能重要区域，山水林田湖草沙生态要素丰富，生物种类多，生态产品类别丰富且价值量大；同时，生态空间具有维护区域生态安全的重要责任（矫雪梅等，2023）。科学核算生态空间生态产品价值为将生态效益纳入经济社会评价体系、生态保护成效评估、生态产品付费政策制定以及生态产品价值实现提供了科学依据，使得生态产品价值评估结果更便于纳入决策体系，并用于规划和管理。

一、森林生态产品价值量

森林生态产品绿色核算是从森林生态系统服务功能物质量与价值量角度对生态产品进行核算，物质量评估能够比较客观地反映生态系统的生态过程，进而反映生态系统服务功能的可持续性（赵景柱等，2000）。量化研究与分析森林生态系统提供的服务功能，对确定它在社会经济发展中的贡献和作用及其对干扰的反应都具有十分重要的意义（郝仕龙等，2010）。依据国家标准《森林生态系统服务功能评估规范》（GB/T 38582—2020），本小节将评估森林生态系统服务功能的价值量，研究其空间分布格局和动态变化特征。

（一）生态产品总价值量评估结果

优质的生态产品是最普惠的民生福祉，是维系人类生存发展的必需品，森林生态系统产生的服务也是最普惠的民生福祉。物质量评价能够比较客观地反映生态系统服务功能的可持续性，而价值量评价更多地反映生态系统服务功能的总体稀缺性。根据《森林生态系统服务功能评估规范》（GB/T 38582—2020）的评估指标体系和计算方法，得出赤峰市森林生态产品总价值为 1409.47 亿元 / 年（表 4-1），相当于赤峰市 GDP（2148.40 亿元）的 65.61%（赤峰市统计局，2023），各项功能大小排序为净化大气环境 > 涵养水源 > 保育土壤 > 生物多样性保护 > 固碳释氧 > 林木产品供给 > 森林防护 > 林木养分固持 > 森林康养（图 4-1）。森林孕育着巨大的自然财富，反映了林业在全省经济社会发展中的重要作用，为绿色发展提供了重要的物质基础。随着自然资源市场的不断发展，森林资源在国民经济中占据越来越重要的位置。随着全市生态建设与保护力度的不断加大，森林资源总量不断增加、质量不断提升，森林生态服务进一步增强，在改善生态环境、防灾减灾、提升人居生活质量方面产生了显著的效益。

表 4-1　赤峰市森林生态产品价值量评估结果

功能	保育土壤	林木养分固持	涵养水源	固碳释氧	净化大气环境	森林防护	生物多样性保护	林木产品供给	森林康养	总价值
价值量（亿元/年）	236.01	41.34	253.31	124.15	462.87	52.08	156.17	63.86	19.68	1409.47
比例（%）	16.74	2.93	17.97	8.81	32.84	3.70	11.08	4.53	1.40	100.00

净化大气环境功能价值量排在所有功能的第一位；其次为涵养水源功能，二者占比达到50.81%，凸显了森林涵养水源和治污减霾投资少、代价低、综合效益大，更具经济可行性和现实操作性的特点，再次证明了森林是陆地上最大的绿色"水库"和最经济的"吸尘器"，森林生态系统具有显著的治污减霾和调节水量功能。通过工业节能减排减霾的空间是有限的，森林具有治污减霾能力，对改善大气环境有着巨大和不可替代的作用。作为陆地生态系统的主体，在面对生态环境恶化和全球气候变化的过程中，需要提升森林的治污减霾能力，为工业排放治污拓宽容量空间，保障经济的可持续增长。森林还可以减少气候变化所产生的一些影响，特别是调节土壤和林冠下的温度，为游客和动物提供阴凉空间。林地覆盖物能够提供阴凉，避免强风，减少热量损失和土壤侵蚀。森林在溪流的遮阴可以调节温度，有利于鱼类生存（UK NEA，2011）。

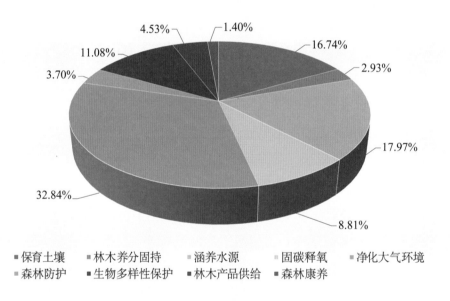

图 4-1　森林生态产品价值量占比

保育土壤功能排在第三位，森林生态系统凭借庞大的林冠，发达的根系和枯枝落叶层保育土壤、涵养水源。由此可见，赤峰市森林生态系统在涵养水源，调节径流，防止水土流失，改善区域小气候，抵御旱灾、洪灾、风灾、泥石流等自然灾害方面具有重要作用，同时也是维护生态安全以及防灾减灾的主要措施和手段。

森林生态系统尤其是天然林生态系统结构复杂，其中孕育着多种多样的动植物资源以及珍贵的基因资源，对于整个区域乃至全球的生态安全具有重要的意义。赤峰市森林生态系统较好地维持了生态系统结构的稳定性，对区域生态安全乃至全球的物种保护都具有重要意义。可持续利用生物多样性是推动保护生物多样性、维持生态系统服务、保证人类社会经济发展的一种生物多样性利益方式，是应对开发、栖息地丧失及其他威胁生物多样性因素的有效措施（IPBES，2014）。

林木养分固持功能在保障区域水系、土壤安全和健康中发挥着重要作用。森林生态系统可以使土壤中部分营养元素暂时地保存在植物体内，之后通过生命循环进入土壤，这样可以暂时减少因为水土流失而带来的养分元素的损失；而一旦土壤养分元素损失就会带来土壤贫瘠化。若想保持土壤原有的肥力水平，就需要向土壤中通过人为的方式输入养分，而这又会带来一系列的问题和灾难（Tan et al., 2005）。因此，林木养分固持功能能够很好地维持土壤的营养元素水平，对林地健康具有重要的作用。

森林防护功能价值量占比近4%。该功能体现了三北工程攻坚战发挥了北疆绿色长城和生态安全屏障的作用。赤峰市位于内蒙古自治区东南部，是浑善达克、科尔沁沙地歼灭战的主战场、主阵地，通过防沙治沙，全市森林植被盖度增加，森林生态系统提供森林防护功能，在改善生态环境、促进地方经济发展中发挥了重要作用。

根据森林和林地的特点和位置，它们具有美学吸引力，进而增强景观特色。这种服务受到当地居民与游客的赞赏。在城市地区，即使是小型林地也能改善视觉效果（UK NEA，2011）。赤峰市森林旅游资源丰富、独特，发展潜力巨大，是一种可持续发展的旅游资源。随着人们可自由支配收入的增加、生活水平的提高和可自由支配时间的增多，走进森林、回归自然的户外康养正逐步成为我国进入小康社会后人们扩大精神文化消费的热点，同时这种需求将会越来越大，越来越迫切。据资料显示，要满足人们日益增长的户外康养的需求和为人们提供更多更好的户外康养空间，就必须加快森林公园建设步伐，加大森林公园建设力度。森林旅游产业有着巨大的市场潜力和广阔的发展前景。

森林可以为人类提供木材产品与非木材产品，可以保障人类的基本生活需要，同时发展林木产品供给功能又可以提高农民的收入，增强农民的幸福感。林木经济产品主要包括木材产品、林下经济产品和经济林产品。在现代化林业发展的过程中，人们也将森林生态效益的相关内容纳入林业资产核算当中，这就使得林业资产核算体系更加完善，从而有利于我国社会经济的稳定发展。森林作为一种重要的可再生自然资源，为经济社会可持续发展作出的贡献越来越受到社会的重视，将生态文明建设融入经济建设、政治建设、文化建设、社会建设各方面和全过程，着力推进绿色发展，把资源消耗、环境损害、生态效益纳入经济社会发展评价体系开展森林资源核算，生动地诠释了森林产品和服务对国家和地区经济发展的贡献，科学量化森林资源资产的经济、生态、社会和文化价值，有效地调动全社会造林、营林、护林的积极性，引导人类合理开发利用森林资源，积极参与保护生态环境，共同建设资源节约型和环境友好型社会。

（二）各旗县区生态产品价值量

除提供林木产品功能和森林康养功能外，各旗县区的森林生态产品价值量分布如

表4-2、图4-2所示。赤峰市各旗县区森林生态产品价值量的分布呈现明显的规律性，总体上呈现北部＞南部＞中部的格局。森林生态产品价值量最高的为森林面积最大的克什克腾旗，占区域森林生态产品价值量的24.69%；其次为阿鲁科尔沁旗和宁城县，价值量占比均超过了11.00%。

表 4-2　赤峰市各旗县区森林生态产品价值量评估结果

旗县区	支持服务（亿元/年）		调节服务（亿元/年）				供给服务（亿元/年）		文化服务（亿元/年）	总计（亿元/年）
	保育土壤	林木养分固持	涵养水源	固碳释氧	净化大气环境	森林防护	生物多样性保护	提供林木产品	森林康养	
敖汉旗	17.47	6.63	15.77	14.10	35.53	13.49	15.21			
翁牛特旗	11.22	3.45	17.15	8.35	27.38	0.04	18.02			
巴林右旗	15.94	2.78	17.73	8.62	31.32	8.21	14.67			
阿鲁科尔沁旗	25.68	4.33	29.87	14.70	59.83	0.00	21.98			
喀喇沁旗	18.78	3.19	20.04	12.01	35.65	5.68	8.83			
克什克腾旗	57.54	8.45	73.16	24.98	131.60	0.00	31.64	—	—	—
巴林左旗	28.19	2.73	17.81	9.53	40.46	9.89	12.81			
红山区	0.75	0.19	0.76	0.61	1.19	0.14	0.68			
元宝山区	1.26	0.39	1.41	1.33	2.79	0.76	1.06			
松山区	14.36	2.66	14.73	7.39	21.99	1.3	9.97			
林西县	14.02	1.54	13.71	5.91	19.61	7.64	9.29			
宁城县	30.80	5.00	31.17	16.62	55.52	4.93	12.01			
合计	236.01	41.34	253.31	124.15	462.87	52.08	156.17	63.86	19.68	1409.47

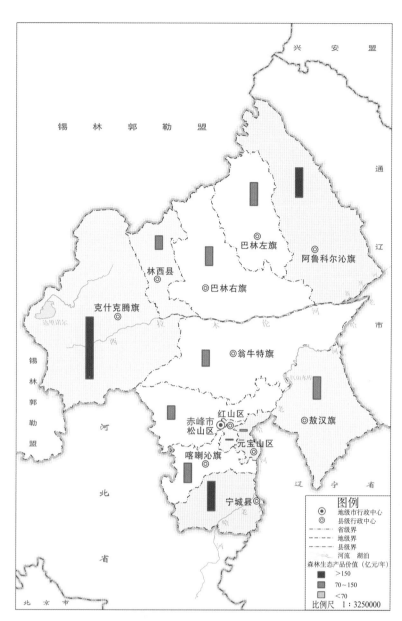

图 4-2　赤峰市森林生态产品价值量空间分布

2000 年国家开始制定政策治理森林草原退化，涉及赤峰市的包括三北防护林工程、京津风沙源治理工程、国家退耕还林（草）工程在内的多项政策，经过多年的整治，生态环境实现了由"整体恶化"向"整体遏制、局部好转"的重大转变。退耕还林工程的实施，减少了陡坡耕地面积，同时，已完成工程的陡坡耕地植被得到迅速恢复。林木的根系可以起到固定土壤的作用，林冠也可以阻隔部分降水，减小降水对地面的冲击，森林植被及其枯枝落叶覆盖地表，减小地表径流，从而减少土壤侵蚀，减少土壤流失，起到保护土壤的作用，避免江河湖库的泥沙淤积，提高了水利设施的效用。克什克腾旗、宁城县和巴林左旗占区域保育土壤总价值量的 49.38%（图 4-3）。森林生态系统的固土作用极大地保障了生态安全以及延长了水库的使用寿命，为本区域社会经济发展提供了重要保障。此外，天然陆地生境的养分循环依赖于不同季节的植物和土壤微生物对氮的分配（Bardgett et al., 2005），并且在许多生境，植物养分的获得很大程度上是由陆地上的根瘤菌决定的（Smith and Read, 2008b）。因此，林木养分固持功能及保育土壤功能在土壤贫瘠地区发挥的功效对于经济社会发展具有重要意义。

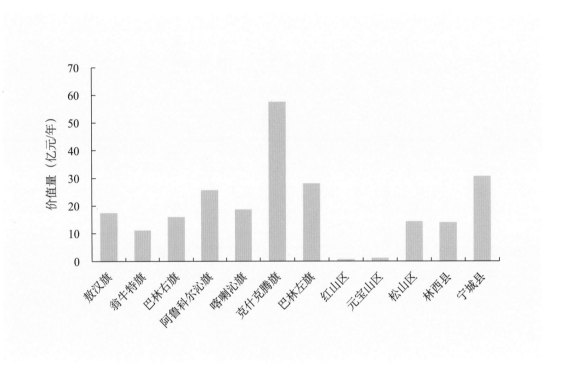

图 4-3　赤峰市各旗县区森林生态系统保育土壤价值量

赤峰西、南部以及西拉木伦河下游地区水资源相对东北部丰富，由于受地貌影响，富水区与贫水区无法均衡利用，这样就加剧了丰枯悬殊的比例，对生态和水资源的有序恢复产生一定的负面影响，成为制约赤峰市经济可持续发展的主要因素。退耕地还林和荒山荒地造林后，能减缓地表径流，增加土壤水分渗入，同时降低土壤水分蒸发量，从而大大提高林地的蓄水能力，且能在一年中均匀地流出，其蓄丰补欠的功能对人民的生产生活至关重要。一般而言，建设水利设施用以拦截水流、增加贮备是人们采用最多的工程方法，但是建设水利等基础设施存在许多缺点，如占用大量的土地、改变了其土地利用方式及水利等基础设施存在使用年限等。森林能够涵养水源，是一座天然的绿色"水库"。森林的绿色"水库"功能主要是指森林具有的蓄水、调节径流、缓洪补枯和净化水质等功能。只要森林生态系统不遭到破坏，其涵养水源功能是持续增长的，极大地保障了区域的用水安全。丰富的水资源可以支持森林的生长，反过来，茂密的森林又可以促进涵养更多的水源，涵养水源功能价值量最高的是克什克腾旗，占全市涵养水源总价值量的 28.88%（图 4-4），全市森林生态系统绿色"水库"功能在改善水资源时空分布不均匀的问题上具有至关重要的作用。

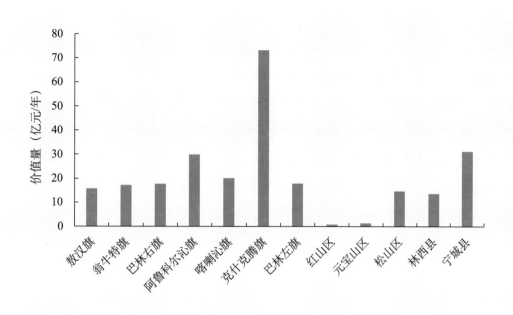

图 4-4 赤峰市各旗县森林生态系统绿色"水库"功能价值量

林地最重要的调节服务之一是其有能力固碳（UK NEA，2011）。通过负反馈作用，生物圈能够将化石燃料燃烧产生的碳储存在生物圈中，起到临时的碳汇作用。森林是陆地生态系统最大的碳储库，在全球碳循环过程中起着重要作用。就森林对储存碳的贡献而言，森林面积占全球陆地面积的 27.6%，森林植被的碳贮量约占全球植被的 77%，森林土壤的碳贮量约占全球土壤的 39%（李顺龙，2005）。研究表明（马会瑶，2019），赤峰 1990—2015 年碳储量总量呈现减少的趋势，但 2000 年以后减少速率开始下降，说明生态状况在好转。1990—2000 年，赤峰碳储量减少的区域分布在阿鲁科尔沁旗，大量湿地和草地转化为农田，导致碳储量的减少。碳储量增加的区域零散分布在克什克腾旗和敖汉旗内，主要是森林的增加导致碳储量的增加。本次评估结果显示，固碳释氧功能价值量较高的是克什克腾旗、宁城县、阿鲁科尔沁旗和敖汉旗，其占区域固碳释氧总价值量均超过了 10.00%（图 4-5）。森林生态系统作为陆地上最大的绿色"碳库"，已经成为促进经济社会绿色增长的有效载体。加快发展森林建设，一方面可以增加碳汇，抵消中和经济社会发展的碳排放量，扩大资源环境容量，提升经济发展空间；另一方面可以壮大以森林资源为依托的绿色产业，改变传统的产业结构和发展模式，促进经济发展转型升级和绿色增长，发展循环经济和低碳技术，使经济社会发展与自然相协调（国家林业局，2015）。

研究表明，树木每年吸收的净污染可以使死于空气污染的人数减少 5 ～ 7 人，使因空气污染而住院的人数减少 4 ～ 6 人。根据生病和住院费用的贴现值计算，英国每年可从中获益 90 万英镑（Powe and Willis，2004）。2022 年，赤峰市中心城市优良天数达到 356 天，占全年监测天数的 97.53%，全年未出现重度污染天气、严重污染天气。二氧化硫、一氧化碳、臭氧 3 项污染物浓度上升，二氧化氮年平均浓度下降，可吸入颗粒物和细颗粒物年平均浓度显著下降。森林发挥的绿色"氧库"功能对于赤峰市改善空气环境意义重大。净化大气环境功能价值量较高的是克什克腾旗和阿鲁科尔沁旗，二者之和占比超过 40.00%（图 4-6）。中心城市主要污染物为臭氧、可吸入颗粒物、细颗粒物。与 2021 年相比，中心城市环境空气质量好于二级的天数上升了 8 天，优良天数比例上升了 2.2 个百分点。轻度污染天气减少 1 天，重度污染、严重污染天气均减少 2 天，中度污染天气减少 3 天。2022 年 3～5 月较 2021 年同期沙尘天气过程减少了 6 次，对污染天气的下降有贡献。与 2021 年相比，二氧化硫、一氧化碳、臭氧 3 项污染物浓度上升，二氧化氮年平均浓度下降，可吸入颗粒物和细颗粒物年平均浓度显著下降（赤峰市生态环境局，2022）。

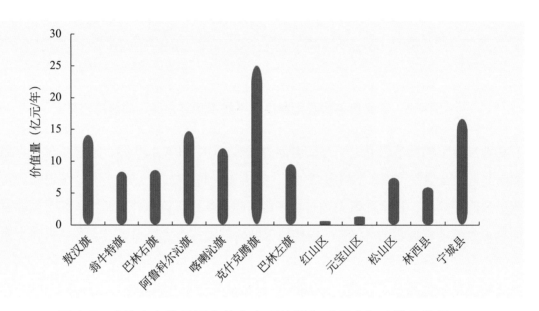

图 4-5　赤峰市各旗县区森林生态系统绿色"碳库"功能价值量

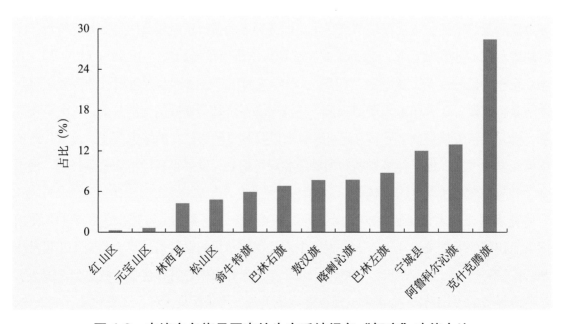

图 4-6　赤峰市各旗县区森林生态系统绿色"氧库"功能占比

三北防护林工程是赤峰市生态建设的重要支撑，赤峰市是三北防护林工程地级示范市。自三北防护林工程启动实施以来，特别是党的十八大以来，全市上下坚持以习近平生态文明思想为指引，认真贯彻落实习近平总书记对三北工程建设作出的重要指示精神，严格遵循自然科学规律，坚持因地制宜、适地适树，乔灌草、造封飞相结合的原则，采取人工治理、自然修复等综合措施，持续推进工程建设。森林防护功能价值量较高的是敖汉旗、巴林左旗、巴林右旗和林西县，占区域森林防护总价值量的 75.62%；以上旗县是赤峰市打赢科尔沁、浑善达克两大沙地歼灭战的西拉木伦河北岸治理区和老哈河南岸治理区主战区。

　　生物多样性是生态环境的重要组成部分，在人类的生存、经济社会的可持续发展和维持陆地生态平衡中占有重要的地位。20 世纪 90 年代森林对生物多样性保护的价值得到越来越多的认可，森林为许多物种提供赖以生存的栖息地，如猛禽、鸣禽、植物、真菌和无脊椎动物等（UK NEA，2011）。2023 年，昆虫专家在克什克腾旗大局子林场对西拉木伦河上游流域开展生物多样性调查工作，首次发现了国家二级保护野生动物棘角蛇纹春蜓（*Ophiogomphus spinicornis*）。赤峰市处于华北、东北、内蒙古三个植物区系交会处，植物区系的地理成分有明显的过渡性。国家级保护区 8 个，其中位于克什克腾旗的白音敖包国家级自然保护区主要保护对象是世界仅存的珍稀的沙地云杉林生态系统。位于宁城县的黑里河国家级自然保护区分布有大面积天然油松林为代表的暖温型针阔叶混交林生态系统，保护区地处东亚阔叶林区，温性针叶树种油松是保护区的代表性物种，是华北山地面积最大、长势最好、最为集中连片的分布区。森林生态系统是巨大的生物多样性绿色"基因库"，加强生物多样性的保护工作可以维护生态系统的稳定，保障区域生态安全。

（三）不同优势树种（组）生态产品价值量

　　2000 年以来，党中央在生态恢复工程方面相继出台了关于天然林资源保护工程、京津风沙源治理工程、三北防护林体系建设工程、退耕还林还草工程、野生动植物保护及自然保护区建设工程、重点地区以速生丰产用材林为主的林业产业建设工程，内蒙古自治区是这"六大工程"唯一一个全部涉及的地区。2010 年以后，内蒙古自治区的生态建设工程更是以每年超过 1000 万亩的速度发展，以前那个黄沙漫天的环境逐渐出现了整体没有继续恶化、部分地区不断好转的趋势。2011 年，国务院下发《关于进一步促进内蒙古经济社会又好又快发展的若干意见》，其中把内蒙古战略定位为"我国北方的重要的生态安全屏障"，而赤峰市毗邻北京、天津，是生态安全屏障的重中之重。在多年来的生态建设中，赤峰市形成了以灌木林组、桦木组、杨树组、落叶松组、油松组、樟子松组为主体的森林生态系统，本小节从优势树种（组）的角度分析森林生态产品价值量。

　　赤峰市的地理条件和气候条件决定了其优势树种的分布和造林树种的选择，如表 4-3 所示。造林树种的选择上，以落叶松、油松、樟子松、榆树和灌木林等为主。这些树种经过当地气候和土壤条件长期的考验，因而具备特殊的适应性和抗逆性，具有较为丰富的基因资源，可以在满足持续遗传改良中发挥重要作用。赤峰市杨树面积较大，但杨树的保水能力在所有可选择的树种中，能力最低，而樟子松却有着较强的保水能力，绿色组织脱离后，依然可以从中提取出一半的水量，有较长的周期。因此，兼具保水能力强、蒸腾量低的树种在赤峰市更有优势。从保水能力的角度分析，灌木、樟子松和落叶松保水能力较强。由于灌木的生长具有抗逆性的特点。有明显的保水优势，所以即便是在一些生长环境较为恶劣的地区，也能顺利生长，而乔木只有在良好生长环境下才能顺利生长，尤其是针叶树种抗旱能力较强。油松、落叶松和樟子松等针叶树种为区域提供了诸多优质生态产品。

表 4-3　赤峰市不同优势树种（组）森林生态产品价值量评估结果

优势树种组	支持服务（亿元/年）		调节服务（亿元/年）				供给服务（亿元/年）		文化服务（亿元/年）	总计（亿元/年）
	保育土壤	林木养分固持	涵养水源	固碳释氧	净化大气环境	森林防护	生物多样性保护	提供林木产品	森林康养	
经济林组	3.98	0.50	3.17	1.52	9.24					
灌木林组	113.65	10.97	115.81	40.25	114.79					
云杉组	0.73	0.09	0.62	0.17	1.44					
落叶松组	9.35	2.74	12.92	11.68	41.99					
樟子松组	0.27	0.10	0.60	0.18	1.92					
油松组	18.27	4.81	22.73	15.12	51.26					
柏木组	0.01	0.00	0.01	0.00	0.02					
栎类	16.73	2.20	19.72	12.90	72.59					
桦木组	40.17	6.38	46.90	12.42	112.92	—	—	—	—	—
榆树组	4.39	1.25	5.83	3.65	22.46					
其他硬阔组	2.28	0.73	2.61	1.78	4.54					
椴树组	0.02	0.02	0.03	0.05	0.03					
杨树组	20.91	9.79	17.95	19.73	22.83					
柳树组	0.26	0.09	0.38	0.25	1.69					
其他软阔组	0.32	0.02	0.26	0.01	0.24					
针叶混组	3.17	1.08	1.76	2.20	2.96					
阔叶混组	0.50	0.26	1.24	0.90	0.85					
针阔混组	1.00	0.31	0.77	1.34	1.10					
合计	236.01	41.34	253.31	124.15	462.87	52.08	156.17	63.86	19.68	1409.47

适合本地生长的优势树种经过长期的自然进化，早已适应了赤峰市的自然环境条件，并成功生存下来，所以其形态特征和内部结构等方面具有较强的抗逆性。因此，即便在地

域相对恶劣的气候和立地条件下，依旧可以很好地生长。此外，对于移栽地区可以就近育苗，有效降低苗木培育的成本以及在运输阶段的损伤，提高了移栽的成活率和保存率，同时乡土树种移栽更方便管理与养护，有效发挥生态产品供给能力。赤峰中南部大部分区域为黄土丘陵区，科尔沁、浑善达克两大沙地横亘东西，治理任务艰巨。适宜水土保持、治沙造林的树种有油松、侧柏、沙地云杉、榆树、杨树、蒙古栎、文冠果等乔木，以及柠条、沙棘、虎榛子等灌木树种，灌木林涵养水源、保育土壤生态产品价值量占总价值的比例均超过了40.00%，锦鸡儿属、胡枝子属自然繁殖能力很强，抗风沙，在沙地或半固定沙丘上生长良好；此外，其生命力强、萌发力强，平茬后每个株丛可生出 60 ～ 100 个枝条，可形成茂密的株丛，平茬当年可长到 1 米以上。以上树种涵养水源和保育土壤功能对于打赢三北攻坚战意义重大。此外，赤峰市深入推进文冠果、元宝枫木本油料林建设，不仅可以发挥这些树种的经济功能，其发挥的生态效益不容忽视。

谢波等（2022）利用熵权法与优劣解距离法定量评估了各树种在既定立地条件下的生长状况，结合地理加权回归模型评价了赤峰市优势乔木树种的生长状况。研究结果表明，各树种生长状况高值区域在空间上呈现出连续、集中分布特征。其中，桦树生长状况高值区域分布最广，基本覆盖了赤峰北部与西南部区域；油松生长状况高值区域主要集中分布在赤峰南部；落叶松、栎树和杏树生长状况高值区域分布在赤峰西部；杨树生长状况好的区域分布在赤峰西部及西北部山区。适宜的生长条件保障了优势树种生态产品供给能力的发挥。

此外，基于树种的潜在适宜性与生长状况指标，参考综合评价的思路，构建了适地适树遥感诊断模型。各树种适生性在空间上呈显著空间聚集分布，其中落叶松、油松与杨树的适生性高值区主要分布在赤峰西南部区域，桦树、栎树与杏树的适生性高值区主要分布在赤峰西北部区域；杨树的空间聚集程度最低，对不同立地条件的适应能力最强。影响树种适生性空间分布的主导因子包括气候、土壤、地形等。气候因子对赤峰市 6 个树种的适生性分布的影响最大，气候因子对人工林种的影响大于对天然林种的影响；地形因子对天然林种的影响大于对人工林种的影响；土壤因子对天然林种和人工林种的影响差异较小。研究区内，杨树、杏树、落叶松的适生面积大于油松、栎树、桦树的适生面积；天然林种的适生立地的海拔比人工林种的适生立地的海拔高。由于研究区内气候、土壤因子数据的空间差异较小，各树种适生立地的气候和土壤条件接近，因此，面向林业部门造林需求，从树种对于森林立地的潜在适宜性与树种在既定立地条件下的生长量两个角度考虑，可实现区域森林面积、森林质量和森林生态产品供给能力的多重提升。

二、湿地生态产品价值量

（一）生态产品总价值量评估结果

湿地生态系统是生态空间的重要组成部分，赤峰市湿地生态系统生态产品总价值量为

99.26 亿元 / 年（表 4-4），其中，调蓄洪水价值量最大。湿地是流域水循环和水量平衡的重要调节器，在维护流域水量平衡、减轻洪旱灾害和应对气候变化等方面发挥极其重要的作用，科研文化游憩和栖息地与生物多样性保护功能位居其后，上述功能占总价值量的 78.65%（图 4-7）。赤峰市近年来在乌力吉沐沦河国家湿地公园建设、达里诺尔国家级自然保护区湿地保护与恢复方面投入了大量的人力、物力，有效恢复了湿地面积和湿地生态功能，改善和扩大了珍稀鸟类栖息繁衍场所。全市湿地保护率已达到 38.2%，白音敖包、黄岗梁、乌兰布统、赛罕乌拉、乌兰坝、黑里河等森林生态系统类自然保护区中，恢复了丰富的柳灌丛沼泽湿地，水禽种类增加至 143 种，水禽重要栖息地数量增加至 47 处。

表 4-4　赤峰市湿地生态产品价值量

服务类型	指标	价值量（亿元/年）
支持服务	保育土壤	3.00
	水生植物养分固持	2.98
调节服务	调蓄洪水	55.49
	固碳释氧	2.15
	降解水体污染物	2.58
供给服务	栖息地与生物多样性保护	10.73
	提供产品	5.17
	湿地水源供给	5.31
文化服务	科研文化游憩	11.85
总计		99.26

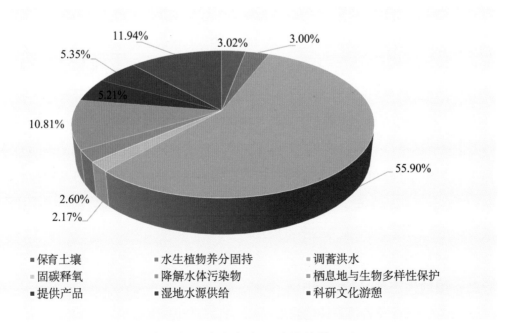

图 4-7　湿地生态系统生态产品功能价值量占比

（二）各旗县区生态产品价值量

赤峰市各区域湿地生态系统绿色"水库"功能价值量空间分布如表4-5和图4-8所示，整体呈现出北部区域较高、南部区域较低的特征。克什克腾旗湿地生态产品价值占全市湿地生态产品总价值的50.28%，阿鲁科尔沁旗和巴林右旗占比也超过了10.00%。

表 4-5　赤峰市各旗县区湿地生态系统生态产品价值量评估结果

旗县区	支持服务（亿元/年）		调节服务（亿元/年）			供给服务（亿元/年）			文化服务（亿元/年）	总计（亿元/年）
	保育土壤	水生植物养分固持	调蓄洪水	固碳释氧	降解污染	生物多样性保护	提供产品	湿地水资源供给	科研文化游憩	
敖汉旗	0.01	0.01	0.18	0.01	0.01	0.05	0.24	0.02	0.05	0.58
翁牛特旗	0.13	0.17	3.13	0.12	0.15	0.62	0.72	0.30	0.68	6.02
巴林右旗	0.39	0.37	6.56	0.27	0.32	1.34	0.78	0.63	1.48	12.14
阿鲁科尔沁旗	0.58	0.51	8.73	0.37	0.44	1.85	0.65	0.83	2.04	16.00
喀喇沁旗	<0.01	<0.01	0.05	<0.01	<0.01	0.01	0.03	<0.01	0.01	0.10
克什克腾旗	1.45	1.44	29.53	1.04	1.25	5.19	1.46	2.82	5.73	49.91
巴林左旗	0.23	0.30	4.31	0.22	0.26	1.08	0.37	0.41	1.19	8.37
红山区	0.00	0.00	0.00	0.00	0.00	0.00	0.00	0.00	0.00	0.00
元宝山区	<0.01	<0.01	0.06	<0.01	<0.01	0.01	0.03	<0.01	0.02	0.13
松山区	<0.01	<0.01	0.05	<0.01	<0.01	0.01	0.35	0.01	0.01	0.43
林西县	0.17	0.16	2.48	0.10	0.13	0.48	0.23	0.24	0.55	4.54
宁城县	0.04	0.02	0.41	0.02	0.02	0.09	0.31	0.04	0.10	1.05
合计	3.00	2.98	55.49	2.15	2.58	10.73	5.17	5.31	11.86	99.27

湿地生态系统在全球的水循环中的作用不可忽视，具有巨大的水文调节和水文循环功能，对维护全球生态系统水动态平衡具有重要的意义，尤其是在蓄水防旱、调节洪水方面发挥着重要的绿色"水库"功能。克什克腾旗、阿鲁科尔沁旗和巴林右旗湿地调洪补枯的绿色"水库"功能占全市该功能总价值的80.77%。

当径流进入湿地以后，湿地通过一系列的过程和反应去除污染物质，主要过程：①沉积过程，污染物质中的悬浮物质颗粒或胶体沉降于湿地基质中的过程。湿地中水的流速、颗粒沉积速率、滞留时间、深度和温度等决定沉积过程。②滤过过程，当水流过沉水植物和根系较密集的湿地时，悬浮固体被滤过。滤过过程也参与别的过程进一步去除污染物。例如，悬浮颗粒物质被滤过后，再黏附到植被和别的过滤媒介上或参与絮凝作用等，都促进了湿地滤过过程作用的发挥。③吸附过程，由于作用力的不平衡，溶解颗粒将自身吸附到表面区域，污染物黏附到泥炭土壤和植物上的过程。这个过程通过延长和吸附媒介的接触时间提高污染物质去除率，很大程度上依赖吸附类型、表面积电荷和可用的自由离子百分比。④沉淀过程，沉淀是湿地中磷去除的主要方法。无机磷能和溶解铝、铁、钙及泥土矿物质形成沉淀物储存在湿地土壤中。⑤生物化学转化过程，一块湿地中的生物化学反应、氧化和还原过程，需要微生物作媒介。生物化学转化过程促使化合物发生形态转化。例如，氮通过氨化作用、反硝化作用和硝化作用从一种形式转化成另一种形式。赤峰市广泛分布的森林沼泽、灌丛沼泽、沼泽草地和沼泽地水流流速较低，植物分布较多，因此发挥的净化环境"氧库"功能较强。

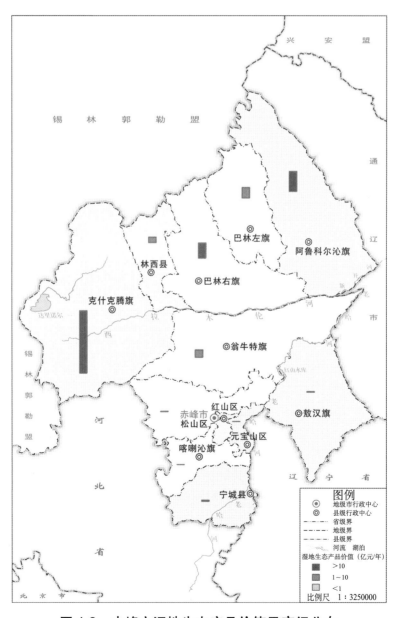

图4-8　赤峰市湿地生态产品价值量空间分布

湿地生态系统是地球上最重要的碳库之一，在减缓气候变化的过程中可以发挥巨大绿色"碳库"作用。湿地与气候变化有着密切的关联，湿地不仅对一定半径范围内的小气候具有明显的调节作用，同时湿地拥有很强的碳汇能力，利用湿地应对气候变化，能有效缓解温室效应，在应对气候变化方面发挥着不可替代和极为关键的作用。在全球变化背景下，湿地固碳研究已成为全球碳循环研究的重要内容之一，不同类型的湿地中储藏的碳是大气重要的碳汇。中国沼泽湿地面积世界排名第三，其中草本沼泽分布最为广泛，具有更高的固碳速率。赤峰市沼泽湿地主要分布在克什克腾旗和巴林右旗，二者固碳功能价值量之和占总价值量的60.83%。由于湿地生态系统碳积累量较大，当湿地被破坏时会对全球的气候变化产生重大影响，因此湿地保护工作不容懈怠。

湿地生态系统对于维护生物栖息地及生物多样性具有极其重要的作用。湿地是陆地与水域之间的过渡区域，是水陆系统的过渡地带，其大面积的沼泽、滩涂、河流和湖泊，为野生动植物的生存提供了良好的栖息地生态环境，是一个重要的生物多样性"基因库"。赤峰市湿地面积广阔，目前已有1个国家级湿地公园，即乌力吉沐沦河国家湿地公园，每年大批大天鹅、小天鹅、苍鹭、赤麻鸭、绿头鸭等鸟类，在赤峰的湿地和自然保护区集结，赤峰已成为候鸟迁徙的重要驿站和集结地之一，这是湿地生态系统"基因库"功能的直接体现。2022年，赤峰市野鸭湖、沙那、赛罕乌拉、苏吉河湿地，入选第一批盟市重要湿地名录，赤峰重要湿地总数已达到6处。其中，达里诺尔和阿鲁科尔沁国家级自然保护区内湿地纳入了《全国湿地保护工程规划》。

2023年，为贯彻落实国家及内蒙古自治区湿地保护相关决策部署，切实加强全市湿地保护管理工作，赤峰市人民政府办公室印发了《赤峰市湿地保护规划（2023—2035年）》（简称《规划》），明确了各生态功能区的湿地生态服务功能，提出湿地保护对策及未来发展方向。《规划》以保护湿地生态安全和构建健康的湿地生态系统为核心，以加强湿地生态系统综合整治、自然恢复和提升水鸟等珍稀濒危物种生境为方向，以保护湿地生态系统结构与功能的完整性为宗旨，以恢复和改善湿地生态功能为重点，以湿地资源可持续利用为目的，全面加强湿地保护，科学修复退化湿地，扩大湿地面积，增强湿地生态功能，保护生物多样性，不断满足新时代建设生态文明和"美丽河湖"对湿地生态资源的多样化需求。通过《规划》的实施，全市将建设以重要湿地、湿地公园、小微湿地和自然保护区内河流源头湿地为基本格局的湿地保护体系，重点实施达里诺尔湖和西拉木伦河、查干沐沦河、老哈河流域水生态系统保护与修复，以及红山水库、德日苏宝冷水库等库塘类生态系统恢复与修复等湿地保护修复工程，全面维护湿地生态系统的自然生态特性和基本功能，促进湿地生态系统进入稳定发展的良性状态，打造山水林田湖草沙生命共同体建设典范，为筑牢祖国北方重要生态安全屏障，建设天蓝地绿水净、人与自然和谐共生的现代化魅力赤峰提供重要保障。

三、草地生态产品价值量

（一）生态产品总价值量评估结果

赤峰市草地生态系统生态产品总价值量为 877.11 亿元 / 年（表 4-6），其中，保育土壤功能价值量最大，其次为提供产品功能，两项功能占总价值的 64.74%（图 4-9）。赤峰市独特的地理位置决定了其既是我国北方主要的风沙源区，又是我国北方重要的生态安全屏障，在全国生态安全战略格局中处于北方防沙带，是重要的生态屏障。草地生态系统植物贴地面生长，能很好地覆盖地面，增加下垫面的粗糙程度，降低近地表风速，从而可以减少风蚀作用的强度。研究表明，当草原植被盖度为 30% ~ 50% 时，近地面风速可削弱 50%，地面输沙量仅相当于流沙地段的 1%。在干旱、多风、土瘠等条件下，草本植物较易生长，随着流动沙丘上草本植被的生长，沙丘逐渐由流动向半固定、固定状态演替，最终形成固定沙丘、沙地，有效控制沙尘源地，减少沙尘暴的发生发展。因此，草地生态功能是内蒙古草地生态系统的主导功能，而牧草生产功能是草地最基本的生态功能，其提供的草畜产品为经济社会的稳定发展提供保障。

（二）各旗县区生态产品价值量

赤峰市各区域草地生态系统生态产品价值量空间分布如表 4-7、图 4-10 所示，整体呈现出东北部区域较高、西南部区域较低的特征。克什克腾旗、巴林右旗和阿鲁科尔沁旗草地生态产品价值量较高，价值量之和占总价值的比例接近 60.00%。位于东北部的阿鲁科尔沁旗建起了一个全国集中连片、面积最大的百万亩优质牧草基地，并在 2013 年被中国畜牧业协会草业分会命名为"中国草都"，主要草种为紫花苜蓿。紫花苜蓿的种植区域主要集中在南部严重退化沙化草原，不仅为畜牧业发展提供了充足的优质饲草，有效缓解了草畜矛盾，而且提供了保育土壤、涵养水源等诸多生态功能，草原植被也由一片白沙变成绿洲，形成了小气候，促进了天然草地恢复。

表 4-6　赤峰市草地生态产品价值量

服务类型	指标	价值量（亿元/年）
支持服务	保育土壤	307.23
	草本植物养分固持	19.03
调节服务	涵养水源	77.38
	固碳释氧	71.86
	净化大气环境	3.82
供给服务	生物多样性保护	131.31
	提供产品	260.60
文化服务	休闲游憩	5.88
总计		877.11

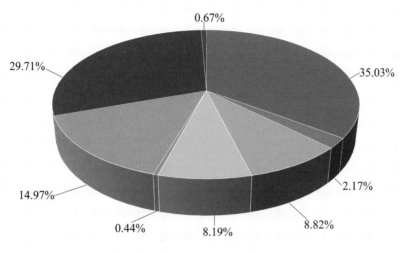

图 4-9 赤峰市草地生态系统各项生态产品价值量占比

表 4-7 赤峰市各旗县区草地生态系统生态产品价值量评估结果

旗县区	支持服务（亿元/年）		调节服务（亿元/年）			供给服务（亿元/年）			总计（亿元/年）
	保育土壤	草本植物养分固持	涵养水源	固碳释氧	净化大气环境	生物多样性保护	提供产品	休闲游憩	
阿鲁科尔沁旗	56.24	3.96	14.99	15.42	0.80	27.35	10.42		
敖汉旗	8.63	0.51	1.51	1.95	0.10	3.49	4.36	—	—
巴林右旗	50.58	3.02	11.77	11.00	0.61	20.80	31.85		
巴林左旗	21.36	1.31	4.18	5.66	0.26	9.03	31.25		
元宝山区	1.00	0.06	0.21	0.25	0.01	0.41	15.39		
松山区	16.38	0.92	3.90	3.71	0.18	6.44	34.58		
喀喇沁旗	4.29	0.22	0.89	0.83	0.04	1.50	11.79		
克什克腾旗	110.74	6.81	31.02	25.50	1.37	47.01	34.98	—	—
林西县	4.02	0.29	1.16	1.07	0.06	1.97	22.94		
宁城县	5.48	0.23	0.84	0.83	0.05	1.58	10.12		
翁牛特旗	28.46	1.70	6.90	5.63	0.34	11.71	27.00		
红山区	0.05	<0.01	0.01	0.01	<0.01	0.02	25.92		
合计	307.23	19.03	77.38	71.86	3.82	131.31	260.60	5.88	877.11

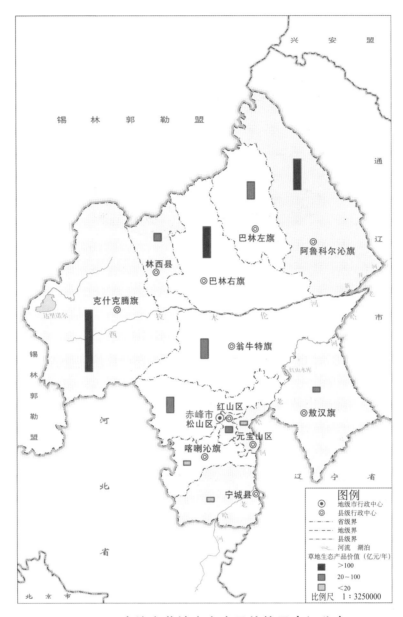

图 4-10 赤峰市草地生态产品价值量空间分布

刘亚红（2021）通过分析牧草生产功能对各项影响因子的响应发现，牧草生产功能与年均温度、海拔、聚合度、多样性指数等因子负相关，与植被覆盖度、年均降水量、坡度、斑块密度、最大斑块指数、破碎度和 GDP 等因子正相关。进一步将牧草生产功能与各影响因子拟合发现，牧草生产能力随植被覆盖度的增加而增加。在一定的范围，随年均降水量的增加而增加，当增加到一定值后，保持相对的平稳状态。在一定的温度范围内，牧草生产能力随年均温度的增高而降低。随斑块密度下降而下降，与多样性指数呈现先增高后下降的趋势。根据熵值法将各项因子赋权重，对各指标相关系数加权发现，影响草地生产功能的关键因素是 GDP、植被覆盖度、斑块密度、年均降水量和聚合度等。

草地生态系统不仅具有较高的渗水性，而且还能截留降水、保水，尤其是对于干旱地区的水循环与水资源的合理利用发挥着重要的绿色"水库"功能。克什克腾旗、阿鲁科尔沁旗和巴林右旗草地绿色"水库"功能价值量较高，占总价值的 74.67%。通过分析水源涵养功能对各项影响因子的响应发现，水源涵养功能与年均温度、海拔、聚合度、破碎度、多样性指数和 GDP 等因子负相关，与植被覆盖度、年均降水量、坡度、斑块密度、最大斑块指数、生物量等影响因子正相关。进一步拟合水源涵养功能与各影响因子发现，决定系数表明水源涵养功能与各因子之间的关系存在一定差异性。水源涵养功能随植被覆盖度、年均降水量和生物量的增加而增加。在一定的范围，随坡度、人口数量和 GDP 几个因素呈现先增加，超过范围后，出现下降的趋势。根据熵值法将各项因子赋权重，对各指标相关系数加权发现，影响草地水源涵养功能的关键因素是生物量、植被覆盖度、斑块密度、GDP 和年均降水量等。

通过分析土壤保持功能对各项影响因子的响应发现，土壤保持功能与年均温度、斑块密度、最大斑块占比和 GDP 等因子负相关，与年均降水量、海拔、坡度聚合度、破碎度、多样性指数、植被覆盖度、生物量等因子正相关。各因子对土壤保持功能的影响具有一定的差异性。土壤保持功能随植被覆盖度、生物量、坡度和海拔的增加而增加。在一定范围内，土壤保持功能与年均温度和多样性指数等呈现先增高，超过范围后再下降的趋势。根据熵值法将各项因子赋权重，对各指标相关系数加权发现，影响草地土壤保持功能的关键因素是生物量、GDP、植被覆盖度、坡度和海拔等。

草地植物通过光合作用吸收二氧化碳，释放氧气，草地生态系统吸收大量的碳作为土壤有机质并储存在土壤中，对保持大气平衡、维持人类正常生活起着基本的绿色"碳库"功能。草地生态系统绿色"碳库"功能价值量为 71.86 亿元 / 年，最高的为克什克腾旗、阿鲁科尔沁旗和巴林右旗，三者绿色"碳库"功能的价值量总和占比在 70.00% 以上。通过分析草地固碳功能对各项影响因子的响应发现，固碳功能与年均温度、海拔、聚合度、多样性指数几个因子负相关，与植被覆盖度、年均降水量、坡度、斑块密度、最大斑块指数、破碎度和 GDP 几个影响因子正相关。固碳功能随植被覆盖度的增加而增加。在一定的范围，固碳功能随年均降水量的增加而增加，当增加到一定值后，保持相对的平稳状态。在研究的温度范围内，固碳能力随年均温度的增高而降低，随斑块密度下降而下降，与多样性指数呈现先增高后下降的趋势。根据熵值法将各项因子赋权重，对各指标相关系数加权发现，影响固碳功能的关键因素是生物量、GDP、植被覆盖度、斑块密度和年均降水量等。由于草地生态系统碳积累量较大，当草地被破坏时会对全球的气候变化产生重大影响，因此草地保护工作不容懈怠。

草地中有很多植物对空气中的一些有害气体具有吸收转化能力，同时还具有吸附尘埃净化空气的作用。草地生态系统在为地区提供清洁空气、保护人体健康方面发挥重要的治污减霾"氧库"功能。在当前日益严重的环境污染状况下，较大面积的草地对空气净化起到重

要的作用。此外，草地的生物多样性是维持区域草地生态系统稳定和生产的基础，草地生态系统"基因库"功能不仅关系着全球生态系统健康，也是当地牧民物质生活的基础。许玉凤等（2017）对赤峰草原主要分布区巴林左旗、巴林右旗、克什克腾旗进行野生植物资源调查，共发现野生植物资源 39 科 155 属 233 种，植物群落丰富度指数随海拔升高呈现出增加趋势。Simpson 多样性指数、Shannon-Wiener 多样性指数随海拔升高呈现先降低后升高的趋势，Pielou 均匀度指数随海拔升高呈现下降趋势。由于海拔的变化引起降水、温度等差异，从而影响土壤水分等，进而形成不同的植物群落。由于影响草本分布的因素较多，草地群落物种多样性随海拔梯度变化的规律非常复杂，不同研究尺度上得出的结果不尽相同。在低海拔处草地离居民点较近，受人和牲畜的影响较大，受降水的限制，导致物种多样性较低。在高海拔地区，气温逐渐降低，使非耐寒草本植物减少，物种多样性相应降低。而在中等海拔处，一方面由于人为干扰因素大大降低，草地植物群落生长旺盛；另一方面具备植物生长所需要的适宜水热条件，因此物种多样性较高。由此可知，低海拔区域草地植被的保护对于草地生产力的维持和生物多样性的稳定发展具有重要的意义。

四、生态空间绿色核算结果综合分析

生态空间生态产品总价值见表 4-8。本次核算出生态产品总价值量为 2385.84 亿元 / 年，相当于当年全市 GDP（2148.4 亿元）的 1.11 倍。其中，森林生态系统价值量为 1409.47 亿元、湿地生态系统价值量为 99.26 亿元、草地生态系统价值量为 877.11 亿元，分别占总价值的 59.08%、4.16%、36.76%。赤峰市生态空间生态产品价值量按照生态系统服务四大类别划分，调节服务、供给服务、支持服务、文化服务分别占总价值的 46.34%、26.54%、25.55%、1.57%。

表 4-8　生态空间四大服务核算结果

服务类别	功能类别	价值量（亿元/年）	小计（亿元/年）	占比（%）
支持服务	保育土壤	546.24	609.59	25.55
	养分固持	63.35		
调节服务	涵养水源与调蓄洪水	386.18	1105.69	46.34
	固碳释氧	198.16		
	净化大气环境与降解污染物	469.27		
	森林防护	52.08		
供给服务	栖息地与生物多样性保护	298.21	633.15	26.54
	提供产品	329.63		
	湿地水源供给	5.31		
文化服务	生态康养	37.41	37.41	1.57
合计			2385.84	100.00

赤峰市生态空间生态产品价值量在空间上呈现非均匀分布，生态空间资源面积越大、质量越高、水热条件越好的区域，其价值量一般越高。这种分布格局特征在生态空间生态产品价值量的自然地理区域空间分布与各旗县区空间分布中均有所体现（图4-11、图4-12）。从空间分布上看，生态空间生态产品总价值量最高的为克什克腾旗，占全市生态空间生态产品总价值量的27.64%；其次为阿鲁科尔沁旗和巴林右旗，占比均超过了10.00%。赤峰市生态空间生态产品总价值量的分布整体上呈现出北部＞中部和南部的趋势，主要是受各旗县区森林、湿地、草地等生态资源面积、质量的影响（图4-13）。

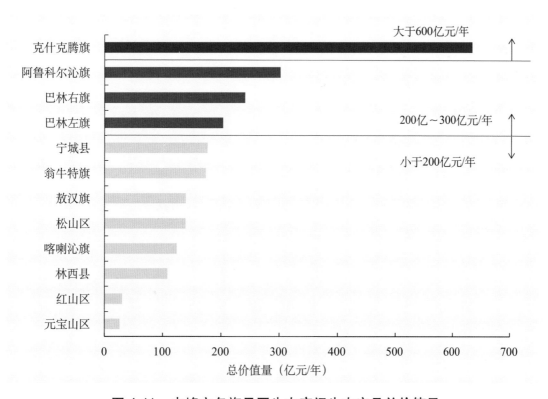

图 4-11　赤峰市各旗县区生态空间生态产品总价值量

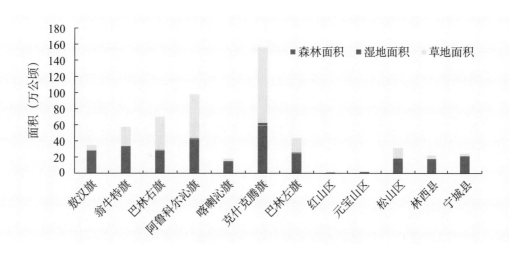

图 4-12　赤峰市各旗县区生态空间面积

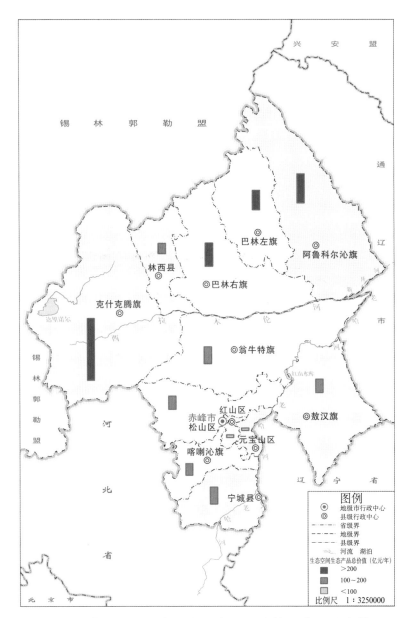

图 4-13　赤峰市生态空间生态产品总价值量空间分布格局

（一）生态空间"四大服务"绿色核算结果

1. 支持服务

生态空间支持服务是支撑和维护其他类型生态系统服务可持续供给的一类服务，是生态系统服务进行有效配置的关键，对于维持生态系统结构、生态系统功能和生态系统恢复力十分重要，其持续性的退化将不可避免地降低人类从其中获得的各种收益。生态空间支持服务对于人类福祉的影响通常是间接的，由于缺乏现实的市场环境，以及影响效应需要长时间的积累才能体现，因此在制定生态系统管理相关决策时容易被忽略，进而导致其长期效益被短期效益所取代，从而造成区域生态系统的破坏以及绿色发展能力的下降。赤峰市生态空间提供的支持服务一般主要包括保育土壤功能和植被养分固持功能，是为人类提供其他各项服务的根本保障，对于维护赤峰市生态平衡和保障人类生命财产安全具有不可替代的作用。

　　赤峰市生态空间支持服务价值量为 609.59 亿元 / 年，空间分布如图 4-14 所示，克什克腾旗生态空间支持服务价值量最高，超过 180.00 亿元 / 年；其次为阿鲁科尔沁旗、巴林右旗、巴林左旗，均超过 50 亿元 / 年，以上 4 个旗县区生态空间支持服务价值量之和占全市生态空间支持服务总价值量的 66.43%。保育土壤和植被养分固持能力较强，上述旗县区森林、草地资源面积较大，水热条件较好，因而生态空间支持服务功能较高。从植被根系的垂直分布上来看，灌木在 6 ～ 10 厘米以下，乔木在 10 ～ 22 厘米以下，而草本根系一般自地表以下即有分布，且集中分布于土壤表层，强大的植物根系不仅可从土壤中吸收植物生长所必需

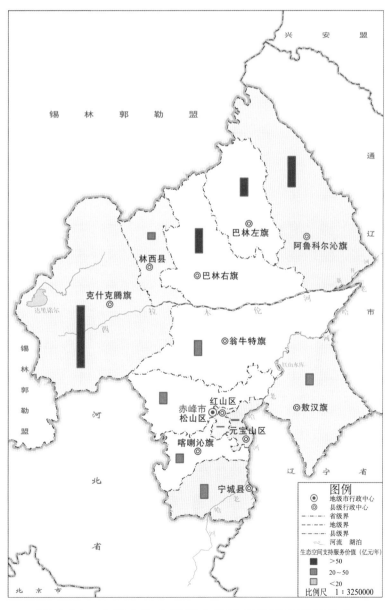

图 4-14　赤峰市生态空间支持服务价值量空间分布

的水分和养分，而且对于改良土壤的结构和成分、增强土壤的抗侵蚀能力和抗剪切能力有着重要的作用。此外，枯枝落叶层和草本植物可以有效地防止表层土壤的流失及浅沟的侵蚀。

2. 调节服务

生态空间调节服务在全球气候调节方面发挥着至关重要的作用，可以调节全球和区域气候，是河流的重要补给源，对径流具有天然调节作用，同时可以改善生态环境，因此生态空间调节服务具有举足轻重的地位。赤峰市生态空间调节服务主要包括涵养水源、固碳释氧、净化大气环境与降解污染物和森林防护4项功能，这些功能的发挥为人类生存、生产、生活提供了良好的条件。

赤峰市生态空间调节服务价值量为1105.69亿元/年，空间分布如图4-15所示。克什克腾旗生态空间调节服务价值量最高，超过300.00亿元/年；其次为阿鲁科尔沁旗和宁城县，

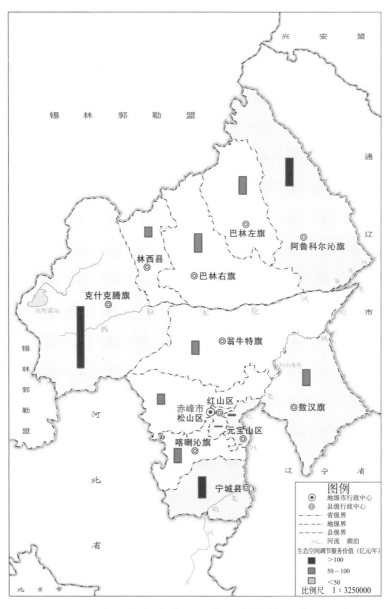

图 4-15　赤峰市生态空间调节服务价值量空间分布

均超过 100.00 亿元 / 年，以上 3 个旗县区生态空间调节服务价值量之和占全市生态空间调节服务总价值量的 52.00%。由于森林生态系统是发挥上述功能的主体，上述旗县区森林面积较大，森林质量高，且相关研究表明这些地区植被生产力较高（辛岩，2020；魏学，2015）。因此，提供调节服务的能力也较强。从内蒙古固碳服务的空间流动效应角度分析内蒙古固碳服务的区域效应发现，内蒙古固碳服务的实际受益区范围涉及京津冀城市群、山西省、辽宁省、宁夏回族自治区、陕西省榆林市及甘肃省张掖市、金昌市、武威市、白银市，森林、草地固碳服务对邻近省份碳排放需求的平衡具有重要作用（刘婧雅等，2024）。通过研究防风固沙服务流动的空间分布格局表明，内蒙古防风固沙服务功能的提升有利于缓解风蚀易发区的沙尘传输，对下风向的京津冀地区、东北地区的沙尘防治具有至关重要的作用，同时对境外涉及朝鲜、韩国、日本、蒙古国、俄罗斯东南部、美国阿拉斯加州、菲律宾西北部的小部分区域的沙尘暴防护也发挥着重要作用（肖玉等，2018）。

3. 供给服务

生态空间供给服务与人类生活和生产密切相关，所供给产品的短缺对人类福祉会产生直接或间接的不利影响。在过去的时间里，人类为谋取经济利益对这些产品的获取常在高于其可持续生产的水平上，通常会导致产品产量在经历一段快速增长时间后最终走向崩溃。赤峰市生态空间供给服务主要包括提供产品、湿地水源供给和栖息地与生物多样性保护功能，这些功能的发挥与人类福祉息息相关，为获得可持续产品供给服务，要充分考虑生态空间的承载力和恢复力。

赤峰市生态空间供给服务价值量为 633.15 亿元 / 年，空间分布如图 4-16 所示。克什克腾旗生态空间供给服务价值量最高，超过 100.00 亿元 / 年；其次为巴林右旗、阿鲁科尔沁旗，均超过 60.00 亿元 / 年，以上 3 个旗县区生态空间供给服务价值量之和占全市生态空间供给服务总价值量的 40.00% 以上。一方面，供给服务中的林木产品、水产品、草畜产品与当地的植被类型和湿地类型密切相关，自然资源是人类赖以生存的物质基础，生态系统自古以来就是人类食物的宝库，为人类源源不断地提供着粮食、蔬菜、水果、肉类等食物资源，是人类食物来源的重要补充。生态系统"粮库"功能提供的果实、种子、叶子与肉类等富含人体所需的各种营养物质，对丰富人们的膳食来源、增加人类身体的天然营养及保障国家粮食供给安全具有十分重要的作用。另一方面，供给服务包含了提供生物栖息地和生物多样性保护的功能，生态空间资源面积较大，种类多样，结构复杂，为生物的繁衍生存提供了重要场所。

4. 文化服务

可持续发展是当今社会发展的主题，而生态空间生态系统文化服务是可持续发展的基础。不同于供给服务、调节服务、支持服务直接为人类生产生活提供保障，生态空间的各生态系统文化服务作为生态系统服务的重要组成部分，是连接社会与自然系统的桥梁，极大地满足了人们的精神需求。因此，深入研究生态空间文化服务不仅便于人们更加全面地认识生态系统，同时使政府决策时能够看到其潜在的社会文化附加价值，从而有利于地区的开发和保护，最终促进生态系统优化管理，保障社会经济的可持续发展。

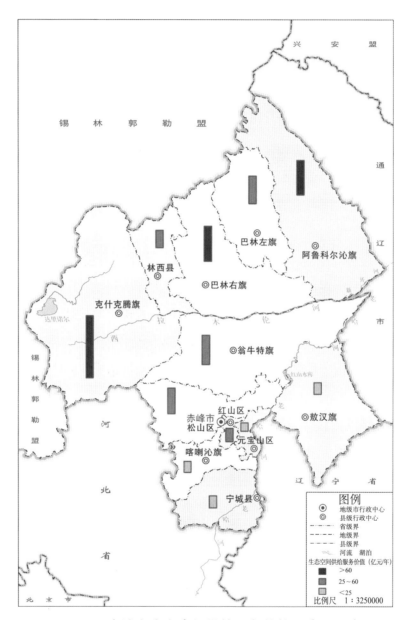

图 4-16　赤峰市生态空间供给服务价值量空间分布

赤峰市生态空间文化服务价值量为 37.41 亿元／年。优越的自然禀赋、良好的气候环境、丰厚的历史积淀、多彩的民俗文化，为赤峰推动康养产业发展创造了得天独厚的条件。赤峰市突出优势特色，以森林资源禀赋为依托，积极探索发展林草生态旅游与康养产业，开发丰富多样的森林生态服务、森林旅游服务，推广"林业+"合作模式，为推动产业融合和乡村振兴起到了积极作用。截至目前，赤峰市共有 10 个单位被认定为"国家级森林康养试点建设基地""国家级全域森林康养试点建设乡（镇）"和"中国森林康养人家"。赤峰市拥有丰富的以草地、湿地资源为主体的风景名胜，吸引着中外游客到此参观游玩，放松身心，同时带动了区域的经济发展。

（二）生态空间生态产品绿色核算结果

1. 生态空间绿色"水库"

水是生命之源，是人类赖以生存和发展的物质基础。随着人口增长和经济的快速发展而来的水环境质量恶化和水资源需求量增加问题加剧，水资源短缺已成为公众关注的全球性热点问题。森林、湿地和草地作为生态空间的重要组成部分，发挥着涵养水源功能的绿色"水库"作用，对缓解水资源短缺和水环境恶化具有重要作用，其关键在于森林生态系统具有调节蓄水径流、缓洪补枯和净化水质等功能；湿地生态系统可以有效储存水分并缓慢释放，将水资源在时间和空间上再分配，进而调节洪峰高度，减少下游洪水风险；草地生态系统发挥着截留降水的功能且具有较高的渗透性和保水能力，对于调节径流具有重要意义。

赤峰市生态空间涵养水源绿色"水库"总价值量为386.18亿元/年，其中克什克腾旗和阿鲁科尔沁旗绿色"水库"功能较高，合计占赤峰市生态空间绿色"水库"总价值量的48.50%（图4-17）。

各旗县区生态空间涵养水源绿色"水库"价值量在空间上具有不均匀性，与各旗县区降水量的空间分布具有一致性，赤峰西南部以及西拉木伦河下游地区水资源相对东北部丰富。由于受地貌影响，富水区与贫水区无法均衡利用，这样就加剧了丰枯悬殊的比例，对生态和水资源的有序恢复产生一定的负面影响，成为制约赤峰市经济可持续发展的主要因素。生态空间发挥的绿色"水库"作用在调节水资源分布不平衡、促进水资源合理利用问题上发挥着不可替代的作用。总体而言，赤峰市生态空间在涵养水源、改善水环境质量方面贡献突出，充分发挥了生态空间绿色"水库"作用，可以有效避免水资源枯竭现象的出现，有利于实现赤峰市水资源的可持续利用。

2. 生态空间绿色"碳库"

生态空间中，森林生态系统固定并减少大气中的二氧化碳，同时向大气中释放氧气，在维持大气二氧化碳和氧气的动态平衡、减少温室效应及缓解气候变化中发挥着不可替代的作用；湿地生态系统土壤温度低、湿度大、微生物活动弱、植物残体分解缓慢，土壤呼吸释放二氧化碳速率低，形成并积累大量的碳；草地生态系统固定二氧化碳形成有机质，对于调节大气组分动态平衡、维持人类生存的最基本条件起着至关重要的作用。森林、湿地、草地生态系统"碳中和"能力的发挥，对于应对气候变化，争取2060年前实现碳中和目标，履行国际义务，树立大国形象至关重要。

2020年，赤峰市生态空间固碳释氧绿色"碳库"功能价值量为198.16亿元/年，在应对全球气候变化、发展低碳经济和推进节能减排的过程中发挥着不可替代的作用。各旗县区生态空间固碳释氧绿色"碳库"价值量空间分布如图4-18所示，整体呈现出西北部大于东南部的特征。其中，克什克腾旗，阿鲁科尔沁旗和巴林右旗占比均超过了10.00%，合计占赤峰市生态空间绿色"碳库"总价值量的51.42%。此外，赤峰市地处重点生态功能区（大小兴安岭森林生态功能区和赤峰草原草甸生态功能区）、生态脆弱区（东北林草交错生态脆弱区、北方农牧交错生态脆弱区）、生态屏障区（东北森林带）、全国重要生态系统保护和修复重大工程区（大小兴安岭森林生态保育区、内蒙古高原生态保护和修复区）等典型生态区位，未来伴随着典型生态区生态修复措施的实施，新技术和新能源的使用和碳汇交易的开展，森林、湿地、草地等生态空间的绿色"碳库"功能将显著提高，同时促进全市国民经济的发展，为生态建设提供支持，为全市生态环境的改善作出巨大贡献。

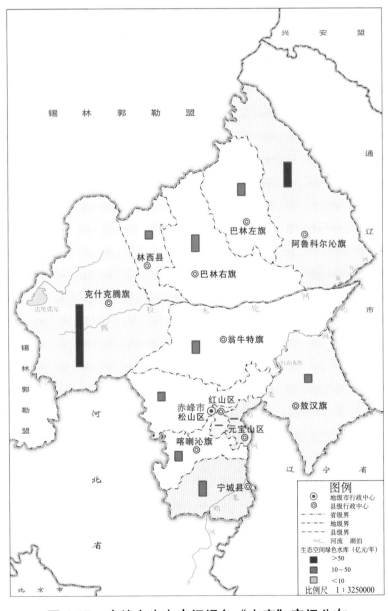

图4-17　赤峰市生态空间绿色"水库"空间分布

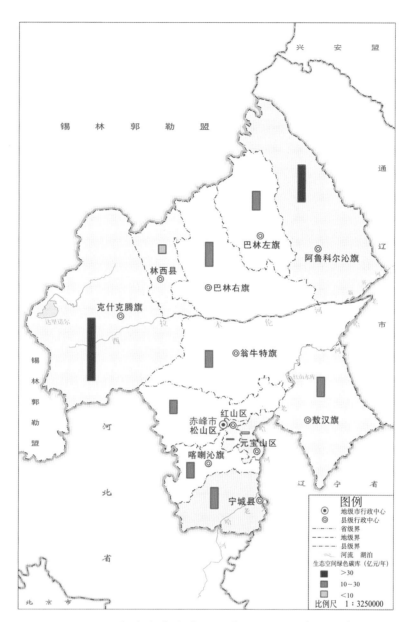

图 4-18　赤峰市生态空间绿色"碳库"空间分布

　　研究表明，不同区域生态空间碳中和能力受全球气候变化和人类活动等要素的调控，特别是全球气候变化可能会促进陆地植被活动，进而影响生态空间碳汇大小，如二氧化碳施肥效应、氮沉降、气候变化和土地覆盖变化等，尤其是近年来极端气候事件频发，给碳达峰、碳中和目标的实现带来了严峻挑战。赤峰市为实现碳达峰、碳中和的"3060"目标，一方面要紧紧围绕"五位一体"总体布局和"四个全面"战略布局，落实"两个屏障""两个基地""一个桥头堡"战略定位，着力构建以生态产业化、产业生态化为核心的绿色现代产业体系；另一方面还需要采取综合措施，发挥多方面的作用，促进森林、湿地、草地生态系统可持续高质量发展，充分发挥森林、湿地、草地等生态系统在减少、吸收和固定二氧化碳中的关键作用。

　　3. 生态空间绿色"氧库"

　　森林可以通过叶片吸附大气颗粒物与污染气体，在净化大气中扮演着重要的角色，此外还可以提供大量的负离子作为一种无形的旅游资源供人类享用。湿地中的芦苇等植物以及微生物对水体中污染物质的吸收、代谢、分解、积累和减轻水体富营养化等具有重要作用，并且湿地由于水体面积大，其对于区域小气候的调节不可忽视。湿地生态系统具有降解和去除环境污染的作用，尤其是对氮、磷等营养元素以及重金属元素的吸收、转化和滞留具有较高的效率，能有效降低其在水体中的浓度；湿地还可通过减缓水流、促进颗粒物沉降，从而将其上附着的有害物质从水体中去除，有效净化水体环境，因此被誉为"地球之肾"。草地生态系统可以滞纳大气中的二氧化硫、粉尘等污染物，美化环境，为人类创造良好的居住环境。

　　赤峰市生态空间治污减霾功能总价值量为469.27亿元/年，各旗县区生态空间治污减霾绿色"氧库"功能空间分布如图4-19所示。克什克腾旗、阿鲁科尔沁旗和宁城县价值量

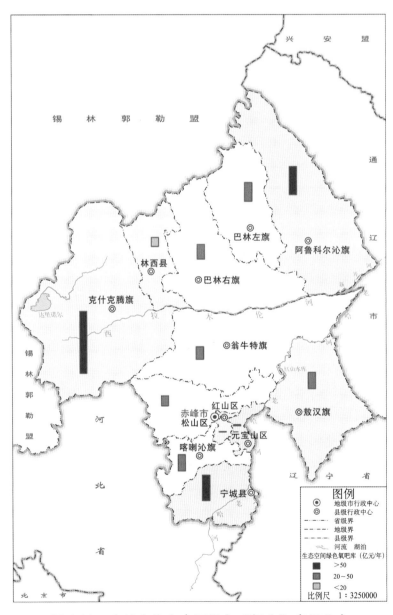

图 4-19　赤峰市生态空间绿色"氧库"空间分布

在50亿元/年以上，占赤峰市生态空间绿色"氧库"总价值量的53.46%。社会经济的快速发展在使得人民的生活水平提高的同时，增加了环境工业"三废"污染，而赤峰市生态空间的治污减霾绿色"氧库"功能在区域清洁发展和创造可持续发展的生态福祉中发挥着重要作用。此外，赤峰市地处北方防沙带的东北森林带，是我国东北地区的重要的生态屏障，通过阻止草原沙化、退化，遏制水土流失、流沙面积增大等方面起到重要的防风固沙作用，对其他区域的环境净化具有重要作用。

4. 生态空间"绿色基因库"

近年来，生物多样性保护日益受到国际社会的高度重视，已经将其视为生态安全和粮食安全的重要保障，提高到人类赖以生存的条件和经济社会可持续发展基础的战略高度来认识。2021年10月，联合国《生物多样性公约》第十五次缔约方大会在昆明举办，大会以"生态文明：共建地球生命共同体"为主题，旨在倡导推进全球生态文明建设，强调人与自然是生命共同体，强调尊重自然、顺应自然和保护自然，努力达成公约提出的到2050年实现生物多样性可持续利用和惠益分享，实现"人与自然和谐共生"的美好愿景。

保护生物多样性和景观旨在保护和恢复动植物群落、生态系统和生境以及保护和恢复天然和半天然景观的措施和活动，森林、湿地和草地生态空间作为重要的景观类型，均与维护生物多样性有着明确的关联，同时能够增加景观的审美价值（SEEA，2012）。森林生态系统为生物物种提供生存与繁衍的场所，对其中的动物、植物、微生物及其所拥有的基因及生物的生存环境起到保育作用，而且还为生物进化以及生物多样性的产生与形成提供了条件。湿地生态系统的高度异质性为众多野生动植物栖息、繁衍提供了基地和珍稀候鸟迁徙途中的重要栖息地，因而在保护生物多样性方面具有极其重要的价值。湿地还养育着许多野生物种，从中可培育出商业性品种，给人类带来更大的经济价值。草地生态系统为许多草地大型动物和昆虫提供了栖息地和庇护所，并且多数分布在降水少、气候干旱、生长季节短暂的区域，草本植被独特的耐旱、耐寒特性是目前国内外抗逆性基因研究的重点。森林、湿地和草地等生态空间发挥的生物多样性"基因库"功能为人类社会生存和可持续发展提供了重要支撑。

2020年，赤峰市生态空间绿色"基因库"总价值为298.21亿元/年，占生态空间生态产品总价值量的12.50%；各旗县区生态空间生物多样性保护绿色"基因库"价值量空间分布如图4-20所示，克什克腾旗和阿鲁科尔沁旗价值量在50亿元/年以上，合计占赤峰市生态空间绿色"基因库"总价值量的45.28%。

《赤峰市生物多样性保护研究报告》显示，赤峰市各类生态系统为动植物提供了多样的生存环境，孕育了丰富的野生动植物资源和种质资源。野生维管束植物有120科526属1433种，占内蒙古记录科的83.3%、属的71.4%、种的54.7%；占全国维管束植物科的39.6%、属的16.3%和种的4.5%；赤峰市拥有苔藓类植物50科326种，占内蒙古记录科的79.4%、种的63.8%；占全国纪录的苔藓植物科的40%、种的9.5%；赤峰市有586种植物具有野生药用价值、739 种植物具有饲用价值。赤峰市有国家和自治区重点保护陆生野生动物 137 种，其中国家重点保护陆生野生动物有 104 种，占总种数的 75.9%；内蒙古自治区重点保护陆生野生动物有 33 种，占总种数的 24.1%。赤峰市被列入国家一级保护野生动物的有 26 种，其中鸟类 25 种、兽类 1 种；列入国家二级保护野生动物 78 种，其中鸟类 66 种、兽类 11 种、爬行类 1 种。被《中国脊椎动物红色名录》评为易危及以上的有 48 种，其中西伯利亚鲟（*Acipenser baerii*）、细鳞鲑（*Brachymystax lenok*）为引入品种。列入《濒危野生动植物种国际贸易公约》61 种，其中列入附录 I 的有 12 种、列入附录 II 的有 49 种。

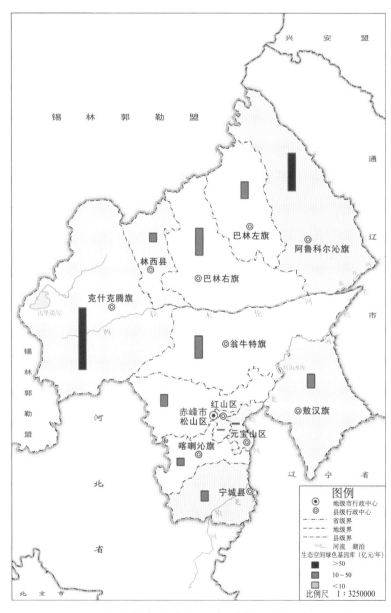

图 4-20　赤峰市生态空间绿色"基因库"空间分布

　　总体而言，赤峰市生态空间为维护生物多样性发挥着不可替代的作用。此外，赤峰市地处重点生态功能区（大小兴安岭森林生态功能区和赤峰草原草甸生态功能区）和全国重要生态系统保护和修复重大工程区（大小兴安岭森林生态保育区、内蒙古高原生态保护和修复区）等典型生态区，生态工程的实施将促进生物多样性保护基因库功能的提升，重视生态空间生物多样性"基因库"功能，不仅为人类提供福祉，还可以为动植物提供生存生长环境，对于维持区域生态平衡、保护珍稀物种具有重要作用。

第二节　农田生态系统生态产品价值量评估结果

农田是陆地生态系统中较为重要的生态系统之一，它与森林、湿地、草地等生态系统一样，对人类的生存环境产生着重要影响（孙新章等，2007）。农田生态系统在生产人类需要的粮食和原材料过程中通过其结构及生态过程同时为人类提供生态服务功能（谢高地等，2005）。当前，农田生态系统服务及其价值化研究在全球范围内广泛开展，其研究成果正在成为农业生态补偿的理论基础。

自党的十九大召开以来，乡村振兴战略全面启动，国内对乡村振兴路径的研究主要体现在解决"三农"问题，大力发展乡村农业产业工作，做好乡村发展、建造、整治三件大事（杨春华，2022）。2018年中央一号文件《关于实施乡村振兴战略的意见》明确了以绿色发展引领乡村振兴，牢记绿水青山就是金山银山，助推乡村振兴的发展（陈薇，2020）。乡村生态振兴要以农田生态系统的稳定和健康为基础，降低农业生产和农民生活对生态系统的扰动，通过科学的生态系统管理措施促进生态系统服务可持续供给与服务能力提升（张灿强等，2020）。赤峰市作为内蒙古自治区的农业大市之一，对其农田生态系统生态产品进行精准评估，进而揭示发展变化规律，有利于推动全市农业绿色发展，促进农业经济和生态环境的协调。与此同时，研究结果也可以为其他省份提供借鉴参考。

一、绿色核算结果综合分析

赤峰市属于温带半干旱大陆性季风气候，有着适合农业生产的重要条件，是内蒙古东部重要的农业大市，是全自治区的大粮仓，同时也是全国首选粮食生产基地（李峰等，2015）。但由于赤峰地处我国北方农牧交错带，在自然因素和人为因素的干扰下，其生态环境脆弱，容易发生土地退化现象。因此，赤峰市将发展绿色产业视作实现乡村振兴的关键举措，在政府经济和政策上的强力支持下，绿色产业蓬勃发展，全市各旗县区乡村的绿色产业发展皆有成功且具代表性的案例，已然成为产业兴、乡村美、农民富的乡村振兴样板区。

2020年，赤峰市在落实中央、自治区决策部署的基础上，扎实做好"六稳"工作，全面落实"六保"任务，努力克服新冠肺炎疫情带来的不利影响，经济社会平稳健康发展，农牧民收入实现持续稳定增长，增速居全自治区第二位。从农田生态系统生态产品总价值来看，本次核算出赤峰市农田生态系统生态产品总价值量为 356.38 亿元／年。其中，供给服务占总价值的 93.50%，农产品供给占供给服务的 90.11%（表 4-9、图 4-21）。各旗县区总价值量表现不同，价值量最高为宁城县，近 70.00 亿元／年（图 4-22）。

表 4-9　农田生态系统核算结果

服务类别	功能类别	价值量（亿元/年）		百分比（%）
供给服务	农产品供给	300.26	333.22	93.50
	可再生能源供给	13.19		
	原料供给	19.77		
文化服务	休闲游憩	23.16	23.16	6.50
总计		356.38	356.38	100.00

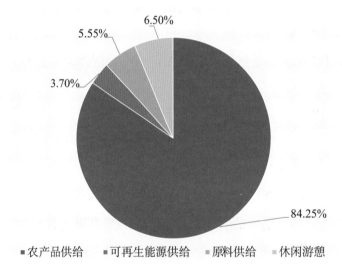

图 4-21　赤峰市农田生态系统不同功能类别价值量占比

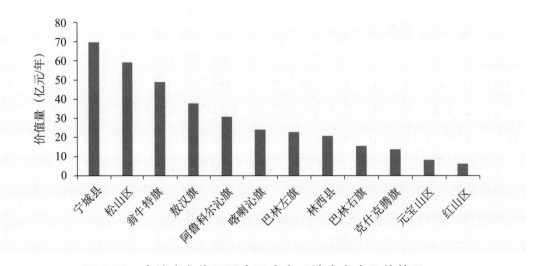

图 4-22　赤峰市各旗县区农田生态系统生态产品价值量

二、各旗县区生态产品价值量

赤峰市各旗县区农田生态系统总价值量表现不同，主要受各旗县区农田资源的地理分布和主要农产品种类差异的影响。其中，以水果、蔬菜及食用菌生产为主的宁城县农田生态系统总价值量最高，价值量超过 60.00 亿元 / 年（表 4-10），占全市农田生态系统生态产品价值的 19.52%。其次，松山区、翁牛特旗、敖汉旗的年价值量在 30.00 亿～55.00 亿元 / 年，3 个旗县区之和占全市农田生态系统总价值量的 40.84%。

表 4-10　各旗县区农田生态系统核算结果

旗县区	供给服务（亿元/年）			文化服务（亿元/年）	总计（亿元/年）
	农产品供给	可再生能源供给	原料供给	休闲游憩	
宁城县	65.67	0.31	1.79	1.78	69.55
松山区	52.27	2.43	1.74	2.57	59.01
翁牛特旗	38.05	5.07	1.87	3.86	48.85
敖汉旗	30.98	1.22	2.16	3.33	37.69
阿鲁科尔沁旗	22.11	3.63	1.45	3.56	30.75
喀喇沁旗	22.04	0.29	0.68	0.88	23.89
巴林左旗	18.46	0.87	1.24	2.08	22.65
林西县	16.75	2.01	0.59	1.25	20.60
克什克腾旗	11.37	0.51	0.45	1.35	13.68
巴林右旗	9.71	3.18	0.72	1.82	15.43
元宝山区	7.11	0.20	0.39	0.44	8.14
红山区	5.74	0.05	0.11	0.24	6.14

农田生态系统是人类进行所需农产品生产的半自然生态系统（陈阜等，2019）。赤峰市农产品供给价值量中，以蔬菜及食用菌价值较高的宁城县、松山区和以粮食价值较高的翁牛特旗、敖汉旗的总价值量位居前列。其中，宁城县 2020 年蔬菜及食用菌产量超过 100 万吨 / 年，蔬菜及食用菌主要依托设施农业的棚内种植，全县建成辣椒、茄子、番茄、食用菌 6 个万亩设施蔬菜种植园区，64 处日光温室千亩园区。设施农业主要生产季为 9 月至翌年 5 月（康健丽等，2014），宁城县 9 月至翌年 5 月的平均气温为 1.3～4.7℃，日照时数为 2000～2150 小时，气候条件有利于设施农业的发展。赤峰作为连接华北、东北和内蒙古东西部的交通枢纽，距离北京市区仅 300 余千米，宁城县在保障赤峰市蔬菜输出供应，每年向京津冀、粤港澳大湾区供应蔬菜占全市总产量的六成以上。

敖汉旗是赤峰市重要的农业生产基地。据《赤峰市统计年鉴（2021）》统计，全旗 2020 年粮食产量超过 100 万吨 / 年，位居全市首位。敖汉旗是典型的旱作农业区，有效积温高，

昼夜温差大，光照充足。独特的气候条件、不同的土壤类型，使敖汉旗农产品生产更具地方特色（王兵，2013）。全旗主要种植作物以玉米、高粱、谷子、杂豆等为主，通过对农业结构的调整，全旗已形成以农为主、农牧林结合的经济类型区，通过林下间作、套作推动绿色农业发展，树立了敖汉旗绿色农产品品牌。同时，敖汉旗还积极倡导打造卓越粮食品牌，"赤峰小米""敖汉小米"分别入选中国农产品国家品牌目录（图 4-23、图 4-24）。

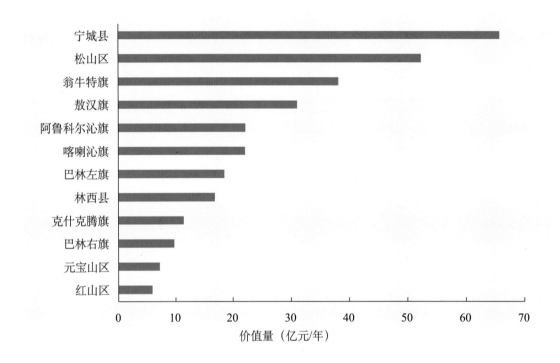

图 4-23　赤峰市各旗县区农产品供给价值量

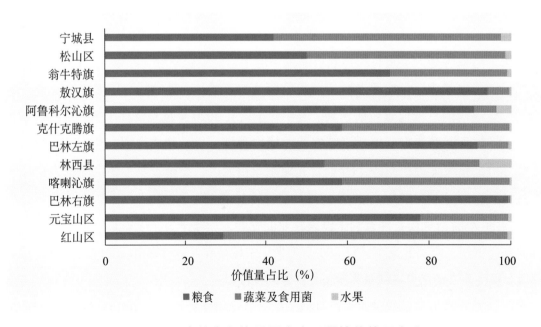

图 4-24　赤峰市各旗县区农产品供给价值量占比

赤峰市原料供给价值量中，敖汉旗、翁牛特旗、宁城县和松山区占比较大。其中，敖汉旗原料供给年产值均大于 2.00 亿元，其余 3 个旗县区原料供给年产值大于 1.50 亿元（图 4-25）。经济作物中包括为轻工业提供原料的作物，如油料作物、糖料作物等，其对自然环境要求较高的同时，创造的经济价值也要远远高于农作物（王晶婷，2019）。全市原料供给主要包括油料、糖类、烟草、中药材等（图 4-26）。从播种面积上看，阿鲁科尔沁旗经济作物的播种面积超过 8 万公顷，占全市总面积的 27.81%。全旗在提升粮食供给能力的同时，加快原料供给的特色种植产业发展，推动油料、糖类、烟草、中药材等特色产业提档升级和规模化发展。

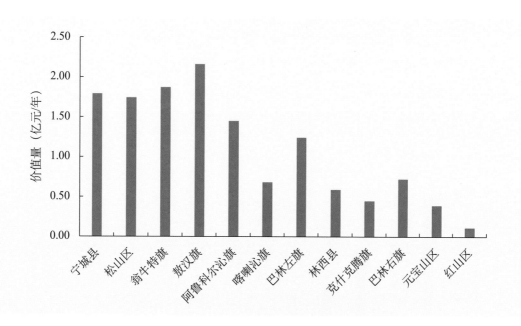

图 4-25　赤峰市各旗县区原料供给价值量

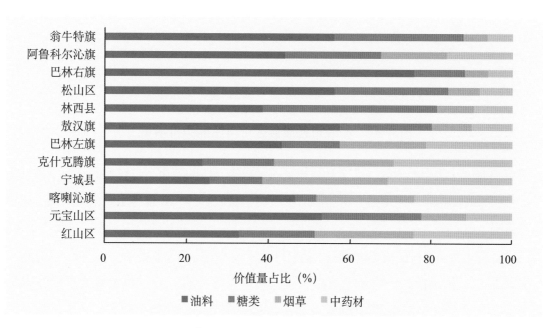

图 4-26　赤峰市各旗县区原料供给价值量占比

　　赤峰市作为内蒙古东部重要农业大市，巨大的农作物产量带来巨大的农作物秸秆产量。秸秆是我国农村的主要能源来源，农村生活能源的1/3都来自稻秆能源（刘丽香等，2006）。据统计，赤峰市2020年秸秆产量650多万吨，可收集量590多万吨，秸秆综合利用530多万吨，综合利用率达到88.83%。农作物秸秆饲料化利用370.24万吨，秸秆肥料化利用132.44万吨（赤峰市农牧局，2021）。为提升秸秆综合利用水平，改善农村生态环境，促进农业绿色高质量发展，自治区农牧厅印发了《关于印发〈内蒙古自治区2023年中央财政秸秆综合利用项目实施方案〉的通知》。敖汉旗和翁牛特旗先后制定了《敖汉旗财政资金支持秸秆转化工作实施方案(2017—2020年)》和《翁牛特旗2023年秸秆综合利用项目实施方案》。经核算，全市可再生能源价值量中，敖汉旗、翁牛特可再生能源年产值大于6.00亿元/年。精准量化赤峰市秸秆可再生能源的价值，践行了绿水青山就是金山银山理念，可为评估秸秆能源转化潜力、推动新能源利用打下坚实基础（图4-27）。

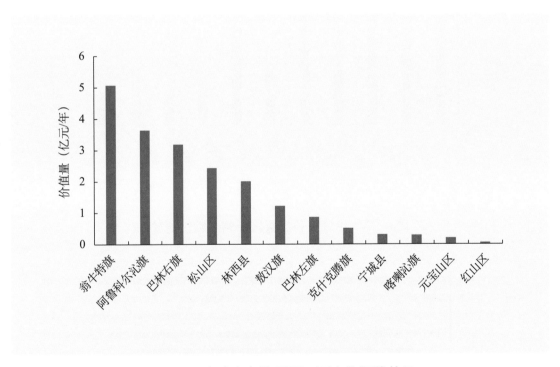

图4-27　赤峰市各旗县区可再生能源价值量

　　赤峰市是一个集自然资源、人文资源和旅游资源为一体的城市，乡村旅游资源丰富，并依据资源优势开发赤峰市不同地区乡村旅游的发展类型和旅游区。如森林旅游型的南部"绿色森林生态休闲"旅游区，农园采摘观光、渔业生态养殖和垂钓型的城区周边"田园风光农事体验"旅游区及畜牧观光和农村民俗文化型的北部乡村"牧区风情体验"旅游区（于静静，2020）。

　　评估显示，休闲游憩价值量中翁牛特旗、阿鲁科尔沁旗、敖汉旗表现突出。休闲游憩年产值均大于3亿元（图4-28）。目前乡村旅游受到季节的制约影响较大，旺季过后各个景区很少能看到游客的身影。因此，赤峰市在2016年提出要构建赤峰市乡村旅游"全季+全域"的旅游新格局。

同时,任何地区乡村旅游的发展都离不开政策的支持,为此赤峰市政府在 2015 年出台了《关于加快乡村旅游发展的指导意见》,指出在 2016—2020 年每年投入乡村旅游专项基金 1000 万元,各个旗县也需设立乡村旅游专项资金,为乡村旅游发展提供有力保障。为了扩大乡村旅游的规模,赤峰市在 2018 年不仅重点打造了包括巴林右旗岗根村和松山区东杖房村等在内的 5 个旅游示范村,还建设了 14 个休闲的旅游景区,如阿鲁科尔沁旗天山镇的蒙古汉廷文化园和红山区增嘉园休闲观光农业园等。文旅融合赋能乡村振兴,赤峰市以旅游消费助推乡村产业优化发展,释放"一业兴、百业旺"的乘数效应。近年来,赤峰市在加强乡村建设与旅游深度融合的同时,依托成熟景区的巨大旅游虹吸效应和辐射作用,推广重点景区带村、景村融合发展做法,提高农民在乡村文旅发展中的参与度和受益度,以旅游业带动周边乡村借助地域优势融入文旅产业。

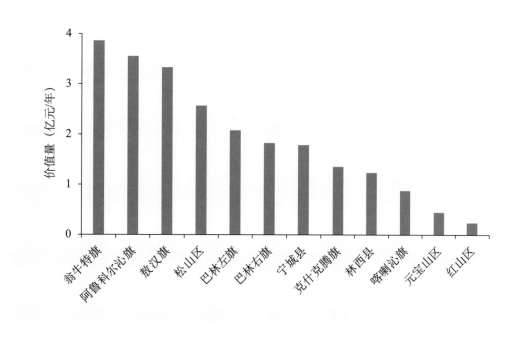

图 4-28 赤峰市各旗县区休闲游憩价值量

三、不同农作物生态产品价值量

赤峰市农田生态系统不同作物粮食供给价值量如图 4-29 所示。其中,蔬菜和谷物占比最大。蔬菜供给主要集中在南部的宁城县和松山区,该区域地处高纬度干旱、半干旱地带,日照充足、昼夜温差大,各类蔬菜产品品质优良,具有发展设施农业得天独厚的条件。同时,南部旗县区在连接华北、东北和内蒙古东西部具有先天的交通优势,距离北京市区仅 300 余千米。优越的交通区位优势,能让优质蔬菜及时摆上各地餐桌。

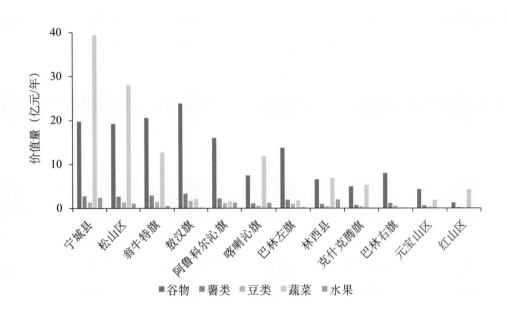

图 4-29　赤峰市不同作物粮食供给价值量

谷物、薯类等粮食供给主要集中于中部的敖汉旗和翁牛特旗。其中,敖汉旗地处旱作雨养农业区,昼夜温差大,有效积温高,土壤呈弱碱性,含丰富的有机质和有益矿物质,所处纬度带是世界公认的适宜优质粟黍生长的黄金纬度带(刘国祥等,2023)。赤峰市在全力抓好粮食生产的同时,着力强化品牌打造,实施品牌提升行动,农产品区域公用品牌"赤诚峰味"投入运营,敖汉小米入选"国字号"名录,全市在国家农业农村部登记的农产品地理标志产品达到 21 个,品牌影响力不断提升。

赤峰市农田生态系统不同作物原料供给价值量如图 4-30 所示。其中,油料和糖类经济作物占比较大。翁牛特旗油料价值量占比较大,达到 26.99%。因地制宜,适地适树,根据文冠果油料能源树种喜光,耐半阴,对土壤适应性很强,耐瘠薄、耐盐碱,抗寒能力强的生态学、生物学特性,结合赤峰市气候条件、土地资源特点,赤峰市先后在阿鲁科尔沁旗、巴林左旗、巴林右旗、林西县、翁牛特旗、喀喇沁旗、敖汉旗、松山区 8 个旗县区建设了文冠果示范基地(李玉才,2013)。

根据《赤峰市统计年鉴(2021)》,赤峰市糖类经济作物以甜菜为主,2020 年全市甜菜产量近 200 万吨,主要分布于翁牛特旗、巴林右旗、阿鲁科尔沁旗和松山区(图 4-30)。由于赤峰市属于温带半干旱大陆性季风气候区,雨水集中,水资源缺乏,且甜菜具有耗水量较大的生态学习性,对土地肥力要求较高。因此,全市先后推广节水灌溉(喷灌、膜下滴灌等)及地膜覆盖、小畦栽培和纸筒育苗等抗旱防寒技术,保证甜菜生产可持续稳定发展(莒琳,2014)。

在保障粮食供给后,全市大力推进科技兴农战略,加快特色种养业的发展步伐,一方面,积极实施龙头企业带动能力提升工程,充分发挥龙头企业的引领作用,推动杂粮油料、中药材、甜菜产业等特色产业不断提档升级，实现规模化发展。另一方面，高度重视农产品加工业的研发工作，提高农产品附加值。截至 2020 年，赤峰市农畜产品加工转化率达到 72%。

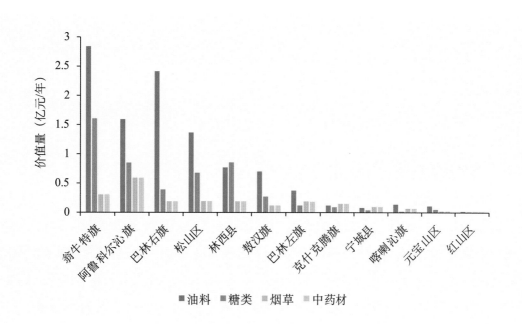

图 4-30　赤峰市不同作物原料供给价值量

赤峰市农田生态系统不同作物可再生能源价值量如图 4-31 所示，其中，玉米占比最大。传统秸秆利用方式主要是将铺膜地的玉米秸秆、杂粮和经济作物的秸秆，通过简易剪切粉碎饲喂牲畜或作为生活燃料，综合利用方式相对单一。随着秸秆综合利用工作的持续推

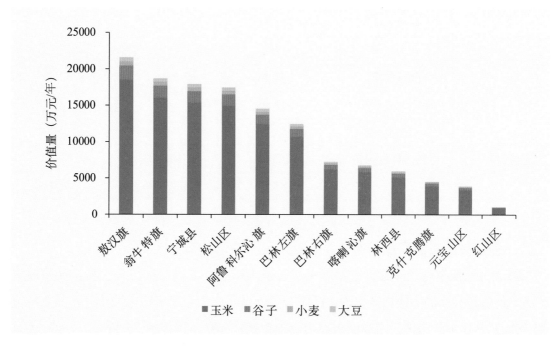

图 4-31　赤峰市不同作物可再生能源价值量

进，赤峰市多举措推进秸秆综合利用，取得了良好的经济效益、社会效益和环境效益（李延军等，2020）。相关数据显示，2020 年，赤峰市秸秆综合利用率为 88.83%（赤峰市农牧局，2021），基本形成饲料化、肥料化、燃料化利用为主，基料化、原料化同时兼顾的综合利用格局。

第三节　城市绿地生态系统生态产品价值量评估结果

一、绿色核算结果综合分析

城市绿地作为城市空间中的"近邻自然"，是城市居民亲近自然、游憩社交的主要场所，也是形成场所依恋、构建社会联系的重要空间形式，更是城市环境中文化服务的重要来源。赤峰城市绿地生态产品总价值如表 4-11 所示。本次核算出生态产品总价值量为 4.12 亿元 / 年。赤峰市城市绿地生态产品价值量按照生态系统服务类别划分，文化服务、调节服务、支持服务分别占总价值的 78.57%、19.70%、1.73%（表 4-11）。通过核算结果发现，赤峰市绿地生态系统的主导功能文化服务在城市绿地生态产品中占比最大，其主要表现形式是休闲游憩和景观溢价功能。

表 4-11　城市绿地四大服务核算结果

服务类别	功能类别	价值量（万元/年）		占比（%）
文化服务	休闲游憩	7586.04	32360.53	78.57
	景观溢价	24774.49		
调节服务	降水调蓄	1635.00	8114.50	19.70
	固碳释氧	284.99		
	净化大气环境	941.30		
	噪声消减	5253.21		
支持服务	生物多样性保护	712.83	712.83	1.73
总计		41187.86	41187.86	100.00

二、各旗县区生态产品价值量

赤峰城市绿地生态产品总价值如图 4-32、表 4-12 所示。从空间分布上看，城市绿地生态产品总价值量最高的为松山区，为 14742.37 万元 / 年，占全市城市绿地生态产品总价值量的 35.79%；其次为红山区，占赤峰市城市绿地生态产品总价值量的 24.76%。主要原因是文化服务作为城市绿地系统的主要服务功能，占比最大，而作为市辖区的松山区和红山区，无论是绿地分布面积，还是人口密集程度，均是赤峰市 12 个旗县区中最大的。同时，在赤峰市政府近年来的市政规划中，市辖区城市绿地建设得到重视。据统计，截至 2021 年，赤峰市城市人均公园绿地面积 20.35 平方米，城市公园个数 76 个，比上一年增加 47 个，且主要分布在市辖区范围内，因此作为市辖区的红山区和松山区的城市绿地生态产品价值量最高。

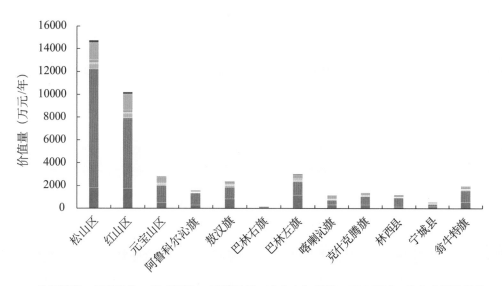

图 4-32　赤峰市各旗县区城市绿地生态产品价值量评估

表 4-12　赤峰市各旗县区城市绿地生态产品核算结果

旗县区	文化服务（万元/年）		调节服务（万元/年）				支持服务（万元/年）	总计（万元/年）
	休闲游憩	景观溢价	降水调蓄	固碳释氧	净化大气环境	噪声消减	生物多样性保护	
松山区	1771.43	10458.69	455.57	77.64	256.44	1528.40	194.20	14742.37
红山区	1733.22	6195.71	402.46	68.58	226.55	1400.53	171.56	10198.61
元宝山区	481.74	1509.38	131.16	19.88	65.66	558.47	49.72	2816.01
阿鲁科尔沁旗	269.56	1065.12	50.57	9.88	32.62	150.35	24.70	1602.80
敖汉旗	800.39	1029.66	169.43	27.31	90.20	162.97	68.31	2348.27
巴林右旗	26.93	111.96	1.82	0.68	2.24	17.03	1.70	162.36
巴林左旗	1136.73	1203.76	133.47	29.34	96.92	346.44	73.39	3020.05
喀喇沁旗	294.60	407.30	71.20	8.35	27.58	337.85	20.89	1167.77

（续）

旗县区	文化服务（万元/年）		调节服务（万元/年）				支持服务（万元/年）	总计（万元/年）
	休闲游憩	景观溢价	降水调蓄	固碳释氧	净化大气环境	噪声消减	生物多样性保护	
克什克腾旗	309.05	724.76	48.44	13.85	45.74	231.20	34.64	1407.68
林西县	109.30	802.13	47.71	9.77	32.26	198.29	24.43	1223.89
宁城县	135.57	231.25	42.37	6.53	21.56	120.17	16.32	573.77
翁牛特旗	517.52	1034.77	80.80	13.18	43.53	201.51	32.97	1924.28
总计	7586.04	24774.49	1635.00	284.99	941.30	5253.21	712.83	41187.86

　　赤峰市休闲游憩功能取决于赤峰市城市绿地面积、常住城镇人口与城镇常住居民人均旅游消费水平。从休闲游憩功能价值量可以看出，红山区、松山区和元宝山区的休闲游憩价值量占比较大（图4-33），其主要原因：一方面在于松山区作为主城区的一部分，城市绿地分布面积最大；另一方面，红山区和松山区同样是赤峰市常住人口较多的旗县区，在承载城市绿地休闲游憩功能中，人口基数大则人们对休闲游憩的支付意愿较大，从而使得休闲游憩功能的价值量相对较高。同时，赤峰市各旗县区城市绿地休闲游憩功能占比分布相对均匀，体现了随着城市现代化的快速发展，居民对能够走进城市绿地的需求也在逐渐增加。

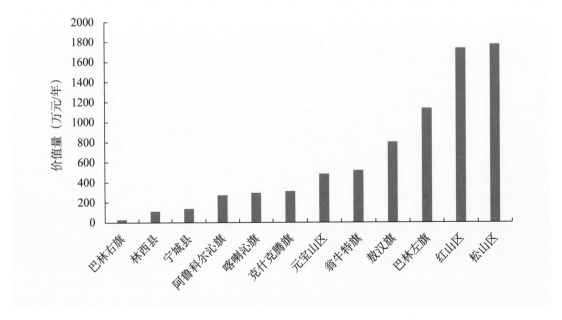

图4-33　各旗县区城市绿地休闲游憩功能价值量

　　赤峰市景观溢价功能取决于赤峰市城市绿地的面积、绿地的区位和房产价格，通过确定受益范围，结合受益范围内房产价格差异，评估景观溢价功能价值（图4-34）。近年来，依据《赤峰市城市总体规划（2012—2030 年）》中确定的规划区发展方向及空间结构，红山区和松山区逐步形成了"一脉两带连多心，两环三屏拥全城"的山水格局，绿地系统空间布局结构更加合理。因此，综合赤峰市红山区和松山区公园绿地的面积、数量和空间布局情况，其景观溢价辐射范围涉及较广，松山区和红山区景观溢价辐射的住宅用地面积占总住宅面积比例为49.01%和51.58%。其次为巴林左旗、敖汉旗、元宝山区和喀喇沁旗，景观溢价辐射的住宅用地面积占总住宅面积比例为28.60%、26.41%、26.37%和22.96%。宁城县和巴林右旗因其绿地面积较少，景观溢价辐射的住宅用地面积占总住宅面积比例小。建议今后加强景观规划建设，提高城市居民休闲游憩福祉。

绿地景观溢价功能价值量如图 4-34 所示，可以看出松山区和红山区的景观溢价价值量最大，元宝山区次之。其主要原因：松山区、红山区和元宝山区是赤峰市城市发展的主要区域，城市绿地分布面积大，同时绿地分布面积和人口密集程度均是赤峰市 12 个旗县区中最大的。其绿地总面积分别为 353.09 公顷和 311.93 公顷，其中具有较好休闲游憩功能的绿地面积分别为 203.15 公顷和 198.76 公顷，分别占总绿地面积的 57.53% 和 63.72%。此外，赤峰市新城（松山区）相对于老城区（红山区），经济发展更为迅速，梯度价格差异体现了人们对美好生活追求的升级。赤峰市城市绿地的景观溢价功能价值来源于生态价值，在对赤峰市城市资源开发时，应以发展的眼光做长远规划，注重城市绿地的保护和重塑，进而构建人与自然和谐相处的生态赤峰。

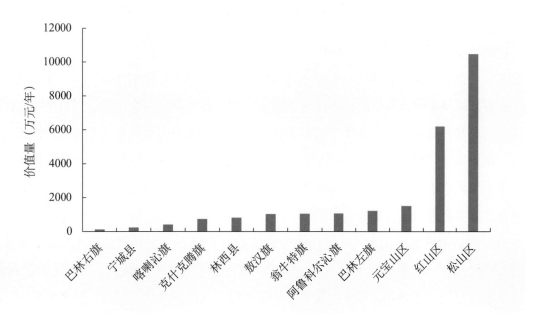

图 4-34 各旗县区城市绿地景观溢价功能价值量

赤峰市城市绿地降水调蓄功能价值量如图 4-35 所示。赤峰市城区是人口高度聚集的自然区域，水资源的利用和保护显得尤为重要。海绵城市建设就是最大限度地利用水资源，采取"渗、滞、蓄、净、用、排"等措施节约用水。城市绿地是海绵城市体系中的重要组成部分，通过建设植草沟、湿地等生物滞留措施，实现自然渗透、自然净化，化解雨洪高峰流量，缓解消除城市内涝。赤峰市中心城区的松山区和红山区占据着赤峰市城市绿地总面积的51.31%，在降水调蓄服务中发挥着重要作用。

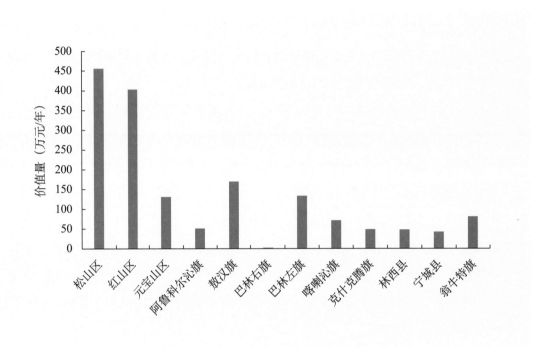

图 4-35　各旗县区城市绿地降水调蓄功能价值量

赤峰市城市绿地固碳释氧功能价值量如图 4-36 所示。工业化的迅速发展导致绿地面积大幅减少，大气环境日益破坏，生存环境不断受到威胁。绿色植物作为生态系统的初级生产者，具有固碳释氧的天然生理机能。固碳释氧作为一种重要的生态功能，对自然生态系统内的物质循环和能量流动中起着重要的调节作用。城市绿地的固碳释氧功能对减轻城市环境的压力，削弱城市"温室效应""热岛效应"的影响，实现城市生态系统的自我保护和良性循环起着重要的作用。城市绿地分布较大的中心城区、巴林左旗和敖汉旗，绿色植被在城市固碳释氧功能方面起到较大的作用。

赤峰市城市绿地净化大气环境功能价值量如图 4-37 所示。城镇的各类绿地、树木，以其巨大的叶面积，浓密的枝干，阻滞、过滤、吸附空中的灰尘、飘尘，同时还能起到滞留、分散、吸收空气中各种有害气体的作用，从而可使空气得到净化。同时，园林绿化可以调节气温，起到冬暖夏凉的作用。在炎热的夏季，树木庞大的叶面积可以遮阳，能有效地反射太阳辐射，大大减少阳光对地面的直射。树木通过叶片蒸发水分，可降低自身的温度，提高附近的空气湿度，因而夏季绿地内的气温较非绿地气温低 3 ~ 5℃。因此，城市绿地面积大、覆盖率高，能有效地改善居民居住区小气候。

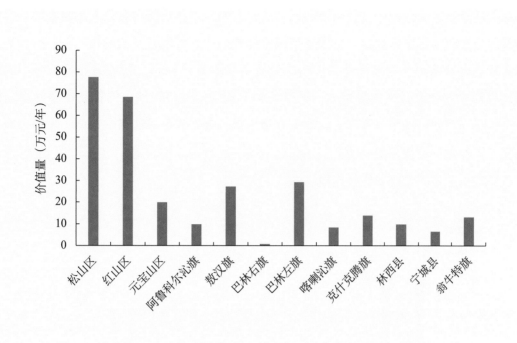

图 4-36　各旗县区城市绿地固碳释氧功能价值量

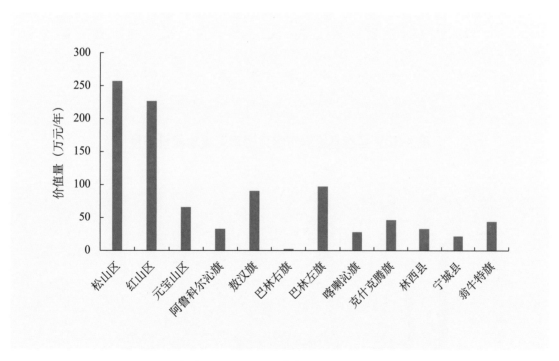

图 4-37　各旗县区城市绿地净化大气环境功能价值量

　　城市绿地的噪声消减功能在取决于城市绿地分布面积的同时，还受到绿化占比的影响，通过隔音墙等效替代法评估的城市绿地噪声消减功能价值量如图 4-38 所示。本研究对于城市公园绿地噪声消减功能的核算，选取的绿地是为城市居民提供实际降噪服务的住宅周边的绿地，总面积为 289.03 公顷，占总绿地面积的 22.30%。赤峰市城市绿地的噪声消减功能价值量最大的旗县区为松山区、红山区和巴林左旗，同时噪声消减功能较大的旗县区也存在着噪声声源分布较为集中的现象，合理增加城市绿地面积，可明显减低噪声污染。

赤峰市城市绿地生物多样性保护功能价值量如图 4-39 所示。随着城市的扩张，城市公园管理者和生态学家投入大量精力，通过各种方法增加城市绿地，保护和恢复残存的栖息地。这些行动的动机源于一种理念，即所有绿地都具有生物多样性保护价值。赤峰市城市绿地生物多样性保护价值量最高的松山区和红山区，通过建立植物园、动物园等公园绿地，在生物多样性保护方面发挥着积极作用。

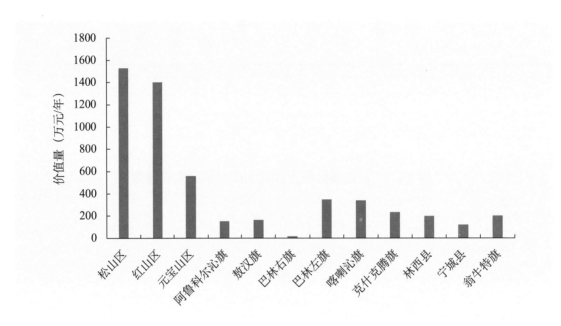

图 4-38　各旗县区城市绿地噪声消减功能价值量

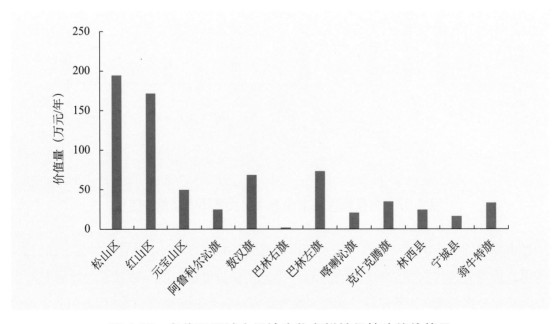

图 4-39　各旗县区城市绿地生物多样性保护功能价值量

第四节　全空间生态产品价值量评估结果综合分析

　　赤峰市全空间生态产品价值如表 4-13 所示。本次核算出全空间生态产品总价值量为 2746.34 亿元/年。其中，生态空间为 2385.84 亿元/年，城市空间为 4.12 亿元/年，农村空间为 356.38 亿元/年。赤峰市全空间生态产品价值量按照生态系统服务四大类别划分，调节服务、供给服务、支持服务、文化服务分别占总价值的 40.29%、35.19%、22.20%、2.32%。全空间生态产品总价值空间分布如图 4-40 所示，克什克腾旗总价值量最高，超过 600.00 亿元/年，占总价值量的 20.00% 以上，其次为阿鲁科尔沁旗，总价值超过 300.00 亿元/年。

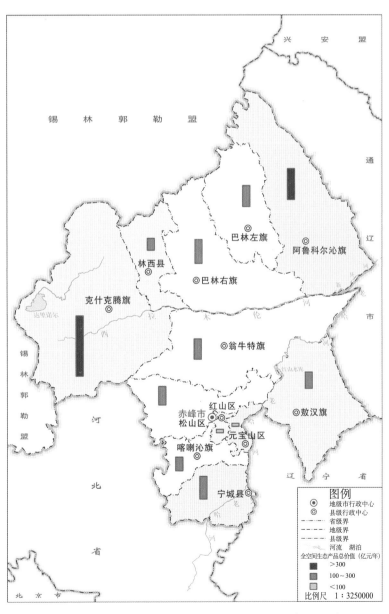

图 4-40　赤峰市全空间生态产品价值量空间分布

　　本次全空间生态产品价值核算量化了赤峰市生态空间、城市空间、农村空间所发挥的支持服务、供给服务、调节服务和文化服务价值，进一步摸清了赤峰市生态产品状况、功能效益及其在"双碳"战略中发挥的重要作用，生动诠释了绿水青山就是金山银山的发展理念，为生态空间的科学管理提供依据，为完善实施生态补偿政策奠定基础，为考核评估国家重点生态工程主要成效提供参考。

表 4-13　赤峰市全空间生态产品价值量核算结果

服务类别	生态空间（亿元/年）			农村空间（亿元/年）	城市空间（亿元/年）	合计（亿元/年）
	森林生态系统	草地生态系统	湿地生态系统			
支持服务	277.35	326.26	5.98	—	0.07	609.66
调节服务	892.41	153.06	60.22	—	0.81	1106.50
供给服务	220.03	391.91	21.21	333.22	—	966.37
文化服务	19.68	5.88	11.85	23.16	3.24	63.81
合计	1409.47	877.11	99.26	356.38	4.12	2746.34

第五章

赤峰市森林全口径碳中和功能
与碳汇产品价值化实现路径分析

2020 年 9 月，习近平总书记在第七十五届联合国大会一般性辩论上宣布，"中国将提高国家自主贡献力度，采取更加有力的政策和措施，二氧化碳排放力争于 2030 年前达到峰值。努力争取 2060 年前实现碳中和"。2021 年 11 月，在格拉斯哥气候大会前，我国正式将其纳入新的国家自主贡献方案并提交联合国。碳达峰是指我国碳排放量将于 2030 年前达到峰值，并进入平稳期，其间虽有波动，但总体保持下降趋势；碳中和是指通过采取除碳等措施，使碳清除量与排放量达到平衡，即中和状态；碳达峰与碳中和一起，简称"双碳"。实现"双碳"目标是党中央经过深思熟虑作出的重大战略决策，事关中华民族永续发展和构建人类命运共同体。

目前，实现"双碳"目标已纳入《中共中央关于制定国民经济和社会发展第十四个五年规划和二〇三五年远景目标的建议》。实现碳中和的两个决定因素是碳减排和碳增汇，虽然碳捕获利用与封存（carbon capture utility and storage，CCUS）也有所贡献，但目前而言，其实现大规模的实际应用存在很大困难，短期内不会成为碳固存的主要方式。

> 碳捕获利用与封存（carbon capture utility and storage，CCUS）：是指通过物理、化学和生物学的方法进行二氧化碳的捕集、封存与利用。

森林生态系统作为陆地生态系统最大的碳储库，在全球碳循环过程中起着非常重要的作用。在"双碳"背景下，林业的地位和作用更加凸显。2021 年，国家林业和草原局新闻发布会介绍，我国森林资源中幼龄林面积占森林面积的 60.94%。中幼龄林处于高生长阶段，伴随森林质量不断提升，其具有较高的固碳速率和较大的碳汇增长潜力，这对我国碳达峰、碳中和具有重要作用。

当前我国是世界最大的碳排放国，排放量约占全球 30%，超过第二至第六名碳排放国的总和；我国相比美国、欧盟等国家和区域，碳达峰和碳中和时间较短，短时间内完成全球最高碳排放强度降幅具有一定的挑战性。"双碳"目标可驱动我国实现技术创新和发展转型，是经济社会高质量发展的内在要求，也是生态环境高水平保护的必然要求。碳减排与大气治污类似，可从源头治理和末端治理两个方向入手，源头方面可通过提高能效、优化产业结构和能源结构、推进能源清洁化低碳化等措施入手；末端治理层面可通过碳汇方式，碳捕集、利用与封存技术（CCUS）等减碳途径，碳汇方式中生态固碳是增加碳汇量重要途径，也是实现碳中和目标的重要环节。森林作为陆地生态系统主体，其强大的碳汇功能和作用，成为实现"双碳"目标的重要载体。据联合国政府间气候变化专门委员会第五次评估报告，相比于工业 CCUS 技术每吨近百美元的去碳成本，林业碳汇项目的除碳成本在 5 ～ 50 美元 / 吨，并且几乎不会造成碳泄漏。由于林业碳汇项目具有适应并减缓气候变化，同时促进可持续发展的功能（中国可持续发展林业战略研究项目组，2009），开发林业碳汇项目在控制温室气体排放的同时维护了项目开发地区的森林生态系统的稳定，保护了生物多样性，增加了当地农民的收入。因此，林业碳汇项目被纳入国内外碳排放市场中。

> 林业碳汇：是指利用森林的储碳功能，通过造林、再造林和森林管理，减少毁林等活动，吸收和固定大气中的二氧化碳，并按照相关规则与碳汇交易相结合的过程、活动机制。
>
> 森林碳汇：是指森林植物通过光合作用吸收二氧化碳，放出氧气，把大气中的二氧化碳转化为碳水化合物固定在植被与土壤当中，从而减少大气中二氧化碳浓度的过程。

《京都议定书》第 12 条确立的清洁发展机制 (CDM) 为林业碳汇交易创造了条件。最初，《京都议定书》并未把林业纳入减排市场，但随着国际气候谈判的不断深入，《波恩政治协议》和《马喀拉什协定》同意将造林、再造林作为《京都议定书》第 1 承诺期内唯一合格的清洁发展机制林业碳汇项目。森林在减缓和适应气候变化中的特殊作用逐渐得到国际社会认可，林业碳汇才得以进入减排市场。碳市场是国际公认的最具成本效益的应对气候变化的政策工具。国际上碳市场的机制目前主要由三部分组成：各国国内自愿减排机制（如 CCER）、国际碳减排机制 [包括清洁发展机制和国际航空碳抵消和减排计划（CORSIA）] 以及第三方独立减排机制 [包括核证减排标准（VCS）、黄金标准（GS）、美国碳注册登记处（ACR）、美国气候行动储备方案（CAR）等]。

2006 年，国家林业局和世界银行合作在广西成功实施全球首个清洁发展机制再造林项目。2010 年，经国务院批准，我国成立了首家以增汇减排、应对气候变化为目标的全国性公募基金——中国绿色碳汇基金会，为国内更多的企业、团体、组织和个人自愿参与林业应对气候变化行动，展现社会责任，增强保护全球气候意识搭建平台。作为《联合国气候变化框架公约》的缔约国，为了落实节能减排政策措施，我国国家发展和改革委员会于 2011 年 10 月选择北京、上海、天津、重庆、深圳、湖北、广东作为试点区域试行全国碳排放交易。2012 年 6 月 13 日，国家发展和改革委员会下发《温室气体自愿减排交易管理暂行办法》，对我国可进行温室气体自愿减排的项目类型、方法、审定、核查等进行了明确的规定，中国核证自愿减排量（CCER）市场自此建成（何桂梅等，2015；胡牡丹，2013），如图 5-1 所示。

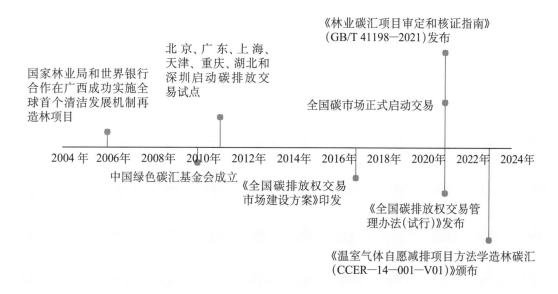

图 5-1　我国林业碳汇市场建设脉络

在国际自愿碳市场，国际核证碳标准（VCS）是应用最广泛的碳减排标准。生态碳市场发布的《2022 年第 3 季度自愿碳市场现状》报告显示，自愿碳市场 76% 的交易量来自 VCS 林业碳汇项目，其中 65% 来自 VCS 推出的 REDD+ 项目。VCS 项目签发的核证碳单位（VCUs）主要用于企业自愿减排，以履行社会责任，提升企业绿色形象。VCS 通过开发可信赖的标准化方法学以简化项目审批流程、减少交易成本，以及提高项目开发透明度等前沿创新性工作，为自愿碳市场稳健发展提供方案。

中共中央办公厅、国务院办公厅印发《关于建立健全生态产品价值实现机制的意见》指出，建立健全生态产品价值实现机制，是贯彻落实习近平生态文明思想的重要举措，是践行"绿水青山"就是"金山银山"理念的关键路径。生态产品价值实现是要把生态系统服务提供的，尤其是没有体现在 GDP 统计体系中的额外附加价值显现出来，把自然资产和生态产品纳入决策中，完善国民财富核算体系，让优美的生态环境成为经济发展新的"增长极"。因此，我国提出生态产品概念的战略意图就是要把生态环境转化为可以交换消费的生态产品，充分利用我国改革开放后在经济建设方面取得的经验、人才、政策等基础，用搞活经济的方式充分调动起社会各方开展环境治理和生态保护的积极性，让价值规律在生态产品的生产、流通与消费过程发挥作用，以发展经济的方式解决生态环境的外部不经济性问题。

自然资源部发布的《生态产品价值实现典型案例（第三批）》中提到了福建三明市碳汇交易促进生态产品价值实现案例。福建三明市借助国际核证碳减排、福建碳排放权交易试点等管控规则和自愿减排市场，探索开展林业碳汇产品交易，该做法是将生态系统的绿色"碳库"功能转化为可交易的林业碳汇产品，有利于实现生态产品的综合效益。基于此，本章在分析赤峰市生态空间绿色碳中和功能的基础上，测算全市基于 CCER 和 VCS 的林业碳汇开发潜力，并结合福建省交易经验提出赤峰市碳汇产品价值化实现路径的有益设想。

第一节　森林全口径碳中和理念提出

随着人类社会的发展，温室气体的大量排放引起了严重的全球气候变化问题，2020 年 9 月 22 日，在第七十五届联合国大会一般性辩论上，中国向全世界宣布将提高国家自主贡献力度，采取更加有力的政策和措施，二氧化碳排放力争于 2030 年前达到峰值，努力争取 2060 年前实现碳中和。森林作为陆地生态系统的重要组成部分，包含了陆地生物圈 45% 以上的碳，在全球碳平衡中扮演了重要角色。《自然》（*Nature*）杂志最新研究表明，全球森林碳汇是稳定的，为 35 亿吨碳 / 年，几乎相当于化石燃料排放量的一半（Pan et al.，2024）。精准评价森林生态系统的碳汇能力，对于实现"双碳"目标尤为重要。

一、理论基础

目前，森林生态系统碳汇的测算研究主要有生物量换算、森林生态系统碳通量测算和遥感测算三种主要途径。其中，基于生物量换算途径的森林碳储量测算方法主要有样地实测法（Brown and Lugo，1982；Preece et al.，2015）、材积源生物量法（Fang et al.，1998；Zhou et al.，2002；Segura and Kanninen，2005；林卓，2016）；基于森林生态系统碳通量途径的测算方法是净生态系统碳交换法（Markkanen et al.，2001；陈文婧，2013）；基于遥感测算途径的测算方法是遥感判读法（Hansen et al.，2000；Dong et al.，2003；Li et al.，2015）。其中，样地实测法由于直接、明确、技术简单，省去了不必要的系统误差和人为误差，可以实现森林碳汇的精确测算（Whittaker et al.，1975）。

传统的碳汇监测计量方法学存在缺陷，即推算森林碳汇量采用的材积源生物量法是通过森林蓄积量增量进行计算的，一些森林碳汇资源并未被统计其中（王兵，2021）。主要体现在以下三方面。

其一，森林蓄积量没有统计特灌林和竹林，只体现了乔木林的蓄积量，而仅通过乔木林的蓄积量增量来推算森林碳汇量，忽略了特灌林和竹的碳汇功能。我国有林地面积近40年增长了10292.31万公顷，增长幅度为89.28%。有林地面积的增长主要来源于造林，历次全国森林资源清查期间的全国造林面积均保持在2000万公顷/5年之上。Chen等（2019）的研究也证明了造林是我国增绿量居于世界前列的最主要原因。近40年来，我国竹林面积处于持续的增长趋势，增长量为309.81万公顷，增长幅度为93.49%；灌木林地（特灌林＋非特灌林）面积亦处于不断增长的过程中，近40年其面积增长了5倍。竹林是森林资源中固碳能力最强的植物，在固碳机制上，属于碳四（C_4）植物，而乔木林属于碳三（C_3）植物。虽然没有灌木林蓄积量的统计数据，但我国特灌林面积广袤，也具有显著的碳中和能力。

第九次全国森林资源清查结果显示，我国竹林面积641.16万公顷、特灌林面积3192.04万公顷。竹林是世界公认的生长最快的植物之一，具有爆发式可再生生长特性，蕴含着巨大的碳汇潜力，是林业应对气候变化不可或缺的重要战略资源（张红燕等，2020）。研究表明，毛竹年固碳量为5.09吨/公顷，是杉木林的1.46倍，是热带雨林的1.33倍，同时每年还有大量的竹林碳转移到竹材产品碳库中长期保存（武金翠等，2020）。灌木是森林和灌丛生态系统的重要组成部分，地上枝条再生能力强，地下根系庞大，具有耐寒、耐热、耐贫瘠、易繁殖、生长快的生物学特性（曹嘉瑜等，2020）。尤其是在干旱、半干旱地区，生长灌木林的区域是重要的生态系统碳库，对减少大气中二氧化碳含量具有重要作用。

其二，疏林地、未成林造林地、非特灌林、苗圃地、荒山灌丛、城区和乡村绿化散生林木也没在森林蓄积量的统计范围之内，它们的碳汇能力也被忽略了。

第九次全国森林资源清查结果显示，我国疏林地面积为342.18万公顷、未成林造林地面积为699.14万公顷、非特灌林面积为1869.66万公顷、苗圃地面积为71.98万公顷、城区和乡村绿化散生林木株数为109.19亿株（因散生林木具有较高的固碳速率，可以相当于2000万公顷森林资源的碳中和能力）。疏林地是指附着有乔木树种，郁闭度在0.1～0.19的林地，可以有效增加森林资源、扩大森林面积、改善生态环境的。其郁闭度过低的特点，恰恰说明其活立木种间和种内竞争比较微弱，而其生长速度较快的事实，又体现了其较强的碳汇能力。未成林造林地是指人工造林后，苗木分布均匀，尚未郁闭但有成林希望或补植后有成林希望的林地，是提升森林覆盖率的重要潜力资源之一，其处于造林的初始阶段，也是林木生长的高峰期，碳汇能力较强。苗圃地是繁殖和培育苗木的基地，由于其种植密度较大，碳密度必然较高。有研究表明，苗圃地碳密度明显高于未成林造林地和四旁树，其固碳能力不容忽视。城区和乡村绿化散生林木几乎不存在生长限制因子，生长速度更接近于生产力的极限，也意味着其固碳能力十分强大。

其三，森林土壤碳库是全球土壤碳库的重要组成部分，也是森林生态系统中最大的碳库。森林土壤碳含量占全球土壤碳含量的 73%，森林土壤碳含量是森林生物量的 2 ~ 3 倍（周国模等，2006），它们的碳汇能力同样被忽略了。土壤中的碳最初来源于植物通过光合作用固定的二氧化碳，在形成有机质后通过根系分泌物、死根系或者枯枝落叶的形式进入土壤层，并在土壤中动物、微生物和酶的作用下，转变为土壤有机质存储在土壤中，形成土壤碳汇（王谢，2015）。且有研究表明，成熟森林土壤可发挥持续的碳汇功能，土壤表层 20 厘米有机碳浓度呈上升趋势（Zhou et al., 2006）。

基于上述分析，中国森林资源核算第三期研究结果中提出了全口径碳汇的理念，结果显示，我国森林全口径碳中和每年达 4.34 亿吨碳当量。其中，黑龙江、云南、广西、内蒙古和四川的森林全口径碳中和量居全国前列，占全国森林全口径碳中和量的 43.88%。

森林碳汇资源为能够提供碳汇功能的森林资源，包括乔木林、竹林、特灌林、疏林地、未成林造林地、非特灌林、苗圃地、荒山灌丛、城区和乡村绿化散生林木等。森林植被全口径碳汇除了包括传统森林资源（乔木 + 特灌林）外，还包括上述提及的森林碳汇资源，其计算公式如下：

$$G_{全}=G_{乔}+G_{竹}+G_{特}+G_{疏}+G_{未}+G_{苗}+G_{四,散}+G_{灌}+G_{土} \tag{5-1}$$

式中：$G_{全}$——森林植被全口径碳汇（吨 / 年）；

　　　$G_{乔}$——乔木林碳汇（吨 / 年）；

　　　$G_{竹}$——竹林碳汇（吨 / 年）；

　　　$G_{特}$——特灌林碳汇（吨 / 年）；

　　　$G_{疏}$——疏林地碳汇（吨 / 年）；

　　　$G_{未}$——未成林造林地碳汇（吨 / 年）；

　　　$G_{苗}$——苗圃地碳汇（吨 / 年）；

　　　$G_{四,散}$——四旁树、散生木碳汇（吨 / 年）；

　　　$G_{灌}$——其他灌木林碳汇（吨 / 年）；

　　　$G_{土}$——森林土壤碳汇（吨 / 年）。

$G_{乔}$、$G_{竹}$、$G_{特}$、$G_{疏}$、$G_{未}$、$G_{苗}$、$G_{四,散}$、$G_{灌}$ 可由优势树种的净初级生产力（net primary production，NPP）计算得到，$G_{土}$ 可由单位面积林分土壤碳汇计算得到：

$$G_{植物} = 0.445 \times A \times NPP \tag{5-2}$$

$$G_{土} = A \times F_{土} \tag{5-3}$$

式中：$G_{植物}$——$G_{乔}$、$G_{特}$、$G_{疏}$、$G_{未}$、$G_{苗}$、$G_{四,散}$、$G_{灌}$（吨 / 年）；

　　　A ——林分面积（公顷）；

0.445——生物量与碳之间的转换系数；

$F_\pm$——单位面积林分土壤年固碳量 [吨 /（公顷·年）]；

$G_\pm$——森林土壤碳汇（吨 / 年）。

二、作用和意义

森林的不断扩张（即在森林达到稳定状态之前）已被确定为是增加碳储量和减缓气候变化的手段；生长速度快的物种与土地质量更好的区域不仅固碳速度快，还可以迅速生产出可利用的木材（UK National Ecosystem Assessment，2011）。基于以上分析和中国森林资源核算项目一期、二期、三期研究成果，王兵等（2021）提出了森林碳汇资源和森林全口径碳汇新理念。森林全口径碳汇能更全面地评估我国的森林碳汇资源，避免我国森林生态系统碳汇能力被低估，同时还能彰显出我国林业在碳中和中的重要地位。

在 2021 年 1 月 9 日召开的中国森林资源核算研究项目专家咨询论证会上，中国科学院院士蒋有绪、中国工程院院士尹伟伦肯定了森林全口径碳中和这一理念，对森林生态服务价值核算的理论方法和技术体系给予高度评价。尹伟伦表示，生态价值评估方法和理论，推动了生态文明时代森林资源管理多功能利用的基础理论工作和评价指标体系的发展。蒋有绪表示，固碳功能的评估很好地证明了中国森林生态系统在碳减排方面的重要作用，希望中国森林生态系统在碳中和任务中担当重要角色。

2020 年 3 月 15 日，习近平总书记主持召开的中央财经委员会第九次会议强调，2030 年前实现碳达峰，2060 年前实现碳中和，这是党中央经过深思熟虑作出的重大战略决策，事关中华民族永续发展和构建人类命运共同体。如果按照全国森林全口径碳汇 4.34 亿吨碳当量折合 15.91 亿吨二氧化碳量计算，森林可以起到显著的固碳作用，对于生态文明建设整体布局具有重大的推进作用。

目前，我国人工林面积达 7954.29 万公顷，为世界上人工林面积最大的国家，其约占天然林面积的 57.36%，单位面积蓄积生长量为天然林的 1.52 倍，这说明我国人工林在森林碳汇方面起到了非常重要的作用。另外，我国森林资源中幼龄林面积占森林面积的 60.94%，中幼龄林处于高生长阶段，具有较高的固碳速率和较大的碳汇增长潜力。由此可见，森林全口径碳汇将对我国碳达峰、碳中和起到重要作用。

因此，在实现碳达峰目标与碳中和愿景的过程中，除了大力推动经济结构、能源结构、产业结构转型升级，还应进一步加强以完善陆地生态系统结构与功能为主线的生态系统修复和保护措施，加强森林碳汇资源的综合监测工作，掌握森林碳汇资源的分布、结构及其种类，完善森林碳汇资源的生态系统状况、功能效益及其演变规律长期监测工作，进而增强以森林生态系统为主体的森林全口径碳汇功能，提升林业在碳达峰目标与碳中和过程中的参与度，打造具有中国特色的碳中和之路。

第二节　森林全口径碳中和评估结果

一、森林全口径碳中和评估总结果

森林固碳机制是通过自身的光合作用过程吸收二氧化碳，制造有机物，积累在树干、根部和枝叶等部位，并释放出氧气，从而抑制大气中二氧化碳浓度的上升，发挥绿色碳中和作用（Liu et al.,2012）。基于"森林全口径碳汇"评估方法，对赤峰市森林生态系统"碳汇"功能进行了评估，结果显示森林全口径碳汇量为408.71万吨/年，森林碳中和作用显著，相当于中和了全市工业能源碳排放量的54.49%。由图5-2可知，乔木林是发挥碳中和功能的主体，其固碳能力强弱是影响赤峰市全口径森林碳中和能力的关键因素，其固碳量占全口径碳汇量的61.47%；其次为灌木林。全口径碳汇量较森林生态系统固碳量多了15.17万吨碳当量。植物在生长过程中通过光合作用吸收二氧化碳并将其作为生物量固定在植物体中，从而降低大气中温室气体浓度，减缓气候变化。与此同时，土壤也是一个巨大的碳库，其固碳量的波动会对气候变化产生巨大影响。固定到土壤中的有机碳一部分会经过土壤微生物的分解转化以二氧化碳形式重新返回到大气；剩余的有机质则经过多年累积转化成稳定的有机碳储存到土壤。因此，赤峰要增强以森林生态系统为主体的森林全口径碳汇功能，加强绿色减排能力，提升林业在碳达峰与碳中和过程中的贡献，探索具有区域特色的碳中和之路。

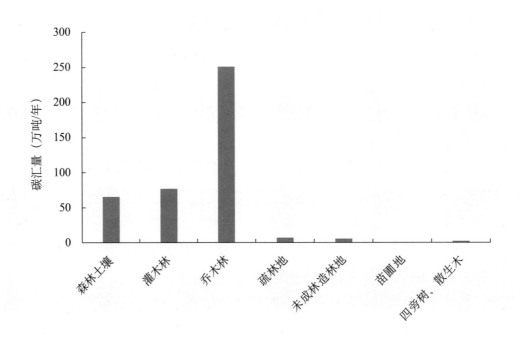

图5-2　全口径碳汇不同组分占比

二、森林全口径碳中和空间分布

由于赤峰市森林资源分布状况不同，森林的碳中和能力也存在较大空间异质性。各旗县区森林全口径碳中和能力如图 5-3 所示，最高的为克什克腾旗，占总固碳量的 22.04%，其次为敖汉旗、宁城县、阿鲁科尔沁旗，占比均超过 10%，以上 4 个旗县区碳中和量占全市碳中和总量的 57.69%。

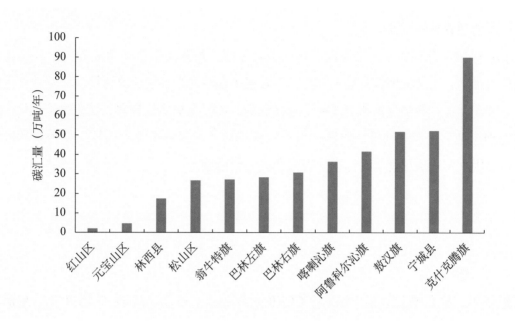

图 5-3　赤峰市各旗县区碳中和能力

森林由于其强大的碳汇能力，在地区节能减排、营造美丽生活中发挥着重要作用。各旗县区应结合区域生产状况，适当调整能源结构，对森林进行合理经营，从而有效地发挥森林固碳功能，促进区域实现碳达峰、碳中和目标。森林碳汇功能受到多种因素影响，如森林面积、结构和水热条件等。科学增加森林碳库和提升森林碳汇能力，除了尽可能地扩大森林面积外，重点需要精准提升森林质量，提高人为活动管理水平；同时，还要考虑气候变化等自然环境的影响，保护好现有森林资源背后的碳储存。建议赤峰市未来可以从"扩、增、固"三个方向进一步提升全口径碳汇功能。其中，"扩"为大力推进科学绿化，进一步扩大森林面积；"增"为着力提升森林质量，增强森林的碳汇功能和碳储量；"固"为巩固和保护现有森林的碳储存，减少森林碳损失和碳排放。

（1）扩大森林面积。国家温室气体清单结果表明，过去 20 年间，新增森林面积的碳汇贡献占中国森林碳汇总量的 40%～50%，发挥了巨大的增汇作用。未来应按照统筹山水林田湖草沙系统治理要求，加大植树造林和封山育林，强化退化土地治理与修复，进一步实行退耕还林还草等重大生态修复工程，深入推进大规模国土绿化行动。同时，深入开展全民义务植树活动，推进森林城市和美丽乡村建设，通过多途径、多方法、多形式推动增绿增汇。

（2）提升森林质量。具体可以通过实施森林质量精准提升工程，科学编制森林经营方案，规范开展森林经营活动等方式实现。研究表明，改善林分结构，将纯林改造为混交林往往往具有更好的固碳效益。由于不同树种的固碳效率存在差异，选择高固碳效率的造林树种，可以增强森林的固碳能力，同时还可以生产具有高经济价值的木材；科学适当的管理措施，如施肥、采伐剩余物管理、造林密度调整、轮伐期与采伐方式调整等，也能提高森林生态系统碳的储量和固碳效果；气候变暖以及大气二氧化碳浓度增加等外在因素也会提高森林生产力，从而增加森林的固碳能力。

（3）保护现有碳储存。严格保护自然生态空间，加强国土空间用途管控，开展自然保护地整合优化，确保林地保有量不减少，有效保护森林生态系统的原真性、完整性、生物多样性和碳汇功能。严格保护和合理利用森林资源，加强森林采伐管理，禁止违法毁林，减少因不合理土地利用和土地破坏等活动导致的碳排放。加强各类灾害防控，保护森林资源安全，减少因火灾和病虫害等破坏森林资源造成的碳排放。

第三节　基于 CCER 的林业碳汇开发潜力监测计量与评估

近年来，越来越多的人开始关注 CCER 和林业碳汇市场的发展。CCER 交易是形成全国统一碳市场的纽带，是调控全国碳市场的市场工具（张昕，2015）。碳市场按照 1∶1 的比例给予 CCER 替代碳排放配额，即 1 个 CCER 等同于 1 个配额，可以抵消 1 吨二氧化碳当量的排放，这就使得 CCER 可自由流通在各个碳市场，从而连接区域碳市场并且通过 CCER 及碳金融产品的调控，可以有力地调控全国的碳交易市场。CCER 林业碳汇交易的进行不仅能够使发达地区以低成本履行温室气体减排目标，同时可以使欠发达地区从发达地区获得资金和技术支持，实现可持续发展，在全国范围内以低成本的方式减少大气中的温室气体，实现"双碳"目标（向开理，2017）。我国经济发展状况难以承受大规模的工业减排行动，但我国林地资源丰富，发展林业碳汇项目的潜力巨大，可以通过发展林业碳汇减轻经济建设造成的碳排放负担，同时造福生态建设（韩雪等，2012）。

CCER 是自 2012 年我国清洁发展机制项目后开始的探索之路。2021 年 7 月 16 日，全国碳排放权交易市场正式上线交易，全国碳市场第一个履约周期年覆盖二氧化碳排放量 45 亿吨。按照 CCER 5% 抵消比例和排放量计算，全国市场的控排企业每年的 CCER 需求为 2 亿吨以上。研究表明，目前我国 CCER 的存量仅 5000 万吨，因此未来 CCER 的市场空间巨大。

2023 年 10 月，生态环境部正式发布了《温室气体自愿减排交易管理办法（试行）》，提出申请登记的温室气体自愿减排项目应当具备真实性、唯一性和额外性，属于生态环境部发布的项目方法学支持领域，项目于 2012 年 11 月 8 日之后开工建设，且减排量产生于 2020 年 9 月 22 日之后等诸多条件。为更优化林业碳汇开发工作流程和规范行业要求，生态环境部于 2023 年 10 月发布了最新《温室气体自愿减排项目方法学 造林碳汇（CCER-14-001-V01）》（简称方法学），明确了开发造林碳汇的项目类型及开发流程（图 5-4），规定造林碳汇项目可通过增加森林面积和森林生态系统碳储量实现二氧化碳清除，是减缓气候变化的重要途径，属于林业和其他碳汇类型领域方法学。符合条件的造林碳汇项目可按照方法学要求，设计和审定温室气体自愿减排项目，以及核算和核查温室气体自愿减排项目的减排量。

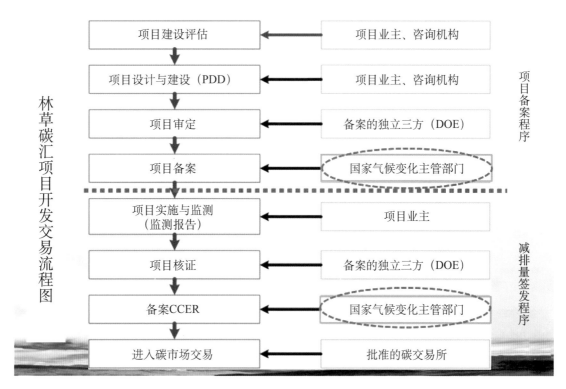

图 5-4　CCER 林业碳汇项目开发交易流程（谢和生等，2021）

方法学适用于乔木、竹子和灌木造林，包括防护林、特种用途林、用材林等造林，不包括经济林造林、非林地上的通道绿化、城镇村及工矿用地绿化，使用该方法学的造林碳汇项目必须满足以下条件：

（1）项目土地在项目开始前至少 3 年为不符合森林定义的规划造林地。

（2）项目土地权属清晰，具有不动产权属证书、土地承包或流转合同；或具有经有批准权的人民政府或主管部门批准核发的土地证、林权证。

（3）项目单个地块土地连续面积不小于 400 平方米。对于 2019 年（含）之前开始的项目土地连续面积不小于 667 平方米。

（4）项目土地不属于湿地。

（5）项目不移除原有散生乔木和竹子，原有灌木和胸径小于 2 厘米的竹子的移除比例总计不超过项目边界内地表面积的 20%。

（6）除项目开始时的整地和造林外，在计入期内不对土壤进行重复扰动。

（7）除对病（虫）原疫木进行必要的火烧外，项目不允许其他人为火烧活动。

（8）项目不会引起项目边界内农业活动（如种植、放牧等）的转移，即不会发生泄漏。

（9）项目应符合法律法规要求，符合行业发展政策。

根据《林业碳汇项目审定和核证指南》（GB/T 41198—2021），开发 CCER 项目的设计文件（PDD）需要明确项目的基线情景并论证额外性，对减排量进行估算，确定合适的碳库与碳层与监测计划，并分析项目的环境和经济影响。

> 基线情景（baseline scenario）：是指在没有林业碳汇项目时，能合理地代表项目区未来最可能发生的土地利用和管理的假定情景。
>
> 《林业碳汇项目审定和核证指南》（GB/T 41198—2021）

为维护《京都议定书》的环境完整性，防止项目活动的基线情景被有意降低进而夸大项目活动产生的碳汇清除量，《联合国气候变化框架公约》第 19 /CP. 9 号决议规定，拟议的 CDM 下的造林再造林项目（CDM-AR）必须证明其产生的碳汇清除量相对于项目未实施时是额外产生的。在申请 CDM-AR 项目的项目设计文件（PDD）中，必须提供能证明此项目存在额外性的证据才能被批准注册。

额外性主要包括环境额外性、资金额外性、投资额外性和政策额外性 4 个方面。环境额外性是指当基线情景下的碳储量变化远小于 CDM-AR 项目活动引起的碳储量变化时，项目活动产生环境效益，并对该区域生物多样性和生态系统产生良性影响。资金额外性是指按照联合国气候变化框架公约(UNFCC)要求，部分国家提供的 CDM 项目公共开发资金不可被转用，必须与其财政义务进行区分。投资额外性是指 CDM-AR 项目活动能够克服项目参与方无法承受较大的前期投资而导致项目无法正常实施的情形。政策额外性是指所实施的项目活动并非该国政府目前或未来通过国家项目、财政拨款、制定法规限定等政策要求实施的情形。

> 额外性：认定某种项目活动所产生的减排量相对于基准线是额外的，这就要求这种项目活动在没有外来的支持下，存在如财务、技术、融资、风险和人才方面的竞争劣势或障碍因素，靠自身条件难以实现，因而这一项目的减排量在没有 CCER 时难以产生。反之，如果某项目活动在没有 CCER 情况下能够正常商业运行，那么它自己就成为基准线的组成部分，相对这一基准线无减排量而言，也就无减排量的额外性。
>
> 《温室气体自愿减排交易管理暂行办法》

方法学明确了免予额外性论述的条件，意味着可以减少项目开发的难度和成本。方法学中规定：以保护和改善人类生存环境、维持生态平衡等为主要目的的公益性造林项目，在计入期内除减排量收益外难以获得其他经济收入，造林和后期管护等活动成本高，不具备财务吸引力。符合下列条件之一的造林项目，其额外性免予论证：

（1）在年均降水量 ≤ 400 毫米的地区开展的造林项目。年均降水量 ≤ 400 毫米的地区，可参考 2003 年国家林业局颁发的《"国家特别规定的灌木林地"的规定（试行）》的通知。

（2）在国家重点生态功能区开展的造林项目。国家重点生态功能区可参考国务院印发的《关于印发全国主体功能区规划的通知》《关于同意新增部分县（市、区、旗）纳入国家重点生态功能区的批复》。

（3）属于生态公益林的造林项目。森林碳库主要包括地上生物质、地下生物质、枯死木、枯落物、土壤有机碳等，在林业碳汇开发中主要考虑地上生物质、地下生物质。林业碳汇量是通过监测项目情形和基线情形下碳库的变化来确定的，其调查原理是基于蓄积量采集转化成生物量再转化成碳的计算。监测方法主要是根据碳层划分情况选择具有代表性样地进行监测，采用激光雷达、无人机开展监测。在获取的空间数据和地面数据能完整、可靠地建立模型前提下，这种监测方式能够提高监测效率、降低人工成本。随着森林遥感监测系统的建立及推出，从北斗数据的应用、遥感监测、碳卫星到激光雷达数据的应用，再结合数据校正等技术方法，可实现森林面积、蓄积量、生物量、碳储量等指标的综合监测。

> 碳层：是指为提高碳储量变化计算的精度，并且在一定精度要求下精简监测样地数量，将项目边界内的植被进行分层。碳层划分需要综合考虑立地条件土地利用类型、造林时间、造林树种、造林密度等因素，将无显著差别的地块划分为同一碳层。

基于赤峰市自 2013 年以来的造林数据，依据《森林生态系统长期定位观测方法》（GB/T 33027—2016）获取的监测数据，利用方法学的方法测算赤峰市基于 CCER 的林业碳汇开发潜力。

采用储量变化法计算项目边界内的森林生物质碳储量在一段时期内的年均变化量，表5-1 和表 5-2 给出了主要树种的计算参数：

$$\Delta C_{Biomass,\,t} = \frac{C_{Biomass,\,t_2} - C_{Biomass,\,t_1}}{t_2 - t_1} \times \frac{44}{12} \tag{5-4}$$

式中：$\Delta C_{Biomass,\,t}$——项目开始第 t 年的森林生物质碳储量的年变化量（吨二氧化碳当量/年）；

$C_{Biomass,\,t_2}$——第 t_2 年时森林生物质碳储量（吨碳）；

$C_{Biomass,\,t_1}$——第 t_1 年时森林生物质碳储量（吨碳）。

选择利用生物量转换与扩展因子法，将乔木蓄积量转换为乔木林的全林生物量。计算公式如下：

$$B_{\text{Total}, AF, T} = V_{AF, T} \times BCEF \times (1 + RSR_{AF}) \tag{5-5}$$

式中：$B_{\text{Total}, AF, T}$——第 t 年时乔木林单位面积全林生物量（吨 / 公顷）；

　　　$V_{AF, T}$——第 t 年时乔木林的单位面积蓄积量（立方米 / 公顷）；

　　　$BCEF$——基于林分的乔木林地上生物量转换与扩展因子（吨 / 立方米）；

　　　RSR_{AF}——基于林分的乔木林地下生物量与地上生物量的比值。

表 5-1　主要乔木林树种（组）单位面积蓄积量随林龄的 Richards 生长方程

树种（组）	a	b	c	R^2
落叶松	100.921	2.176	0.072	0.739
其他针叶树	284.550	1.622	0.014	0.819
栎类	171.960	2.029	0.032	0.776
白桦	156.917	2.302	0.026	0.746
其他阔叶树	204.535	1.326	0.019	0.701
针叶混交类	224.047	2.311	0.031	0.814
针阔混交类	236.051	1.629	0.019	0.738

注：方程表达式为 $V = a \times (1 - e^{-c\text{Age}_t})^b$。其中，$V$ 为单位面积蓄积量（立方米 / 公顷）；Age_t 为林龄，无量纲；a、b、c 为模型参数；R^2 为决定系数。

表 5-2　主要乔木林树种的生物量计算参数表

树种组	$BECF$（公顷蓄积量 ≤ 100 立方米/公顷）	$BECF$（公顷蓄积量 ≥ 100 立方米/公顷）	地上生物量与地下生物量比值	基本木材密度（吨/立方米）	含碳率
云冷杉林	1.8275	1.4048	0.2223（冷杉）/ 云杉（0.2514）	0.3597	0.4931
落叶松林	1.4511	1.2224	0.2830	0.4059	0.4893
温性针叶林	1.8100	1.3405	0.2436	0.3897	0.4961
柏木林	1.7029	1.3593	0.2489	0.5010	0.4847
栎类	1.3694	1.2693	0.2610	0.5762	0.4802
桦木林	1.3889	1.2416	0.2786	0.4848	0.4872
其他硬阔类	1.5670	1.3104	0.2572	0.5257	0.4711
杨树林	1.5558	1.4184	0.2127	0.4177	0.4705
其他软阔类	1.4719	1.3335	0.2690	0.3848	0.4730
针叶混	1.6166	1.3033	0.2364	0.3828	0.5005

（续）

树种组	BECF（公顷蓄积量≤100 立方米/公顷）	BECF（公顷蓄积量≥100 立方米/公顷）	地上生物量与地下生物量比值	基本木材密度（吨/立方米）	含碳率
阔叶混	1.4042	1.3587	0.2561	0.4967	0.4718
针阔混	1.6713	1.3725	0.2598	0.4397	0.4861

根据赤峰市各旗县区 2013 年以来的造林数据，符合 CCER 方法学开发的森林面积共计 9.88 万公顷。其中，克什克腾旗和巴林左旗面积较大，占全市可开发面积的 43.33%（表 5-3），红山区无符合项目开发条件的森林，主要造林树种以樟子松、云杉、油松、杨树为主。按照项目实施期限二十年，利用方法学中提出的储量变化法计算可开发量。选择利用生物量转换与扩展因子法，将乔木蓄积量（或单株材积）转换为乔木林（或单木）的全林（或地上）生物量，再结合木材密度与含碳率测算。估算结果表明，赤峰市全市 CCER 可开发碳汇量为 173.92 万吨碳当量（项目计入期二十年），折合成二氧化碳为 638.28 万吨。其中，克什克腾旗和巴林左旗可开发 CCER 量较高，超过了 30 万吨（图 5-5）。按照 2024 年 1 月 22 日，全国温室气体自愿减排交易市场首日总成交量与总成交额计算单价为 63.51 元/吨，赤峰市全市 CCER 可开发价值达 4.05 亿元（项目计入期二十年）。

林业碳汇交易能够促进林业发展，是实现生态产品价值的重要途径，是践行"两山"理念的具体实践。通过林业碳汇项目的开发，以市场机制给予生态产品生产者一定的经济补偿，促进林农和林企增收，促进林区经济振兴，这样一来也更有利于激发社会资源对林草业的关注、投入和保护，从而能够促进林业经济、社会和生态效益的有效发挥。

表 5-3　赤峰市不同旗县区 CCER 林业碳汇可开发面积及可开发潜力

旗县区	可开发面积（公顷）	CCER可开发潜力（万吨）
敖汉旗	8839.67	10.67
翁牛特旗	3090.33	5.70
巴林右旗	7930.13	15.78
阿鲁科尔沁旗	6891.67	13.87
喀喇沁旗	8347.73	12.68
克什克腾旗	28317.73	46.28
巴林左旗	14515	33.87
红山区	0	0
元宝山区	4500.73	7.29
松山区	4864.93	6.38
林西县	8944.13	17.73
宁城县	2607.13	3.67
合计	98849.18	173.92

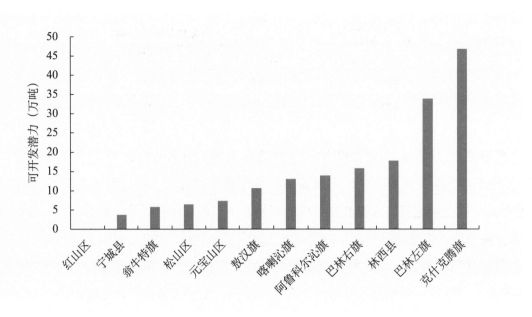

图 5-5　赤峰市不同旗县区 CCER 林业碳汇可开发潜力

　　国家林业和草原局在 2023 年《关于提升国有林场生态系统碳汇能力的提案》复文中指出，提升国有林场碳汇能力，完善国有林场基础设施，加强国有林场碳汇技术支撑。将研究开展"国有林场森林碳汇能力提升试点"，探索国有林场森林增汇的经营管理和技术路径，开展区域内林草碳汇计量和价值核算，做好定期监测评估工作。同时，将积极推进落实双碳"1+N"政策体系，主动参与《温室气体自愿减排交易管理办法》修订工作，为国有林场森林经营产生的林草碳汇参与国家温室气体自愿减排交易争取政策支持。

　　大局子林场位于内蒙古赤峰市克什克腾旗红山子乡和经棚镇行政区域内。其东邻广兴林场，南连桦木沟林场，西接锡林郭勒盟多伦县、正蓝旗以及克什克腾旗达尔罕苏木，北靠达里镇和联峰林场。地理坐标为东经 116°37′ ~ 117°22′、北纬 42°40′ ~ 43°13′，经营总面积 14.83 万公顷。其中，符合方法学开发的林地面积 492.27 公顷，主要造林树种为落叶松、樟子松、云杉及沙棘、柠条等灌木。根据方法学的测算方法，以二十年为项目期限，大局子林场可开发 CCER 量为 5485.05 吨碳当量，折合成二氧化碳为 20130.13 吨，根据市场交易价格，可获得经济收益 127.85 万元（二十年计入期）。CCER 项目开发可极大地促进林场经济、生态效益的协调发展。

　　旺业甸实验林场位于赤峰市喀喇沁旗西南部，地处蒙冀交界的燕山山脉北麓七老图山支脉，是茅荆达坝次生林区的重要组成部分。旺业甸林场符合方法学开发的林地面积 439.01 公顷，主要造林树种为落叶松。根据方法学的测算方法，以二十年为项目期限，林场可开发 CCER 量为 8713.69 吨碳当量，折合成二氧化碳为 31979.24 吨，根据市场交易价格，可获得经济收益 203.10 万元（二十年计入期）。2011 年，亚太森林组织资助实施的"多功能林业示范项目"在旺业甸实验林场启动。项目实施新的森林经营理念与技术，增加森林结构的稳定性，提高森林质量，发挥森林的多种功能；建立社区林场共管机制，调动社区参与林业可持续管理；开展能力建设和培训，显著提高了森林经营管理水平，建成了中国北方中温带半干旱地区森林可持续经营试验基地和试点典范，对亚太同类地区的森林可持续经营发挥了重要的示范和引领作用。通过项目建设，总结形成了"人工林近自然化、天然林高值化、林副产品产业化、培育多功能森林，实现森林可持续经营"的经营模式，建立了"场社共建共管、利益互利共赢"的合作经营机制，有效提升了林场的经营管理能力和水平。林业碳汇项目的开发有助于进一步丰富"多功能林业"的内涵，提升当地居民收入。

2019 年 7 月 15 日下午，习近平总书记到内蒙古赤峰市喀喇沁旗马鞍山林场考察。沿着崎岖的护林小道，总书记步行进入林区察看林木长势，同正在作业的护林员们亲切交谈，了解林场建设发展情况。总书记对大家说："护林员很重要，种树多不容易啊！建设祖国北方和首都生态安全屏障是战略性的任务，是我们要世世代代做下去的事情。"马鞍山林场是以管护为主的生态经营型林场，经过几代林业人的奋斗，目前人工林面积达到 6.6 万亩，由建场之初森林覆盖率不足 20%，达到了现在的 95.2%，在祖国北疆筑起防风固沙的绿色生态安全屏障，坚定不移走生态优先、绿色发展之路。根据赤峰市森林资源调查数据，马鞍山林场符合方法学要求的林业碳汇开发面积为 426.43 公顷，主要造林树种为油松，根据方法学的测算方法，以二十年为项目期限，马鞍山林场可开发 CCER 量为 4427.94 吨碳当量，折合成二氧化碳为 16250.54 吨，根据市场交易价格，可获得经济收益 103.21 万元（二十年计入期）。在总书记深入林区与护林员交流过程中，大家告诉总书记，现在生态好了，在上山巡护的时候，时常碰到狍子、野兔、山鸡、野猪等野生动物，来旅游的人也多了，山野菜不愁卖了，山货也特别多，老百姓切切实实得到了好处，更加深刻地认识到绿水青山就是金山银山。CCER 项目的开发为林区生态建设、提升林区居民生活水平提供了一条新思路。

习近平总书记在马鞍山林场考察时强调：中国是世界上最大的人工林贡献国。这么大范围持续不断建设人工林，只有在我国社会主义制度下才能做到。筑牢祖国北方重要的生态安全屏障，守好这方碧绿、这片蔚蓝、这份纯净，要坚定不移走生态优先、绿色发展之路，世世代代干下去，努力打造青山常在、绿水长流、空气常新的美丽中国。

第四节　基于 VCS 的林业碳汇开发潜力监测计量与评估

VCS 计划由非营利组织 Verra 建立。Verra 是气候组织(CG)、国际排放交易协会(IETA)及世界经济论坛（WEF）联合于 2005 年共同领导开发的，其目的是通过制定和管理有助于私营部门、国家和民间团体实现可持续发展和气候行动目标的标准，来帮助解决世界上最棘手的环境问题和社会挑战。VCS 计划是目前全球使用最广泛的自愿性资源温室气体减排计划，允许经过其认证的项目将其温室气体减排量和清除量转化为可交易的碳信用额（verified carbon unit，VCU）。一个 VCU 代表从大气中减少或清除 1 吨温室气体。VCU 由最终用户购买，作为抵消其排放、履行社会责任、提升企业形象的一种手段。VCU 只能发放给企业或组织，个人无法注册账户，无法获得 VCU。企业或组织可以将账户中的 VCU 用于交易，但交易只能在 Verra 的注册账户之间进行，无法转移到其他数据库或作为纸质证书交易。

根据 Verra 注册处项目库数据，截至 2022 年 7 月底，全球 VCS 林业碳汇项目共计注册 188 个，获得签发的项目达到 182 个，VCS 林业碳汇项目（VCUs）签发量为 4.2662 亿吨。林业碳汇项目注册数量仅占 VCS 项目数量的 10.4%，但 VCUs 签发量占 VCS 项目签发总量的接近 45%。虽然林业碳汇项目注册数量占比较低，但 VCS 项目中 VCUs 签发量近一半来自林业碳汇项目。VCS 包括 16 个专业领域，林业碳汇项目属于 VCS 专业领域 14。为确保项目开发严谨可靠，签发高质量的 VCUs（核证碳单位），VCS 设计了一套严密完整的制度框架，具体包括项目与计划、规则和要求、方法学、审定与核证、管理与发展、投诉与上诉等内容。

VCS 林业碳汇项目开发是以 VCS 标准为核心，以第三方独立审计、方法学和注册登记系统为主体的组织模式。VCS 项目方法学的选择尤为重要。方法学是指通过制定详细的程序来计量项目的实际温室气体排放量，并且帮助项目开发人员确定项目边界、设定基线、评估额外性，以及为最终量化减少或消除温室气体排放提供指导。VCS 林业碳汇项目方法学包括联合国清洁发展机制（CDM）开发的适用于造林再造林（ARR）项目的 4 种方法学，以及 VCS 批准的改进森林经营（IFM）和 REDD+ 项目的 14 种方法学，共计 18 种。项目开发方从这些方法学中找到适合项目的方法学，并遵照方法学的要求进行项目设计，最终签发 VCUs。获得签发量和注销量最高的方法学主要适用于 REDD+ 项目。从长期来看，由于林业碳汇项目执行周期长，可为项目业主提供可持续的融资机会，为发展中国家应对气候变化、改善生态环境、实现可持续发展目标提供资金支持作出积极贡献。

> REDD+：是指减少发展中国家毁林、森林退化排放，以及森林保护、森林可持续经营和增加碳储量行动的激励机制和政策。

VCS 对造林、再造林和植被恢复项目关于土地的规定是：项目活动土地为 1990 年以来的无林地，项目在 2005 年后实施开发，且必须在项目开始 5 年内进行备案。VCS 对 IFM 和 REDD 关于土地的规定分别是在项目开始前 10 年内由自然生态系统转化而来的土地上实施。项目活动的边界仅包括项目开始前 10 年内均为有林地的土地。根据 2016 年，中央一号文件关于"完善天然林保护制度，全面停止天然林商业性采伐"的规定以及我国天然林保护的相关法律法规和政策的要求，REDD 项目所包括的减少天然林向非林地的转化概率及促进退化林地/次生林碳储存增加两种活动中，前者在我国可能不能完全满足 VCS 关于额外性的要求，因此，只有后者属于具有开发潜力的 REDD 项目类型。因此，统计赤峰市宜林荒山荒地面积及符合 VCS 标准的天然乔木林面积发现，宜林地面积 33846.73 公顷，天然乔木中幼龄林面积 288432.21 公顷（表 5-4）。基于野外监测数据和前人研究结果（赵慧君，2019），测算赤峰市基于 VCS 的林业碳汇交易潜力。赤峰市预估年减排量为 55.69 万吨二氧化碳当量，其中造林再造林项目 10.93 万吨，改善森林经营项目 44.76 万吨，按照二十年核证期计算，项目期共计减排量为 1113.73 万吨，根据 VCS 要求，将 10% 的温室气体清除量纳入缓冲账户，实际最大可签发 VCUs 量为 1002.36 万吨。根据碳排放交易网的数据，国际上 VCS 价格在 15 ～ 25 元 / 吨，赤峰市基于 VCS 方法学开发林业碳汇潜力在 15036.36 万 ～ 25058.93 万元（图 5-6）。

表 5-4　赤峰市不同旗县区 VCS 林业碳汇可开发面积与可开发潜力

旗县区	宜林地面积（公顷）	天然乔木中幼龄林面积（公顷）	VCS可开发潜力（万吨）
阿鲁科尔沁旗	2.32	52279.74	162.26
敖汉旗	169.06	705.84	3.28
巴林右旗	0	21252.82	65.96
巴林左旗	8104.24	64578.68	252.76
红山区	394.66	0.25	2.55
喀喇沁旗	0	15314.56	47.53
克什克腾旗	18419.28	73304.84	346.46
林西县	0	11657.13	36.18
宁城县	0	39355.03	122.13
松山区	5942.56	5994.01	56.98
翁牛特旗	814.59	3912.51	17.40
元宝山区	0	76.74	0.24
合计	33846.73	288432.21	1113.73

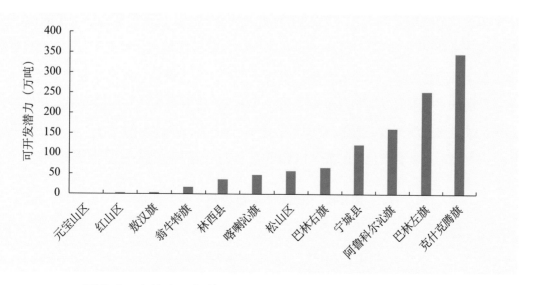

图 5-6　赤峰市不同旗县区 VCS 林业碳汇可开发潜力

第五节　福建森林碳汇交易模式的借鉴与赤峰市本地化平台构建

在区域或地方层面，为探索林业碳汇项目开发交易途径，简化有关程序，降低项目开发成本，结合贫困地区脱贫等工作，北京、广东、福建和贵州等省份先后开展了试点和实践。2016 年，福建省出台《福建省碳排放权交易市场建设实施方案》《福建省碳排放权抵消管理办法（试行）》，2017 年出台《福建省林业碳汇交易试点方案》，福建省林业厅负责经福建省碳排放权交易工作协调小组办公室（以下简称省碳交办）备案的福建省林业碳汇减排量（Fujian forestry carbon emissilon reductions，FFCER）相关工作的组织实施、综合协调和监督管理，对申请备案的 FFCER 进行评审，评审结果报省碳交办核定。2017 年，福建省发布《福建省林业碳汇交易试点方案》，选择顺昌、永安、长汀、德化、华安、霞浦、洋口国有林场、五一国有林场等 20 个县（市区）和国有林场开展林业碳汇项目试点。

根据海峡股权交易中心数据，截至 2022 年 3 月，福建省碳排放配额累计成交 1483.86 万吨，成交金额为 28800.93 万元；CCER 累计成交 1481.77 万吨，成交金额为 54654.16 万元；FFCER 累计成交 350.85 万吨，成交金额为 5169.76 万元，林业碳汇成交量和成交额双居全国首位。本节从福建省级森林碳汇交易模式以及地级市碳汇交易模式展开分析，以期为赤峰市本地化森林碳汇交易平台构建提供借鉴。

一、省级森林碳汇交易模式

2016 年 8 月，中共中央办公厅、国务院办公厅印发的《国家生态文明试验区（福建）实施方案》明确提出"支持福建省开展林业碳汇交易试点，研究林业碳汇交易规则和操作办法，探索林业碳汇交易模式"。2016 年 12 月 22 日，福建碳排放权交易市场启动。根据《福建省碳排放权抵消管理办法（试行）》，省行政区内重点排放单位可使用经备案的减排量（包括中国核证自愿减排量 CCER 和 FFCER）抵消其经确认排放量的活动，抵消比例不得超过当年经确认排放量的 10%（CCER 不得超过 5%）。重点排放单位可用于抵消的 FFCER 需同时满足以下四方面要求：一是在本省行政区域内产生；二是项目业主具有独立的法人资格；三是项目活动参照国家发展和改革委员会或福建省碳排放权交易工作协调小组办公室备案的林业碳汇项目方法学开发；四是 2005 年 2 月 16 日之后开工建设的项目。目前，福建省林业碳汇交易制度的基本框架已经形成，FFCER 项目的参与主体及各自职能见表 5-6。

表 5-6　FFCER 项目参与主体及职能

项目参与主体	职能
项目业主	项目实施方
咨询机构	协助业主编制项目设计方案、监测报告

（续）

项目参与主体	职能
第三方审定与核证机构	负责项目的审定、核证
福建省林业局	对FFCER进行备评审（包括申请材料的完整性、真实性、合法性等）
福建省发展和改革委员会	项目备案及减排量备案

与 CCER 相比，FFCER 的开发流程有所简化，即审定与核证并行，大致可分为以下四个步骤：第一步，先由项目业主及咨询方共同完成项目设计及监测，与国家发展和改革委员会备案的第三方机构签订合同，委托第三方机构开展审定、核证，由第三方机构出具审定报告、核证报告。第二步，项目业主按照福建省抵消管理办法要求，提交申请材料至福建省林业局。第三步，福建省林业局在 30 个工作日内出具评审意见，并将通过评审的项目评审意见提交至福建省发展和改革委员会；未能通过评审的项目，项目业主按照意见修改后，重新提交申报材料，对于二次未能通过初审的项目，不再予以备案。第四步，获得减排量备案的项目，由福建省发展和改革委员会发放备案函，福建省经济信息中心将备案的减排量登记至福建省碳排放权交易注册登记系统（图 5-7）。

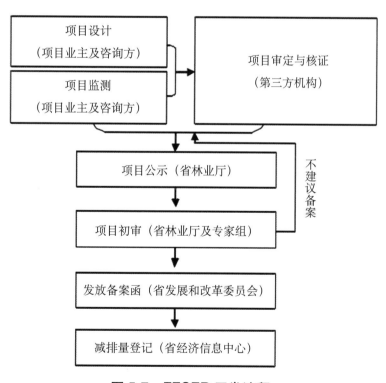

图 5-7　FFCER 开发流程

由于林业碳汇项目覆盖面积广、项目不可控风险多且林业专业性极强，仅由第三方机构对项目进行核查必然存在漏洞，福建省 FFCER 采用"两道把关两重评审"机制以保证项目的真实可靠。两道把关即先由国家认可的第三方机构对项目的额外性、基线识别、基础证明材料进行审查，出具审定、核证报告，再由省林业调查规划院进行复查。两重评审即福建省林业局首先组织国内林业专家从林业专业角度评审项目，待初审通过后，再报由福建省发展和改革委员会进行复审，福建省发展和改革委员会组织国内碳汇专家从碳减排项目专业的角度评审项目。通过审查、复查、初审、复审 4 道程序，能够及时发现项目中存在的漏洞，并可以有效避免串通作弊的可能，保障了项目的公正性和规范性，因而 FFCER 的市场接纳度非常高。

二、地级市林业碳汇交易模式

近年来，福建省持续探索林业碳汇生态惠民的新模式，创造性地提出了三明林业碳票、顺昌"一元碳汇"等新型模式，创新碳汇金融产品，探索建立"生态司法＋碳汇"工作机制。2021 年 3 月，习近平总书记在三明沙县农村产权交易中心考察调研时指出，要积极稳妥推进集体林权制度创新，探索完善生态产品价值实现机制，力争实现新的突破。

（一）三明市林业碳票

2021 年 5 月三明市出台了《三明市林业碳票管理办法（试行）》和《三明林业碳票（SMCER）碳减排量计量方法》，这是全国首个林业碳票管理办法和碳排放量计量方法，为三明市林业碳票提供了制度保障和计量方法，只要是权属清晰的林地、林木都可以申请"林业碳票"。该计量方法创新性地采用森林年净固碳量来衡量森林碳汇能力，且与中国核证减排量（CCER）相比项目开发成本更低，申请流程更短，往往可以缩短半年左右，覆盖范围更广。无论是从开发主体范围来看，还是森林碳汇计量范围来看，林业碳票项目都可以被认为是林业碳汇项目的有益补充。林业碳票是林地林木碳减排量的证明，也是碳汇收益权的凭证，相当于一片森林的固碳释氧能力的"身份证"。

林业碳票实现森林碳汇价值机制的本质是将森林碳汇赋利、赋权，使得碳票凭证具有交易、质押等权能，推动碳票融资等业务，实现碳票资本化，并在完善碳汇价值核算体系的基础上，对碎片化森林碳汇资源进行集中收储和规模整治，通过包装、定价、收储、售出，实现碳票市场化，促进森林生态效益和经济效益的有效转化。形象地说，一片林子每年能够吸收多少吨二氧化碳、释放出多少吨氧气，在经过第三方机构监测核算、专家审查、林业和相关部门审定，最终制发具有收益权的凭证。该凭证被赋予交易、质押、兑现、抵消等权能。

林业碳票项目的核算边界是拥有林地所有权或使用权的林业碳票参与方实施三明林业碳票项目活动的地理范围，以小班为基本单位。参与方需提供项目地块的林地及林木所有权或使用权的证据，如林权证或不动产权证，且项目计入期内林地地类不能发生变化。首次申请林业碳票项目的核算周期为 2016 年至申请当年的时间区间，核算周期以整年为单位，一个核算周期原则为 5 年，项目计入期不超过 20 年。

2021 年 5 月 18 日，三明市举行了林业碳票首发仪式，其中将乐县常口村领取全国第一张林业碳票，编号为"0000001"，成为"林业碳票"第一村。截至 2022 年 10 月 20 日，将乐县共有林地面积 4.8 万亩用于林业碳票项目的开发，林业碳票量总计 15.06 万吨，占三明市已开发林业碳票总量的 50% 以上，其中林业碳票成功交易量达 1.65 万吨，交易金额达 24.78 万元，单价约为 15 元 / 吨。

（二）南平市"一元碳汇"

近年来，南平市顺昌县加快推动绿色低碳发展，2019 年起，南平市顺昌县开展"一元碳汇"交易试点，组织编制《林业碳汇自愿交易路径设计》，将建西镇 3 个村 90 户的林地面积 6086 亩作为碳汇林，依据科学方法计算出 2.99 万吨碳汇量，开发微信小程序进行"一对一"销售，深入挖掘林业碳汇交易潜力，积极探索市场化、多元化的林业碳汇交易模式，创新提出了"碳汇 +"理念，建立"碳汇 + 会议""碳汇 + 全民义务植树""碳汇 + 生态旅游"等模式。通过线上和线下的方式向公众出售农户的碳汇量，丰富林业的创收模式，让青山变"银行"，让农户变"储户"，把优越的生态资源优势转化成经济优势。

如今的"一元碳汇"机制更加科学严谨，具备真实性、唯一性、额外性、保守性四个特征，重点突出"让利于民"，从项目开发主体、资金用途和交易收费等方面作了具体的规定，进一步降低开发成本、减少交易收费，要求"一元碳汇"销售资金的 90% 以上属于林农。

"一元碳汇"实施以来，在探索实行资源有偿使用制度和生态补偿制度、生态产品价值实现路径、乡村振兴等方面取得初步成效。截至 2021 年年底，实现全社会参与认购"一元碳汇"1535 人次，认购碳汇量 4260.50 吨，完成销售额 42.60 万元，让 769 户脱贫户从中受益。2023 年 11 月，在南平市国家林业碳汇试点市建设研讨会上，南平市"一元碳汇"运营平台试运行，当日，共有 16 家企业通过"一元碳汇"运营平台购买 2620 吨碳汇量、金额达 26.2 万元。目前，累计销售 2832 吨、金额达 28.32 万元。

南平市建立聚汇机制，拓宽应用场景，制定出台《南平市大型活动碳中和实施方案（试行）》，鼓励机关、企事业单位、社会团体优先购买"一元碳汇"抵消碳排放量，稳步推进大型活动和公务会议有序开展碳中和，建立"零碳活动"制度。如 2023 年 6 月，在武夷山国家公园举办的"六五环境日"南平主场活动中，主办方通过购买 25 吨"一元碳汇"，实现"零碳活动"；11 月，南平市国家林业碳汇试点市建设研讨会活动主办方通过购买 12.03 吨"一元碳汇"，实现"零碳会议"。

此外，南平还延伸拓展"碳汇 + 司法""碳汇 + 旅游"等多种模式，进一步丰富"一元碳汇"应用场景。2020 年 3 月，全国首个"碳汇 + 生态庭审"在南平市顺昌开庭，该案是全国首例以被告人自愿认购"碳汇"的方式替代修复受损的生态环境，共有 13 名被告人认购"一元碳汇"23 万元。2023 年 12 月，南平市林业局联合南平市检察院印发《关于在办理生态环境刑事犯罪案件中适用林业碳汇赔偿机制开展生态修复的工作指引（试行）》，引导犯罪嫌疑人认购"一元碳汇"，以替代履行碳汇损失赔偿责任。

南平市还积极创新碳汇融资模式，兴业银行南平分行与福建省南平市顺昌县国有林场签订林业碳汇质押贷款和远期约定回购协议，通过"碳汇贷"综合融资项目为该林场发放2000万元贷款，这是福建省首例以林业碳汇为质押物、全国首例以远期碳汇产品为标的物的约定回购融资项目。兴业银行南平分行持续探索碳金融发展，在全省首创"绿色支行"，创新采用"售碳＋远期售碳"的林业碳汇组合质押模式，既推动林业碳汇资产金融化配置，又为反哺森林质量、提高森林碳汇注入了金融活水。

南平市还创新开发绿色保险。推动保险机构研发绿色碳汇项目贷款保证保险产品。2021年3月30日，中国人民财产保险股份有限公司福建省顺昌支公司签约全国首单"碳汇贷"银行贷款型森林火灾保险、首单"碳汇保"商业性林业碳汇价格保险，为6.9万亩碳汇林提供2100万元风险保障，开启"林业碳汇质押＋远期碳汇融资＋林业碳汇保险"的服务新模式。

此外，福建各地市开发了多样化的林业碳汇产品价值实现机制，如龙岩市新罗区创新开发了林业碳汇指数保险产品，主要用于灾后林业碳汇资源救助、森林资源培育和加强生态保护修复等费用支出。三明市将乐县积极探索"生态司法＋碳汇"工作机制，2021年7月，在审结、办结因过失引起森林火灾、非法私设鸟网捕获野生动物两起案件中正式引入"生态司法＋碳汇"工作机制，允许被告人通过购买林业碳汇的方式替代修复生态环境，司法助力绿水青山变成金山银山。

（三）厦门农业碳票

2022年2月，中共中央、国务院印发《关于做好2022年全面推进乡村振兴重点工作的意见》，文件提出聚焦产业促进乡村发展，推进农业农村绿色发展，建设国家农业绿色发展先行区，研发应用减碳增汇型农业技术，探索建立碳汇产品价值实现机制，出台推进乡村生态振兴的指导意见，为推动乡村振兴取得新进展、农业农村现代化迈出新步伐，促进农业农村绿色发展指明总方向。《厦门市"十四五"生态文明建设规划》政策解读中提出进行生态文明体制改革，积极开展生态资源权益交易、生态环境保护修复与生态产品经营开发权益挂钩等市场机制试点，探索建立生态产品经营开发机制。

根据《关于做好2022年全面推进乡村振兴重点工作的意见》关于"探索建立碳汇产品价值实现机制"的重要精神，为了更好地推动国家碳达峰、碳中和战略与乡村振兴工作融合发展，厦门产权交易中心（厦门碳和排污权交易中心）经多方调研比选，最终以同安区莲花镇军营村、白交祠村的茶山作为开发农业碳汇的载体，为军营村、白交祠村发放全国首批农业碳票，作为社会主义新农村的绿色碳资产凭证。

为促进茶产业发展，并更好地测算茶园碳汇量，在农业碳汇交易平台建设之前，项目开发并引进了气象观测系统。该系统能够实时记录茶园的温度、降水、辐射等相关气象数据，从而为茶园碳汇量的测算提供数据支撑。目前，主要通过测算光合作用吸收的二氧化碳

（即碳通量）和土壤有机碳储量两方面的内容来估算茶园碳汇量。

2022 年 5 月 5 日，在厦门市同安区莲花镇军营村、白交祠村交界的高山党校初心使命馆，全国首批农业碳票发证暨农业碳汇交易签约仪式举办。由厦门产权交易中心发放了全国首批编号为"0001"和"0002"的农业碳票，涉及两村的 7754 亩生态茶园（军营村 5715 亩、白交祠村 2039 亩），经第三方（厦门市环境科学研究院）评估测算，茶园的 2 年期（2020 年、2021 年）碳汇为 3357 吨。在厦门产权交易中心农业碳汇交易平台撮合下，这批碳汇由厦门银鹭食品集团购买，实现首批农业碳票成功变现。同时，厦门产权交易中心成立了全国首个农业碳汇交易平台，提供农业碳汇开发、测算、交易、登记等一站式服务。

运营模式具体如图 5-8 所示，由厦门产权交易中心选定开发农业碳汇的载体，使用第三方机构提供的碳汇核算方法开发出农业碳汇，审定后制发农业碳票。经厦门产权交易中心促进双方磋商，企业购买农业碳票，抵消日常生产经营活动中所产生的部分碳排放。

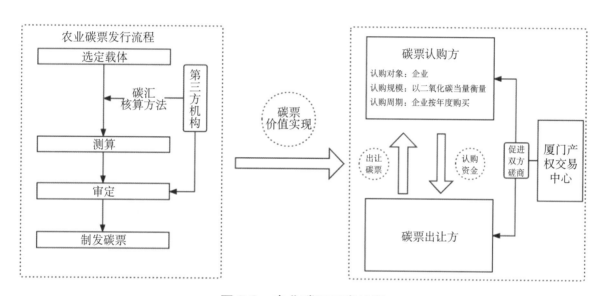

图 5-8　农业碳票开发流程

三、赤峰市本地化森林碳汇交易平台构建

综合以上地区的林业碳汇产品价值实现机制来看，福建碳普惠市场呈现技术门槛低、开发成本相对较低、惠及相对较广的特点。其放宽了申报业主限制，简化了项目申报流程，对控排企业碳排放最高可冲减 10% 用于林业碳汇。

2022 年 4 月，内蒙古自治区党委、自治区人民政府印发《关于完整准确全面贯彻新发展理念做好碳达峰碳中和工作的实施意见》（以下简称《意见》），明确要求"完善生态产品价值实现机制，积极参与全国碳排放权交易"。赤峰市除了积极开发 CCER 项目外，还可借鉴三明市"林业碳票"、贵州省"单株碳汇"的模式，首先提出符合本地特色的林业碳汇方法学，再运用内蒙古的市场经济机制，建立赤峰市碳交易市场，提高农户植树造林的积极性，拉动赤峰市低碳经济增长，进而使资源达到优化配置的有效手段。同时，可借鉴国内外碳交易模式的先进经验，结合赤峰市的实际情况，在初期示范阶段，适用自愿交易模式，后期成熟后，可逐步发展为强制市场，并全面开展一级、二级市场交易。

具体做法有：

1. 建立林草碳汇多元市场，创新林草碳汇产品开发

（1）创新碳汇方法学研究。在现有的 CCER 方法学基础上，鼓励开发实用性强的林草碳汇方法学。鼓励加快制定森林、草原保护减排方法学和自然保护区生物多样性保护方法学，以丰富林草碳汇产品类型，并为林草碳汇项目开发提供必要的政策和技术支持。

（2）鼓励地方建立区域性碳汇交易市场。依据各区域资源及其社会经济发展特点，创建涵盖履约企业、自愿减排企业和社会公众等多类需求主体的多元化碳汇生态产品交易体系，建立履约市场、自愿市场和普惠市场相互连通、相互补充的复合型市场。

（3）聚焦零碳产品、碳中和产品需求。围绕地方政府发展战略，发掘企业需求，实现产品定制化创新，以林草碳汇交易为基础，研究制定生态补偿办法，鼓励更多的企业通过林草措施发展多种形式的碳中和项目践行低碳行动，构建多元化补偿机制。

（4）将碳汇交易与商业、公益活动有效结合，创建"碳汇"碳普惠市场，如"会议碳中和""碳汇旅游"等低碳生活场景，逐步建立"碳资产账户"和"碳信用账户"体系，并覆盖各类企业以及公众，在提供优质"绿色资产"和高质量环境信用信息的同时，实现生态保护、企业受益、公众参与的多赢局面。

（5）分类推进项目开发。加强造林绿化、森林经营等碳汇项目储备，结合现有林草资源现状，对符合国际自愿性减排项目、国家核证减排项目（CCER）、地方林业碳票等开发交易要求的项目，实行分类管理，建立开发清单。

（6）推进碳汇产品在司法中的标准化、规范化和常态化运用，创新"碳汇生态环境损害司法诉讼"和"碳汇代偿机制"，解决在司法实践中生态环境修复面临的直接修复困难、修复周期长、专业性强等问题，创新生态价值实现机制。

2. 简化项目开发流程，降低项目开发交易成本

（1）修订现有林草碳汇方法学。进一步优化和简化林草碳汇计量方法，特别是在项目基线识别和额外性论证等环节，以促进林草碳汇计量的标准化体系建设。在项目监测的方法学中，应进一步优化调查方法，并推广新的方法和技术的使用，引入更先进的遥感技术，如激光雷达（LiDAR）等，配合传统的卫星遥感，提高林草碳汇计量的准确性，以满足监测、报告和核查的需求。

（2）简化项目开发流程，包括项目立项、技术选型、执行方案制定、实施监管等关键环节。在此过程中，可以通过科技应用，如云计算、大数据分析等手段，提升信息处理效率，减少重复工作，使流程更加流畅高效。此外，政府部门还应帮助项目开发者节省时间、提高效率。对于自愿碳汇交易市场，建议在保证碳汇交易"真实性、唯一性、额外性"的前提下，尽可能地简化林草碳汇项目开发过程中所需提交的资料类型和数量。同时，应提升项目的网络管理能力，从而降低开发成本，缩短开发周期，提高林草碳汇项目开发的积极性。

（3）创新交易机制。为了降低项目开发的交易成本，借鉴金融市场的经验，建议引入期货、期权等金融衍生品，帮助参与者锁定未来的交易价格，降低市场风险。同时，政府还应提供相应的政策激励，如税收优惠、低息贷款等，降低项目的成本。

（4）对于一些小型、社区层面的碳汇项目，应采取更加灵活、便捷的管理方式，降低其参与门槛和减小交易阻力。例如，开发适合小型项目的交易平台设立快速通道，简化审批流程等。

3. 强化林草部门项目碳汇交易管理职责，防范交易风险

（1）充分发挥政府在林草碳汇交易中的主导作用。明确和强化林草部门在整个碳汇项目的开发、运行、监督等环节的管理职责，提升碳汇项目的执行效益，保障交易的公正性和公平性。把林草碳汇资源作为碳资产进行管理，试点设立地方林草碳汇管理局，实行林草项目备案制，纳入县级林草部门管理职责。

（2）完善林草碳汇交易的规范机制。探索建立区域林草碳汇项目管理平台，实施碳汇项目落地上图确保补偿对象权属明确、边界清晰。建立健全的碳汇测量、报告和验证系统，确保碳汇数据的准确性。同时，要完善交易平台的规则和流程，设立有效的市场准入和退出机制，防止市场操纵和恶意交易，切实提高市场运行效率，防范交易风险。

（3）将科技创新及时融入林草碳汇交易管理，提升管理效能并降低风险。利用区块链技术确保交易数据的透明性和不可篡改性，利用大数据分析更好地观察和预测市场趋势，提前防范可能出现的交易风险。

（4）加强与碳汇交易相关的法律法规建设。通过立法力量强化林草部门项目碳汇交易的管理职责，明确交易中的权利、义务和违规处罚，从而更好地维护市场秩序，保障交易的公平公正，防范交易风险。

参考文献

陈阜，姜雨林，尹小刚，2021. 中国耕作制度发展及区划方案调整 [J]. 中国农业资源与区划，42（3）：1-6.

陈礼，李思诗，孙芳芳，2022. 特定地域单元的生态系统生产总值核算与"两山"转化实践路径探索——以深圳市龙华区为例 [J]. 环境保护与循环经济，42（12）：40-48.

陈龙，谢高地，盖力强，等，2011. 道路绿地消减噪声服务功能研究——以北京市为例 [J]. 自然资源学报，26（9）：1526-1534.

陈薇，2020. 黑龙江黑土环境保护研究 [J]. 黑龙江环境通报，33（3）：6-7

赤峰市统计局，2022. 赤峰市统计年鉴（2021）[M]. 北京：中国统计出版社.

崔丽娟，2004. 鄱阳湖湿地生态系统服务功能研究 [J]. 水土保持学报（2）：109-113.

丁惠萍，张社奇，钱克红，等，2006. 森林生态系统稳定性研究的现状分析 [J]. 西北林学院学报（4）：28-30+61.

段彦博，雷雅凯，吴宝军，等，2016. 郑州市绿地系统生态服务价值评价及动态研究 [J]. 生态科学，35（2）：81-88.

方精云，刘国华，徐嵩龄，1996. 我国森林植被的生物量和净生产量 [J]. 生态学报（5）：497-508.

冯朝阳，吕世海，高吉喜，等。2008. 华北山地不同植被类型土壤呼吸特征研究 [J]. 北京林业大学学报（2）：20-26.

高敏雪，2020. SEEA-2012：第一部环境经济核算统计标准——写在《环境经济核算体系2012 中心框架》中文本出版发行之际 [J]. 中国统计（8）：40-43.

郭慧，2014. 森林生态系统长期定位观测台站布局体系研究 [D]. 北京：中国林业科学研究院.

国家林业和草原局，2020. 国家公园设立规范（GB/T 39737—2020）[S]. 北京：中国标准出版社.

国家林业和草原局，2020. 森林生态系统服务功能评估规范（GB/T 38582—2020）[S]. 北京：中国标准出版社.

国家林业和草原局，2021. 森林生态系统长期定位观测研究站建设规范（GB/T 33027—2021）[S]. 北京：中国标准出版社.

国家林业和草原局，2022 草原生态价值评估技术规范（LY/T 3321—2022）[S]. 北京：中国标准出版社.

国家林业和草原局，2022. 中国林业和草原统计年鉴（2021）[M]. 北京：中国林业出版社.

国家林业局，2011. 重要湿地监测指标体系（GB/T 27648—2011）[S]. 北京：中国标准出版社.

国家林业局，2016. 森林生态系统长期定位观测方法（GB/T 33027—2016）[S]. 北京：中国标准出版社.

国家林业局，2017. 森林生态系统长期定位观测指标体系（GB/T 35377—2017）[S]. 北京：中国标准出版社.

国家林业局，2017. 湿地生态系统服务评估规范（LY/T 2899—2017）[S]. 北京：中国标准出版社.

韩明臣，李智，2011. 城市森林生态效益评价及模型研究现状 [J]. 世界林业研究，24（2）：42-46.

郝仕龙，李春静，李壁成，2010. 黄土丘陵沟壑区农业生态系统服务的物质量及价值量评价 [J]. 水土保持研究，217（5）：163-166+171.

洪德伟，2019. 晋西黄土区油松根系与土壤的摩擦力学特性研究 [D]. 北京：北京林业大学.

江南，徐卫华，赵娟娟，等，2021. 生态系统原真性概念及评价方法：以长白山地区为例 [J]. 生物多样性，29（10）：1288-1294.

矫雪梅，张雪原，孙雯，等，2022. 生态产品价值在国土空间规划中落地难点与规划应对 [J]. 城市发展研究，29（9）：50-55.

金川萍，2011. 昆明团结乡乡村旅游经济效益分析 [D]. 昆明：云南大学.

莒琳，2012. 中国甜菜生产比较优势研究 [D]. 北京：中国农业科学院.

康健丽，王碧波，2014. 气候条件对宁城县设施农业的影响 [J]. 内蒙古农业科技（2）：80-81.

冷平生，杨晓红，苏芳，等，2004. 北京城市园林绿地生态效益经济评价初探 [J]. 北京农学院学报（4）：25-28.

李峰，周学超，宋文静，等，2015. 赤峰市现代农业发展现状、存在问题及解决对策（二）[J]. 蔬菜（5）：1-4.

李鹏山，2017. 农田系统生态综合评价及功能权衡分析研究 [D]. 北京：中国农业大学.

李少宁，王兵，郭浩，等，2007. 大岗山森林生态系统服务功能及其价值评估 [J]. 中国水土保持科学，5（6）：58-64.

李顺龙，郭松，2005. 法国实施"木材能源—碳汇"示范项目 [J]. 绿色中国（2）：58-60.

李想，雷硕，冯骥，等，2019. 北京市绿地生态系统文化服务功能价值评估 [J]. 干旱区资源与环境，33（6）：33-39.

李小雨，冯聪，2024.生态产品价值实现的政策演变路向探究 [J].上海国土资源，45（2）：21-26.

李延军，郭晓晴，2021.内蒙古赤峰市马铃薯机械化种植技术 [J].农业工程技术，41（5）：72+74.

李延军，王清华，赵海英，等，2020.赤峰市农作物秸秆综合利用现状及对策 [J].农村牧区机械化（2）：45-48

李逸辰，2014.陕西省农作物秸秆资源量及其经济价值评估 [D].湖南：中南林业科技大学.

李玉才，2013.浅析赤峰市文冠果油料能源林培育工程 [J].内蒙古林业调查设计，36（3）：28-29+25.

刘贵峰，刘玉平，康宁，2011.赤峰市园林绿化植物选择与配置研究 [J].内蒙古民族大学学报（自然科学版），26（6）：685-690+696.

刘国荣，松树奇，刘国良，等，2005.禁牧与放牧管理下灌丛草地植被变化 [J].内蒙古草业（2）：41-45.

刘国祥，刘江涛，栗媛秋，等，2023.内蒙古敖汉旗兴隆沟遗址第二地点红山文化聚落 [J].考古学报（4）：483-528+589-598.

刘丽香，吴承祯，洪伟，等，2006.农作物秸秆综合利用的进展 [J].亚热带农业研究（1）：75-80.

刘亚红，石磊，常虹，等，2021.锡林郭勒盟生态系统格局演变及驱动因素分析 [J].草业学报，30（12）：17-26

罗雷，王晓荣，陈臻，等，2022.江汉平原杨树人工林固碳潜力研究 [J].湖北林业科技，51（4）：1-4+11.

马成武，2018.不同树种水源涵养能力的研究 [J].现代农业科技（3）：148+151.

马会瑶，2019.北方农牧交错带生态环境变化遥感评估 [D].呼和浩特：内蒙古大学.

毛晓琳，2022.达里诺尔湖水量水质变化调查与成因分析及管理对策 [J].内蒙古水利（2）：11-12.

内蒙古自治区水利厅，2022.《内蒙古水土保持公报》（2021）[A/OL].[2024-08-09]https：//slt.nmg.gov.cn/xxgk/zfxxgkzl/fdzdgknr/gbxx/202211/t20221104_2168232.html

牛香，陈波，郭珂，等，2022.中国森林生态系统质量状况 [J].陆地生态系统与保护学报，2（5）：32-40.

牛香，王兵，2012.基于分布式测算方法的福建省森林生态系统服务功能评估 [J].中国水土保持科学，10（2）：36-43.

乔海龙，2022.赤峰草地生态系统外来入侵植物防控策略研究初探 [J].草原与草业，34

（4）：57-61.

全国人民代表大会常务委员会，2018. 中华人民共和国环境保护税法 [M]. 北京：中国法制
　　出版社.

石忆邵，张蕊，2010. 大型公园绿地对住宅价格的时空影响效应——以上海市黄兴公园绿
　　地为例 [J]. 地理研究，29（3）：510-520.

宋启亮，董希斌，2014. 大兴安岭不同类型低质林群落稳定性的综合评价 [J]. 林业科学，
　　50（6）：10-17.

宋雪佳，2021. 投资增速趋于平稳高质量发展仍需加力——"十三五"期间赤峰市固定资
　　产投资运行分析 [J]. 内蒙古统计（2）：56-58.

宋雅迪，魏开云，郭荣，2022. 蒙自市城市绿地生态系统服务功能价值评估 [J]. 林业调查
　　规划，47（6）：191-195.

苏志尧，1999. 植物特有现象的量化 [J]. 华南农业大学学报（1）：95-99.

孙新章，周海林，谢高地，2007. 中国农田生态系统的服务功能及其经济价值 [J]. 中国人
　　口·资源与环境（4）：55-60.

唐宪，2010. 基于 PSR 框架的森林生态系统完整性评价研究 [D]. 长沙：中南林业科技大学.

王兵，牛香，宋庆丰，2021. 基于全口径碳汇监测的中国森林碳中和能力分析 [J]. 环境保
　　护，49（16）：30-34.

王兵，任晓旭，胡文，2011. 中国森林生态系统服务功能及其价值评估 [J]. 林业科学，47
　　（2）：145-153.

王兵，魏江生，俞社保，等，2013. 广西壮族自治区森林生态系统服务功能研究 [J]. 广西
　　植物，33（1）：46-51+117.

王凤仙，1995. 农田系统潜在危机及调控之见 [J]. 农业环境保护（1）：34-36.

王晶婷，2018. 赤峰市现代农业发展现状及对策研究 [D]. 咸阳：西北农林科技大学.

魏学，孙庶玥，赵萱，等，2015. 赤峰地区植物气候生产力对气候变化的响应 [J]. 内蒙古
　　农业科技，43（4）：54-56.

吴中伦，1997. 中国森林 [M]. 北京：中国林业出版社

夏宾，张彪，谢高地，等，2012. 北京建城区公园绿地的房产增值效应评估 [J]. 资源科学，
　　34（7）：1347-1353.

肖玉，谢高地，甄霖，等，2018. 阴山北麓草原生态功能区防风固沙服务受益范围识别 [J].
　　自然资源学报，33（10）：1742-1754.

谢波，肖扬谋，王潇，2022. 城市绿道使用对居民健康的影响研究——以武汉东湖绿道为
　　例 [J]. 中国园林，38（11）：40-45.

谢高地，肖玉，2013. 农田生态系统服务及其价值的研究进展 [J]. 中国生态农业学报，21

（6）：645-651.

谢高地，肖玉，甄霖，等，2005.我国粮食生产的生态服务价值研究 [J].中国生态农业学报（3）：10-13.

谢高地，甄霖，鲁春霞，等，2008.一个基于专家知识的生态系统服务价值化方法 [J].自然资源学报（5）：911-919.

谢子涵，2022.油松人工林细根形态对土壤水分与草本竞争的响应 [D].太原：山西农业大学.

辛岩，李鑫杨，2020.赤峰市植被净初级生产力时空变化特征分析 [J].现代农业（12）：105-106.

许林书，姜明，莫莫格，2005.保护区湿地土壤均化洪水效益研究 [J].土壤学报（1）：159-162.

许玉凤，王鹤，吕林有，等，2017.赤峰草原主要分布区物种组成及多样性 [J].湖北农业科学，56（11）：2031-2036.

焉恒琦，毛德华，王宗明，等，2022.北方农牧交错带生态系统服务供需匹配研究——以赤峰市为例 [J].赤峰学院学报（自然科学版），38（10）：32-37.

杨春华，2022.聚焦“三农”重点工作全面推进乡村振兴——深入学习贯彻 2022 年中央一号文件 [J].农业发展与金融（4）：9-12.

于海蛟，杨德，宋维嘉，等，2009.赤峰市园林树种的选择及应用 [J].西南林学院学报，29（6）：63-66.

于静静，2020.赤峰市乡村旅游协同治理问题研究 [D].沈阳：辽宁大学.

张彪，王艳萍，谢高地，等，2013.城市绿地资源影响房产价值的研究综述 [J].生态科学，32（5）：660-667.

张冰，2013.长白山自然保护区旅游生态补偿支付意愿及受偿意愿的研究 [D].哈尔滨：东北林业大学.

张灿强，付饶，2020.基于生态系统服务的乡村生态振兴目标设定与实现路径 [J].农村经济（12）：42-48.

张林波，虞慧怡，郝超志，等，2021.生态产品概念再定义及其内涵辨析 [J].环境科学研究，34（03）：655-660.

张维康，2016.北京市主要树种滞纳空气颗粒物功能研究 [D].北京：北京林业大学.

张维康，王兵，牛香，2015.北京不同污染地区园林植物对空气颗粒物的滞纳能力 [J].环境科学，36（7）：2381-2388.

张新时，2007.中国植被及其地理格局 [M].北京：地质出版社.

张永民，赵士洞，2007.全球生态系统服务未来变化的情景 [J].地球科学进展（6）：605-

611.

赵景柱，肖寒，吴刚，2000.生态系统服务的物质量与价值量评价方法的比较分析 [J]. 应用生态学报（2）：290-292.

赵煜，赵千钧，崔胜辉，等，2009.城市森林生态服务价值评估研究进展 [J]. 生态学报，29（12）：6723-6732.

赵智聪，杨锐，2021.中国国家公园原真性与完整性概念及其评价框架 [J]. 生物多样性，29（10）：1271-1278.

郑度，2008.中国生态地理区域系统研究 [M]. 北京：商务印书馆.

曾贤刚，段存儒，2023.产权分割对森林生态系统完整性的影响机制研究 [J]. 中国环境科学，43（9）：5011-5019.

中国气象局，2013. 北方草地监测要素与方法（QX/T 3212—2013）[S]. 北京：中国标准出版社.

中国气象局，2017. 草地气象监测评价方法（GB/T 34814—2017）[S]. 北京：中国标准出版社.

中华人民共和国水利部，2002.水利建筑工程预算定额 [M]. 郑州：黄河水利出版社.

中华人民共和国住房和城乡建设部，2016.公园设计规范（GB/T 51192—2022）[S]. 北京：中国标准出版社.

中华人民共和国住房和城乡建设部，2018.城市居住区规划设计标准（GB/T 50180—2018）[S]. 北京：中国标准出版社.

COSTANZA R，D ARGE R，GROOT R，et al.，1997.The Value of the World's ecosystem services and natural capital[J]. Nature，387（15）：253-260.

DAILY G C，1997. Nature's services：Societal dependence on natural ecosystems[M]. Washington D C：Island Press.

FANG J Y，CHEN A P，PENG C H，et al.，2001. Changes in forest biomass carbon storage in China between1949 and 1998[J]. Science，292：2320-2322.

FANG J Y，WANG G G，LIU G H，et al.，1998. Forest biomass of China：An estimate based on the biomass volume relationship[J]. Ecological Applications，8（4）：1084-1091.

JOHAN Z，SLANSKY E，KELLY D A，2000. Platinum nuggets from the Kompiam area，Enga Province，Papua New Guinea：Evidence for an Alaskan-type complex. Mineralogy and Petrology，68，159 –176.

MA（Millennium Ecosystem Assessment），2005. Ecosystem and Human Well-Being：Synthesis[M].Washington DC：Island Press.

NIU X，WANG B，2014. Assessment of forest ecosystem services in China：A

methodology [J]. Journal of Food，Agriculture and Environment，11：2249-2254.

TIKHONOV V P，TSVETKOV V D，LITVINOVA E G，et al.，2004.Generation of negative air ions by plants upon pulsed electrical stimulation applied to soil[J].Russian Journal of Plant Physiology，51（3）：414-419.

WANG B，WANG D，NIU X，2013. Past，present and future forest resources in China and the implications for carbon sequestration dynamics[J]. Journal of Food，Agriculture & Environment，11（1）：801-806.

WATSON R，ALBON S，ASPINALL R，et al.，2011.UK National Ecosystem Assessment：Technical report[J].

ZHANG W K，WANG B，NIU X，2015. Study on the adsorption capacities for airborne particulates of landscapeplants in different polluted regions in Beijing（China）[J]. International Journal of Environmental Research and Public Health，12（8）：9623-9638.

ZHOU G Y，LIU S G，ZANG D Q，et al.，2006. Old-growth forests can accumulate carbon in soils [J]. Science，314（5804）：1417-1417.

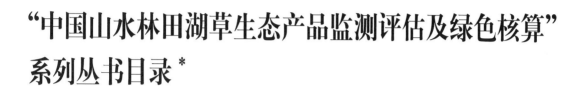

"中国山水林田湖草生态产品监测评估及绿色核算"
系列丛书目录*

---

* 本套丛书中 1～20 种原丛书名为"中国森林生态系统连续观测与清查及绿色核算"系列丛书

20. 贵州省森林生态连清监测网络构建与生态系统服务功能研究，出版时间：2020 年 12 月

21. 云南省林草资源生态连清体系监测布局与建设规划，出版时间：2021 年 8 月

22. 云南省昆明市海口林场森林生态系统服务功能研究，出版时间：2021 年 9 月

23. "互联网 + 生态站"：理论创新与跨界实践，出版时间：2021 年 11 月

24. 东北地区森林生态连清技术理论与实践，出版时间：2021 年 11 月

25. 天然林保护修复生态监测区划和布局研究，出版时间：2022 年 2 月

26. 湖南省森林生态产品绿色核算，出版时间：2022 年 4 月

27. 国家退耕还林工程生态监测区划和布局研究，出版时间：2022 年 5 月

28. 河北省秦皇岛市森林生态产品绿色核算与碳中和评估，出版时间：2022 年 6 月

29. 内蒙古森工集团生态产品绿色核算与森林碳中和评估，出版时间：2022 年 9 月

30. 黑河市生态空间绿色核算与生态产品价值评估，出版时间：2022 年 11 月

31. 内蒙古呼伦贝尔市生态空间绿色核算与碳中和研究，出版时间：2022 年 12 月

32. 河北太行山森林生态站野外长期观测数据集，出版时间：2023 年 4 月

33. 黑龙江嫩江源森林生态站野外长期观测和研究，出版时间：2023 年 7 月

34. 贵州麻阳河国家级自然保护区森林生态产品绿色核算，出版时间：2023 年 10 月

35. 江西马头山森林生态站野外长期观测数据集，出版时间：2023 年 12 月

36. 河北省张承地区森林生态产品绿色核算与碳中和评估，出版时间：2024 年 1 月

37. 内蒙古通辽市生态空间绿色核算与碳中和研究，出版时间：2024 年 1 月

38. 江西省资溪县生态空间绿色核算与碳中和研究，出版时间：2024 年 7 月

39. 宁夏贺兰山国家级自然保护区生态产品绿色核算与碳中和评估，出版时间：2024 年 7 月

40. 赤峰市全空间生态产品绿色核算与森林全口径碳中和评估，出版时间：2024 年 11 月